La imagen animada

UNA HISTORIA IMPRESCINDIBLE

María Lorenzo Hernández

DIÁBOLO
EDICIONES

A mis alumnos,

de quienes siempre aprendo.

Contenido

Introducción

Cuando se escribe la historia de la animación, se tiene la impresión de que ciertas manifestaciones tienden a repetirse. Para mí, es misterioso que animaciones primitivas como *Fantasmagorie* (Émile Cohl, 1908) sean del mismo estilo lineal que se repite en una de las primeras animaciones por ordenador, la famosa secuencia de la evolución en la serie *Cosmos* (1980). Es igualmente enigmática la tendencia a animar los mismos objetos, los juguetes, en las primeras animaciones en volumen —como las de Segundo de Chomón—, y en las primeras de Pixar, como *Tin Toy* (John Lasseter, 1988). Y me intriga la coincidencia entre la presentación de un animador autoconsciente dentro de los primeros cartoon —por ejemplo, Winsor McCay o los Fleischer— así como en algunos hitos tempranos del 3D, como el animador ficcional que da sentido a *the end.* de Chris Landreth (1995).

Quizá esto se deba a que todos los principios se parecen. A comienzos del siglo XX, la animación necesitaba "explicarse" a sí misma, presentarse ante el público, fascinar con sus efectos, pero sin desvelarlos nunca del todo. A finales del mismo siglo, la animación digital atraviesa las mismas fases en su construcción como lenguaje, hasta que dejamos de verla como "tecnología" o "efectos" y empieza a ser simplemente cine.

Este libro, *La imagen animada. Una historia imprescindible,* explora el paréntesis intermedio entre estos dos grandes momentos: desde la presentación del cinematógrafo en 1895 hasta el estreno de la primera película creada enteramente por ordenador, *Toy Story*, en 1995. En otras palabras, viajaremos de París a San Francisco... haciendo muchas paradas. Podría alegarse que la efeméride de 1895 no coincide con la creación del que se considera el primer filme animado —*The Humpty Dumpty Circus* (Albert E. Smith, 1898)—, pero el detalle es irrelevante porque, con el cine, lo que nace es precisamente *la animación de la fotografía*.

Este libro está destinado a explicar la historia de la animación de manera sencilla y comprensiva, accesible para cualquier persona que tenga interés en el cine o que sea aficionada a la animación. El objetivo es el de desvelar las más fascinantes historias de la que es, sin dudar, una de las manifestaciones artísticas más ubicuas de la actualidad. No es nada fácil conseguirlo: la historia de la animación es muy amplia y diversa, con numerosas líneas que se superponen y, de hecho, en una perspectiva como la que ofrece este libro descubriremos las intrincadas situaciones que han hecho del cine animado un fenómeno tan fascinante como polifacético.

Sin pretender ser un estudio exhaustivo del medio sino más bien una presentación selectiva, el libro está dividido en ocho bloques que exploran las áreas principales que determinan el crecimiento de la animación como arte, entretenimiento e industria: el primitivo cine de trucajes, la interrelación entre cómic y animación, la animación de vanguardia, los maestros del stop-motion, la animación en la época dorada de Hollywood, la animación en los países soviéticos, los realizadores más influyentes de la segunda mitad del s. XX y, finalmente, el advenimiento de la animación por ordenador. Algunos formatos, como la televisión o la publicidad, aparecerán transversalmente. Evidentemente, pueden observarse algunas ausencias llamativas, pero también hay que considerar que desde 1995, nuestra fecha de corte, el escenario ha evolucionado mucho y actualmente consideramos como *esenciales* a muchos más autores y estudios que, por otro lado, ya cuentan con buenas monografías publicadas en castellano, como Studio Ghibli o Aardman.

Normalmente, casi todas las obras dedicadas a explorar la animación desde un punto de vista historiográfico suelen dedicar un capítulo introductorio al precine. No es el caso de este libro, que comienza *in media res*, en 1895, no solo por ceñir mejor el enfoque de una obra divulgativa, sino sobre todo porque dedicarle al precine un mero apunte inicial sería hacerle una injusticia mayúscula: la prehistoria del cine es apasionante, diversa y está llena de misterios que merecen una crónica aparte.

Para redactar este libro me he basado en amplia bibliografía existente, especialmente en inglés; catálogos web, colecciones de películas en DVD y visionado de programas compilatorios en festivales, exposiciones y en la Filmoteca de Valencia (IVC). En los últimos años se están multiplicando los medios web que cubren noticias relacionadas con animación, pero debo destacar la extraordinaria aportación que Ray Laguna y Yolanda Martínez Carvajal están haciendo desde la web *Animación para adultos*. También tengo que agradecer la colaboración de amigos que me han resuelto algunas dudas, especialmente a Adrián Encinas Salamanca (*Puppets & Clay*) Aramís Acosta Caulineau (ICAIC), Raúl García y Oscar Grillo. Y, por supuesto, tengo que agradecerle al compañero de mi vida, Enrique, que siempre haya estado atento de ampliar nuestra colección de material de consulta.

Escribir esta pequeña historia del cine animado ha sido una experiencia motivadora, sobre todo, por permitirme observar las formas en que las diversas trayectorias individuales en realidad no lo son, sino que están sembradas de interrelaciones entre los protagonistas de esta gran comedia de enredo. La forma de uso ideal de este libro sería cogerlo con una mano y tener Internet al alcance de la otra: el libro es una guía, pero la búsqueda es lo que completa la experiencia. Espero que la disfrutéis.

1. El cine, una ventana a lo imaginario

El uso de la luz como entretenimiento, como los espectáculos de sombras chinescas, Linterna Mágica y Fantasmagoría, así como la proliferación desde principios del s. XIX de los juguetes precinematográficos —como el Fenaquistiscopio de Joseph Plateau o el Praxinoscopio de Émile Reynaud—, nos permite pensar que la imagen en movimiento ya ocupaba un lugar importante en el imaginario colectivo mucho antes de que los Lumière hicieran la presentación pública de su invento en 1895. De hecho, el Teatro Óptico de Reynaud había causado sensación entre la audiencia parisina entre 1892 y 1900, año en que finaliza la exhibición de sus "Pantomimas Luminosas" o películas cortas de animación, pintadas enteramente a mano sobre placas transparentes que corrían sobre una cinta, y que llegaron a ser vistas por medio millón de espectadores.

Por su parte, el cine fue una invención colectiva, cimentada sobre los esfuerzos de investigadores como Eadweard Muybridge, Jules Marey, Georges Demenÿ, Louis Le Prince o los hermanos Skladanowsky, entre muchos otros. William Kennedy Dickson, un empleado de Edison, podría haber sido el inventor del cinematógrafo si la concepción inicial del Kinetoscopio no hubiera sido la de reproducir películas dentro de una máquina de Arcade, accesible solo a un espectador por vez. De hecho, la incomodidad creada por el Kinetoscopio para poder ver las imágenes en movimiento fue el detonante para que Antoine Lumiére, un empresario fotográfico afincado en Lyon, animara

a sus hijos Louis y Auguste a crear su propia patente de una cámara que permitiera el paso continuo del celuloide mediante una película perforada. Para más ventaja, la máquina que idearon podía adoptar dos posiciones: una para grabar, y otra para proyectar. A comienzos de 1895 se presentó en privado en la Société d'Encouregement à l'Industrie Nationale, y ya el 28 de diciembre de 1895, tiene lugar la primera presentación comercial del Cinematógrafo en el Salon Indien du Grand Café de París.

Muy pronto surgirá un bullente mercado de películas en el que tendrán especial protagonismo firmas como Gaumont —creada en 1895, la primera en realizar películas de ficción, de mano de la prolífica Alice Guy—, Pathé o Biograph. Aunque la animación dibujada, más propia de los juguetes precinematográficos, experimentó un declive temporal, el cine impulsaría nuevas formas de animación nunca antes imaginadas, como la animación de objetos en volumen (stop-motion), la animación con recortables e incluso los dibujos modificados ante la cámara. Poco a poco, la animación crecerá hasta convertirse en algo más que un género: en una forma de entender el cine que privilegia lo imaginario. Este capítulo del libro examina tres pioneros en la consecución de este objetivo: Georges Méliès, cuyos trucajes anticipan algunos fundamentos del cine de animación; James Stuart Blackton, considerado el primer creador de películas con animación —aunque, como veremos, las etiquetas totales son cuestionables—; y Segundo de Chomón, indispensable pionero español, cuyo carácter innovador le lleva a descubrir numerosos procesos animados.

En la doble página anterior, *El viaje a la luna* (1902). Instantáneas del estudio de Méliès en Montreuil (circa 1900).

GEORGES MÉLIÈS, EL PRIMER MAGO DEL CINE

Georges Méliès (1861-1938), el primer cineasta famoso, llegó al cine por casualidad, atraído por sus posibilidades para amenizar las funciones de magia y teatro que presentaba en un teatro de París. Pero, vayamos por partes.

Georges Méliès era hijo de un próspero empresario, dueño de una fábrica de zapatos en París. De joven siempre dibujaba y soñaba con ser artista; sin embargo, su padre lo envía a Londres para que aprendiera inglés y contabilidad. Georges descubre allí los espectáculos de prestidigitación del Egyptian Hall y decide que esa es su vocación. Regresa a Francia en 1884, se casa con una rica heredera y, para cuando su padre se retira en 1888, le deja una fuerte suma de dinero que Méliès no emplea para continuar con el negocio familiar, sino para abrir el suyo propio: con 26 años adquiere el teatro del que fuera el mayor prestidigitador del siglo XIX, Robert-Houdin. Georges desea con todas sus fuerzas parecerse a su ídolo, reproduce sus trucos, utiliza sus aparatos trucados y expone en el vestíbulo la colección de fenómenos y autómatas que poseía el mago; además, escribe numerosos sainetes de magia y *féeries*, "obras de hadas", un género francés de teatro conocido por sus tramas fantásticas y el empleo de efectos especiales en la escena.

Pero el azar quiso que Méliès conociera a Antoine Lumière, el padre de los creadores del cinematógrafo, porque la oficina de Lumière estaba ubicada en el mismo edificio que el teatro Robert-Houdin, en la planta superior a este. Así, el 28 de diciembre de 1895, el vecino de Méliès le invitó a la primera exhibición del invento en el Grand Café, prometiéndole que quedaría muy asombrado, y así fue. Al finalizar la función, no solo Méliès sino también el director del museo Grévin —donde Emile Reynaud aún estaba realizando sus exhibiciones de Teatro Óptico— acosaron a Antoine Lumière con descomunales ofertas económicas por la invención, que Lumière rehusó aclarando que no deseaba desvelar el secreto de aquel aparato y que su familia se iba a hacer cargo de su explotación comercial. Sin embargo, en muy breve tiempo surgieron nuevos competidores que crearon máquinas similares: Méliès se hizo con una máquina del inglés Robert William Paul, si bien no fue el único, ya que muy pronto habría proyecciones de "fotografías vivientes" en teatros y cafés de toda Europa.

En 1896 Méliès se dedica a registrar escenas cotidianas —o preparadas para parecerlo—, como su primer filme, *La partida de cartas* (en realidad una copia del mismo filme por los Lumière), pero un pequeño accidente mientras rodaba escenas en la Plaza de la Ópera le proporcionó la pista de sus futuros trucos: la máquina se paró temporalmente, y luego se puso en marcha de nuevo; como resultado, una vez revelada la película, el ómnibus que cruzaba la calle parecía transformarse en el coche fúnebre que ocupaba el mismo lugar cuando se reinició el rodaje. Así es como lo cuenta Méliès en sus memorias, aunque quizá simplemente se inspiró en un efecto ya visto en las películas de Kinetoscopio de Edison, o bien conocía el truco de superponer dos bandas de zootropo sobre el mismo tambor, lo que producía la sensación aparente de transformación de unos dibujos en otros. Como fuere, su primera película "de escamoteo" —en la que se sustituyen unos elementos por otros en el escenario durante una pausa de la grabación— fue *La desaparición de una dama* (*Escamotage d'une dame chez Robert-Houdin*, 1896), básicamente la reproducción de un efecto teatral, pero mejorado: la pequeña Jehanne d'Alcy, su musa, desaparecía cuando era cubierta por una tela pero, al retirarla, lo que aparecía en su lugar era un esqueleto: mediante un mero montaje entre dos fotogramas, Méliès era dueño del arte de la *transformación*.

Convocando espíritus (*Évocation spirite*, 1899). Página de la derecha: cartel de las funciones en el Teatro Robert Houdin.

THÉÂTRE
ROBERT-HOUDIN
8·Boul des Italiens
LES FARCES DE LA LUNE
ET LES
MÉSAVENTURES
DE NOSTRADAMUS
Illusion Fantastique
Nouvelle
AFFICHES AMÉRICAINES CH. LEVY 10 Rue Martel PARIS

Méliès presentaría sus películas como interludios durante sus funciones de teatro, hasta que su popularidad hizo que las sesiones de noche se dedicaran únicamente a proyecciones, ya desde 1897. Se lanzó a la producción de películas sin recurrir a una sociedad de inversores, como sí harían sus competidores Léon Gaumont o Charles Pathé —menos "artesanales" en su concepción del cine, pero más fuertes comercialmente—. Sus trucos requerían buenas condiciones de iluminación y aislamiento del viento, por lo que dejó de grabarlas en el jardín de su casa y construyó un gran estudio en Montreuil, semejante a un invernadero, donde aprovechaba las horas de mejor luz. Méliès escribía los guiones, pintaba los escenarios y, cuando llegaban los actores, les daba las indicaciones para realizar el rodaje. Con frecuencia, sus escenografías eran tan barrocas como su propio teatro, lo que da cuenta de su interés por crear *ficciones* —frente al cine documental que entonces realizaban los Lumière—. En aquel estudio pudo introducir muchos procedimientos típicos de la puesta en escena teatral, incluyendo escenarios móviles, trampillas o sobrefondos con los que crear innovadores efectos, como introducir un acuario entre la cámara y la escena para sugerir que los actores se encuentran bajo el mar (*Le Royaume des Fées,* 1903; *Deux Cents Milles sous les mers*, 1907).

Además, Méliès decide aprovechar un recurso bien conocido por los que creaban fraudulentas "fotografías espiritistas": la doble exposición del negativo, que le permite llevar la magia del cine un paso adelante. El procedimiento consistía en grabar una secuencia reservando una parte del escenario pintada en negro: el color negro no impresiona la película, de forma que se puede retroceder y volver a grabar encima, teniendo cuidado de que la segunda secuencia coincida con la primera. Uno de los ejemplos más complejos puede verse en *El hombre de las cabezas* (*Un home de têtes,* 1898), donde aparece él mismo sobre un escenario negro, y se va quitando la hasta cuatro veces, dejándolas sobre dos mesas, vivas y en movimiento. Para su película *El melómano* (*Le Mélomane*, 1903), llegó a pasar una parte del negativo siete veces por dentro de la cámara, obteniendo a la perfección sus sobreimpresiones. La doble exposición del negativo es el fundamento de la combinación de actores reales y personajes animados sobre el mismo fotograma, como más adelante harán Willis O'Brien y Ray Harryhausen.

Méliès también aprovecha las posibilidades de mezclar diferentes escalas de personajes, grabando a unos actores desde cerca y a otros desde lejos para simular que son más pequeños, como hace en *Los viajes de Gulliver* (*Le voyage de Gulliver à Lilliput et chez les Géants*, 1902). Esta idea le llevará a aprovechar también los movimientos de cámara, no para sugerir cambios en el punto de vista de la narración —las escenas de Méliès, como las de la mayor parte del cine primitivo, siempre serían estáticas—, sino para hacer creer que ciertas cosas crecen o disminuyen de manera sobrenatural. Por ejemplo, en la divertida *El hombre de la cabeza de goma* (*L'homme à la tete en caoutchouc*, 1902) emplea el tráveling frontal para hacer creer que su propia cabeza se infla como un globo y explota.

En la página anterior, *Veinte mil leguas bajo el mar* (*Deux Cents Milles sous les mers*, 1907). Abajo: *El melómano* (*Le Méloman*, 1903).

Méliès también fue un pionero de la publicidad cinematográfica, recibiendo encargos para anunciar ciertos productos. Según sus memorias (citado en Mannoni, 2013), para uno de estos anuncios movió "fotograma a fotograma" letras recortadas que componían el nombre del producto —"Bornibus", una marca de mostaza—, lo que, si pudiera constatarse, daría fe de una de las animaciones cinematográficas más antiguas, fechable en torno a 1900. Sin embargo, al tratarse de una de sus películas perdidas, no se puede defender con firmeza esta hipótesis.

Su cinta más famosa, *El viaje a la luna*, de 1902, es una de sus películas compuestas por varios "cuadros" (escenas). Aunque comienza como una *féerie*, una obra de fantasía —no en balde los "científicos" tienen más aspecto de magos que otra cosa—, su temática y la iconografía que construye hacen de ella la primera película de ciencia-ficción. Méliès exportó numerosas películas a Estados Unidos y, aunque todas sus películas incluían en el escenario el sello de su productora —"Star Films", dentro de una estrella de cinco puntas—, con frecuencia sufrieron el plagio y la piratería.

Desde 1907 el genio de Méliès comienza a agotarse, no por falta de ideas, sino por la presión constante de producir películas para satisfacer al mercado, especialmente al estadounidense. En ese período tendió a repetir trucos y escenas en diversas películas, llegando a producir 50 filmes en 1908 —uno por semana—. El ritmo forzoso de trabajo se lleva mal

Méliès en torno a 1930. A la derecha: *El viaje a la luna* (*Le voyage dans la lune*, 1902).

con los intentos creativos y las necesidades de una producción totalmente artesanal, en la que Méliès asumía todos los cargos creativos. La calidad de sus producciones se empieza a resentir desde que delega los rodajes en otros directores, tanteando otros géneros, como el histórico. Su género favorito, la *féerie*, definitivamente dejó de estar de moda. En 1909, Méliès cerró su estudio, solo para volver a abrirlo por un breve período en 1911, a encargo de Pathé para rodar seis interesantes películas que, sin embargo, no convencieron al público. La más espectacular y larga de todas ellas fue *La conquista del Polo* (*À la conquête du Pôle,* 1912), en la que mostraba la marioneta de un gigante en el escenario.

Seriamente endeudado, en 1922 malvende su estudio de cine y todos los negativos y copias de sus películas, *al peso*, para la recuperación de las materias primas. El teatro Robert-Houdin fue expropiado y demolido durante las obras de ampliación del Bulevar Haussmann. Méliès había llegado a realizar 520 películas entre 1986 y 1912; hasta el momento presente, solo se han recuperado 210 gracias a las indagaciones impulsadas por los expertos de cine que empezaron a reivindicar a Méliès desde 1929. Murió pobre, pero no olvidado, en 1938.

Incluso 120 años después de su creación, todos identificamos de dónde procede la icónica imagen del cohete en el ojo de la luna: con sus técnicas y conceptos, Georges Méliès no solo preparó el camino al cine de fantasía y ciencia-ficción, sino también al de animación.

EL ANIMADOR DE EDISON: JAMES S. BLACKTON

James Stuart Blackton (1875-1941), nacido en Reino Unido, emigró de pequeño con su familia a Nueva York. En 1896 trabajaba como reportero y dibujante de tiras cómicas para un periódico, el *Evening World*, que le encomendó realizar una entrevista a Thomas Alva Edison a propósito de su proyector recién inventado, el Vitascope. Durante la entrevista, Edison se interesó en el reportero y le preguntó si sería capaz de dibujarle. Al responder que sí, Edison aprovechó la ocasión de llevarlo a su estudio, el Black Maria, donde filmaron a Blackton realizando un retrato de Edison sobre una gran hoja de papel. Edison le dijo: "esto será bueno para ti, vas a aparecer en todos los locales de proyecciones" (citado en Crafton, 1982).

Picado por el gusanillo del cine, Blackton adquirió uno de las nuevas máquinas de Edison y formó una pequeña compañía, Vitagraph, junto con su amigo Albert E. Smith, que llegaría a ser un reconocido cineasta. Comenzaron realizando películas para Edison, y también incorporaron la proyección de sus filmes a su propio espectáculo de vodevil, que venían realizando desde 1895. El número de Blackton, quien se presentaba como "The Komikal Cartoonist", consistía en realizar dibujos frente al público, lo que se ha dado en llamar espectáculo de *dibujos relámpago* o "lighting sketches".

Los "lighting sketches" eran una forma híbrida de arte, a medio camino entre el teatro y el dibujo. El artista se presentaba típicamente en el escenario ante un lienzo en blanco o un papelógrafo, y lo que ofrecía era una especie de "monólogo ilustrado", realizando un primer dibujo sencillo que se transforma paulatinamente, revelando nuevas e imprevistas imágenes a partir del primer dibujo. Los *dibujos relámpago* figuraron en multitud de películas del cine primitivo —incluso Méliès se grabó a sí mismo a modo de "dibujante exprés", realizando caricaturas de personalidades de la época—, pero Blackton fue el primero que decidió *expandir* las posibilidades del número, convirtiéndolo en el vínculo más directo entre el vodevil y el nacimiento de los dibujos animados.

A la izquierda: retrato de James Stuart Blackton. Bajo estas líneas: cartel promocional de su número "The Komikal Kartoonist" (1895).

El dibujo encantado (*The Enchanted Drawing*), datado en 1900 pero seguramente grabado antes, fue una producción de Edison, con Blackton como protagonista. En el filme aún no hay animación, pero sí realiza algunas sustituciones de objetos que *animan* la escena dibujada. En 1907 Blackton produce dos filmes relacionados con su espectáculo: *Lighting*

Fotografía superviviente de *The Humpty Dumpty Circus* (1898 ó 1899). Página siguiente: fotogramas de *Humorous Phases of Funny Faces* (1907).

Sketches, y *Humorous Phases of Funny Faces*. El primero, más apegado a la fórmula de presentar al artista que ejecuta el dibujo, muestra a Blackton en acción: comienza por escribir dos palabras, "coon" ("negro") y "Cohen" (apellido de origen judío), y transforma la grafía de ambas palabras en dos personajes caricaturescos —la corrección política no es un valor añadido en este filme—, pero es en las dos siguientes escenas donde desarrolla efectos de animación: tras realizar la caricatura de un hombre, Blackton anima una estela de humo saliendo de su cigarrillo dibujado, y a continuación repliega el papel sobre sí mismo para retirarlo del encuadre; en la tercera y última escena, Blackton dibuja una botella de vino, una copa y un sifón, y entonces sustituye esos dibujos por unas copias recortadas para poder darles movimiento fotograma a fotograma. Como quien no quiere la cosa, en una misma película implementó el dibujo animado fotograma a fotograma, la animación de objetos y la de recortables.

Para muchos, *Humorous Phases of Funny Faces* (1907) es propiamente el primer filme de dibujo animado, en el que el artista ya no copa el protagonismo, sino que aparece en forma de metonimia: es la mano que dibuja. La premisa sigue siendo la misma que en los dibujos relámpagos, dibujar caricaturas y efectuar cambios sobre ellas: de esta forma, Blackton dibuja los rostros de una señora y un caballero directamente sobre una pizarra, registrando el proceso fotograma a fotograma, y continúa animando los cambios de expresión de sus rostros. La película muestra otras escenas, como la animación de un payasito malabarista —en realidad una marioneta plana articulada—, si bien, para mantener la ilusión de que se trata de un dibujo de tiza como los anteriores, en un momento dado Blackton simula borrarlo con un trapo.

Es posible también que las primeras películas de stop-motion se deban a Vitagraph. Actualmente no hay acuerdo en considerar como película más antigua de esta técnica al comercial *Matches: An Appeal*, por el británico Arthur-Melbourne Cooper (datada por unos en 1899, por otros en 1901, ¡e incluso en 1914!); por el contrario, aunque de ella solo se han conservado fotografías, *The Humpty Dumpty Circus*, realizada por Albert E. Smith en 1898 o 1899, sí ostenta ese honor (según el libro Guinness). Para realizar este film, Smith tomó prestados a su hija unos juguetes de acróbatas y animales, que movió fotograma a fotograma. En cualquier caso, la película de stop-motion que impacta en la audiencia internacional será *El hotel encantado* (*The Haunted Hotel*, 1907). Blackton y Smith no partieron precisamente de un argumento original, sino que aprovecharon del género "de mansiones encantadas" popularizado por filmes como *La mansión del diablo* (*Le Manoir du Diable*, Georges Méliès,

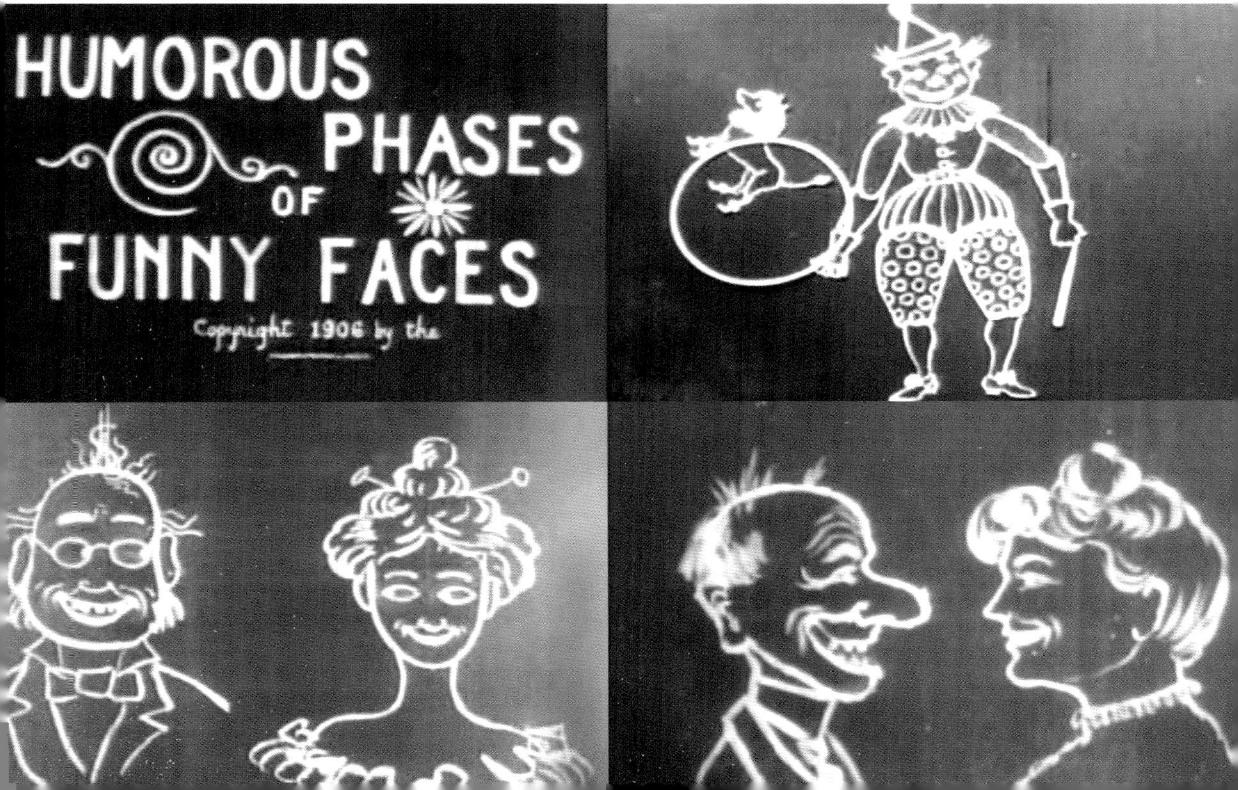

1986): un excursionista perdido penetra en una casa donde es burlado por poderes sobrenaturales. La película presenta algunos de los trucos habituales, como los escamoteos, pero destacaba particularmente por el uso de la animación "de paso de manivela", mostrando objetos de la vida cotidiana moviéndose por sí mismos, como tazas, cafeteras o un cuchillo cortando rodajas de pan, como accionados por fantasmas. En un momento dado, un payasito de juguete sale de la lechera para terminar de servir el refrigerio. La escena podía verse con gran detalle, en un plano cercano, lo que permitía al espectador descartar consabidos trucos como mover los objetos con alambres —aunque sí sucede en algún momento por necesidades del rodaje, cuando se sirve la leche—. La película tuvo gran proyección internacional, gracias a una campaña publicitaria que se ocupó de crear la necesaria expectación para atraer en masa a los espectadores, describiendo las escenas del filme, pero sin aclarar que lo que ven es animación. *El hotel encantado* fue el detonante del cine de animación en Europa, donde se deseaba reproducir su éxito comercial, lo que dio lugar a la *explosión de animación* de 1908 que encabezaría Émile Cohl.

Vitagraph se convirtió en una de las principales productoras de cine mudo, aunque, por esta misma razón, las obligaciones ejecutivas de Blackton le impidieron dedicarse personalmente a sus películas a partir de 1909. Hacia 1925, Vitagraph fue adquirida por Warner Bros. Con todo, los filmes de Blackton proporcionaron a público e industria una primera noción de las posibilidades de la animación.

Cortometrajes "de truco" de James S. Blackton: fila superior, *Lighting Sketches* y *The Enchanted Drawing;* fila inferior, *The Haunted Hotel.* En la página siguiente, *Sombras chinescas* (1908), de Segundo de Chomón.

SEGUNDO DE CHOMÓN, EL TRUQUISTA ELECTRIZANTE

El más importante pionero del cine español nació en Teruel en 1871, y murió en París en 1929. Fue un maestro de los efectos visuales en el cine, y un descubridor de las posibilidades de la animación. Aunque se le ha comparado frecuentemente con Méliès, Segundo de Chomón fue *el primero* en muchas cosas; a él se deben las animaciones stop-motion más antiguas donde se emplearon pastas maleables, como también inventó una curiosa combinación de animación de objetos con la actuación de seres humanos fotograma a fotograma: la pixiliación.

Se sabe muy poco de los primeros años de Segundo de Chomón, pero se cree que ya vivía en París en 1895, cuando los Lumiére mostraron públicamente el Cinematógrafo. Con todo, el verdadero motivo por el que estaba en París fue una atractiva mujer: Julienne Mathieu, actriz de vodevil a quien convertirá en su esposa y, más adelante, en protagonista de muchas de sus películas.

Sin embargo, Chomón es llamado a filas y forma parte del ejército español durante la Guerra de Cuba. Mientras, su mujer, para mantener a la familia, trabaja fatigosamente en una cadena de coloreado a mano de películas, cuyo principal cliente era la productora Star Films de Méliès. A su regreso de la guerra, Chomón mostró curiosidad por el coloreado de películas con pintura de anilina, decidiendo mejorar el proceso mediante el uso de plantillas. La pareja se estableció en Barcelona y allí crearon un estudio de coloreado de filmes que daba servicio a toda Europa, pero especialmente a la compañía filial de los Lumière: la casa Pathé.

Metemphychosis (1907); a la derecha: *Los Kiriki, acróbatas japoneses* (1907); ambas de Segundo de Chomón.

Además, Chomón estaba interesado en los efectos visuales del cine y en torno a 1902 dedujo el principio de la animación stop-motion, que él llamará "de paso de manivela". De hecho, Chomón construyó una cámara de cine expresamente para poder parar la animación fotograma a fotograma, pudiendo ir hacia atrás y hacia adelante cuando fuera necesario. Con esa cámara comenzó a hacer sus propias películas, siendo la primera *Choque de trenes* (1902). En esa misma época, la productora Gaumont estaba haciendo una fortuna con las películas animadas de Émile Cohl (a quien veremos en el próximo capítulo), y Georges Méliès otro tanto con sus películas de trucajes. Por este motivo, la tercera compañía rival, Pathé, que además era la más poderosa porque tenía el monopolio sobre el celuloide virgen, ofreció a Chomón un sustancioso contrato para dirigir sus propias películas de trucajes.

Algunas de sus películas para Pathé, como *El rey de los dólares* (1905) o *El escultor exprés* (1907) toman prestado del vodevil, presentando actuaciones de prestidigitación y de "artistas relámpago" para el entretenimiento; en esta línea destaca especialmente *Los Kiriki, acróbatas japoneses* (1907), que combina planos cenitales y grabaciones marcha atrás para recrear extravagantes actuaciones por una (falsa) *troupe* de circo oriental. Otros filmes, realizados junto a Ferdinand Zecca —como *El hada de la*

primavera (1902) o *Metempsychosis* (1907)— emulaban descaradamente el cine de fantasía de Alice Guy y de Georges Méliès, práctica habitual en la época y que contribuyó a que el público se cansase pronto del género de las *féeries*. Chomón se apropió de trucos desarrollados por Méliès, como la doble exposición del negativo o los escamoteos, como puede verse en *La cueva de la bruja* (1906) y en *Los huevos de Pascua* (1907), donde utiliza el procedimiento de doble exposición del negativo.

Sin embargo, entre 1905 y 1909, Chomón también se preocupó por innovar, entrando de lleno en el terreno de la animación: en sus películas *La casa embrujada* (1906) y *Una excursión incoherente* (1909), aplica variedad de efectos animados, utilizando materias maleables con las que construye objetos fotograma a fotograma. Igualmente, en *El escultor moderno* (1908), Chomón muestra cómo una escultura se modela espontáneamente ante nuestros ojos, empleando el truco de "desarmar" el modelo y proyectar el proceso marcha atrás. A su vez, *El teatro eléctrico de Bob* (1909) será una de las primeras películas donde se animan muñecos, mientras que en *Sombras chinescas* (1908) se anticipa al trabajo de Lotte Reiniger; incluso en *Sinfonía extraña* (1909) realizará animación mural por primera vez, pintando fotograma a fotograma sobre una pared. Pero, sin duda, su película más icónica es *El hotel eléctrico*, de 1908, donde introduce la pixiliación como efecto visual para de sugerir un entorno altamente tecnológico, el de un hotel donde todos los objetos funcionan automáticamente, fotografiando a los actores junto a los objetos que aparentan moverse por sí solos. La pixiliación, una técnica que nunca ha perdido su frescura y originalidad, fue recuperada ya a mediados del siglo XX por animadores experimentales como Norman McLaren.

Con Méliès prácticamente fuera del mercado, en 1909 Pathé Films redirige la producción de películas hacia ficciones de tipo realista, por lo que no renuevan su contrato con Chomón. El aragonés decide regresar a Barcelona para realizar películas de tipo histórico y otras abiertamente de fantasía, como la bella *Metamorfosis* (1912), un guiño al teatro de variedades, donde una mujer presenta al público una serie de objetos "mágicos" que en realidad experimentan diferentes trucos de cámara.

En 1912, tras tener que cerrar su compañía, recibe una oferta de Itala Films para realizar efectos visuales en las primeras superproducciones europeas, entre la que destacaron las épicas *Cabiria* (Giovanni Pastore, 1914) y *Napoleón* (Abel Gance, 1927). En este período se centró en su oficio de director de fotografía, aunque también filmó la película *La guerra y el sueño de Momi* (*La guerra ed il sogno di Momi,* Giovanni Pastrone, 1917), donde animará juguetes que cobran vida en los sueños de un niño cuyo padre está en el frente. Seguramente su mejor animación de muñecos es la de su cortometraje *Lulú* (1923), protagonizado por un monito antropomórfico.

Abajo, Segundo de Chomón. Página siguiente, arriba: *El espectro rojo* (1907); abajo: *Los huevos de Pascua* (1907), protagonizada por su esposa, Julienne Mathieu.

Chomón murió en 1929, a raíz de una extraña enfermedad adquirida en Marruecos, donde había ido a investigar las posibilidades de la película en color. Por si a alguien le interesa saber dónde están los restos mortales del más importante pionero del cine español, su paradero es desconocido. Aunque fue inicialmente enterrado en París, al cabo de varios años su familia no pudo renovar la contratación del nicho y sus restos fueron a parar a una fosa común: triste destino para un cineasta tan innovador que siguió realizando películas muchos años después de que Émile Cohl y Georges Méliès desaparecieran de la pantalla. Segundo de Chomón no solo fue un gran truquista y animador, sino también un narrador imaginativo que se dio cuenta de que el cine primitivo debía superar su estado de cine de las atracciones, heredero del teatro y del vodevil, para convertirse en una ventana abierta a la imaginación.

2. Una intersección entre cómic y cine

La tira cómica de prensa fue un inestimable precedente para el desarrollo inicial de la animación, así como para su afianzamiento comercial e industrial. Todos los pioneros tratados en este capítulo mantuvieron una estrecha relación con el mundo de la caricatura impresa, que devendrá en inspiración para empezar a concebir producciones en serie.

Son también años de experimentación y descubrimientos en un campo donde aún era nuevo todo. Los considerados padres del dibujo animado, Émile Cohl y Winsor McCay, cada uno con sus características particulares, fueron artistas que volcaron su lenguaje personal en sus producciones; a su experiencia siguió la apertura de los primeros estudios de animación, especialmente en la Costa Este de EEUU, donde se consolidaron los distintos roles profesionales de la animación, convertida ya en trabajo en equipo, como ejemplifican el recorrido de los estudios Fleischer, Raoul Barré o Pat Sullivan.

También es la época en que se producen las principales aportaciones técnicas y procesuales que llevan al establecimiento de la animación con acetatos —o "cel animation"— como la técnica más recurrente de la industria, imponiéndose sobre otros procedimientos menos aptos para la división de tareas como la animación con recortables bajo cámara, que perdurará más tiempo en otros focos de producción —como Argentina (con Quirino Cristiani, a quien veremos al final del capítulo), Japón o la Europa de entreguerras.

EL ANIMADOR "INCOHERENTE": ÉMILE COHL

Según recoge Donald Crafton en su imprescindible libro *Before Mickey. The Animated Film 1898-1928*, una mañana de 1933, en un pequeño bar de París, un decrépito hombrecillo leyó en un diario el siguiente titular: "Ha muerto Pat Sullivan, inventor de los dibujos animados". Aquel hombrecillo, que no era sino Émile Cohl, no pudo marcharse del local sin antes garrapatear una nota iracunda sobre el periódico, que decía: "¡Pat Sullivan "inventó" la animación diez años después que yo!". Olvidado por la misma industria que él había ayudado a levantar, Émile Cohl fue el primer artista que llevó al cine las cualidades necesarias de imaginación, paciencia y amor obsesivo por dibujar que, como veremos, también caracterizarán a otros animadores. Veamos su historia.

Émile Courtet, más conocido como Émile Cohl, nació en Francia en 1857 y murió en 1938. Cohl ya tenía más de 50 años cuando se introdujo en la industria del cine, absolutamente por azar, lo que no le impidió llegar a realizar más de 250 películas de animación en un breve período, entre 1908 y 1921, si bien la mayoría de ellas se encuentran perdidas. Su figura innovadora es todavía más sorprendente si pensamos que Cohl era verdaderamente un hombre del siglo XIX.

Cohl fue testigo de la guerra franco-prusiana, y llegó a formar parte del ejército durante tres años, tras los cuales decidió dedicarse a su verdadera pasión: el dibujo. Con 21 años conoció a uno de los más importantes caricaturistas de prensa, André Gill, y se unió al grupo de artistas bohemios al que pertenecía: "los Hidrópatas". Desarrolló multitud de oficios: editaba una revista, diseñaba vestuarios para teatro, escribía, pintaba y publicaba caricaturas; incluso aprendió fotografía. Pero en 1881, Gill, aquejado de una enfermedad mental, es recluido en un manicomio. Abandonado de sus amigos, con la sola atención de Cohl, André Gill murió en 1885.

Página anterior: el estudio Fleischer en los años 30. En esta página, películas de Émile Cohl: abajo, *Las cerillas embrujadas* (Les allumettes ensorcelées, 1908) y *Los doce trabajos de Hércules* (*Les douze travaux d'Hercule*, 1910); a la derecha: *El pintor neo-impresionista* (*Le Peintre néo-impressionniste*, 1910).

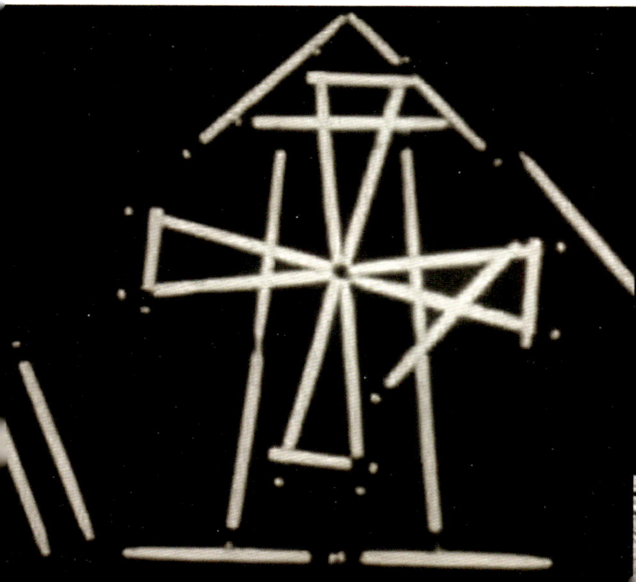

En estas circunstancias, Cohl comienza a relacionarse con un nuevo grupo de artistas de la Belle Époque obsesionados con la locura como un elemento estético: los Incoherentes, a los que podemos considerar como antecesores del movimiento Dadá. En torno a 1880, los Incoherentes organizaban timbas benéficas, bailes de disfraces y exposiciones realizadas bajo una filosofía iconoclasta, antiburguesa y fuertemente irracional, por lo que eran llamados "los anarquistas del arte". Émile Cohl formó parte de este grupo hasta 1890, cuando terminó asentándose como dibujante para la prensa.

En 1900, Émile Cohl era un artista famoso, incluso más que Méliès; y si no hubiera sido por ello, seguramente nunca habría tenido nada que ver con el cine. En los primeros años del cine era muy común que los productores se fijaran en las tiras cómicas como fuente argumental para sus películas: por ejemplo, *El regador regado* de los Lumiére (*L'arroseur arrosé*, 1895) se inspiraba en una tira cómica que ya era antigua para la época. La cuestión es que un día de 1908, paseando por Montmartre, Émile Cohl descubrió el cartel de una película que copiaba una de sus creaciones; sin pensárselo dos veces, se presentó en las oficinas de Gaumont para demandar una compensación: sorprendentemente, salió de allí con un contrato para escribir guiones.

Cohl se lo tomó en serio y escribió varios guiones del estilo de las *féeries*, aunque muy pronto estaba dirigiendo sus propias películas. No obstante, en aquel mismo año estaba haciendo furor en Europa una misteriosa película americana, no otra que *El hotel encantado* de Blackton.

42, Boul^d. Bonne Nouvelle
Au coin du Faub^g. Poissonnière
EXPOSITION UNIVERSELLE
des ARTS INCOHÉRENTS
Entrées
DIMANCHE........ 0f.65
SEMAINE.......... 1f.15
VENDREDI (jour réservé) 1f.95
N.B._ M.M. les Sénateurs, Députés & Conseillers municipaux seront admis sur la présentation de leurs médailles.

Incapaces de adivinar cómo era posible que los objetos se movieran solos, en Francia habían empezado a llamar a la animación "el movimiento americano". Cohl, después de ver la película, comprendió que habían rodado la película moviendo la manivela de la cámara solo un cuarto de giro por cada pose de los objetos, y que la suma de todas esas poses generaba la apariencia de movimiento: la animación.

Cohl se lanza a la aventura de hacer su primera animación, realizando más de 700 dibujos que rodará consecutivamente. Así es como nace el primer cartoon propiamente dicho: *Fantasmagorie* (1908), con el que Cohl planteó por primera vez el sistema universal con el que se han realizado los dibujos animados hasta que existió el ordenador, esto es, calcar las fases sucesivas del movimiento utilizando papel y una mesa de luz.

El método de animar de Émile Cohl es intuitivo, con personajes muy simplificados y escenarios casi neutros, pero se permite una gran creatividad. Como puede verse en *Fantasmagorie*, o en *La pesadilla de Fantoche* (*Le cauchemar de Fantoche*, 1908), su estilo narrativo no tiene nada que ver con la típica estructura de presentación, nudo y desenlace, sino que las escenas se suceden en un flujo continuo donde la metamorfosis tendrá un gran protagonismo. Con sus visiones bizarras e irracionales, representando pesadillas y alucinaciones, Émile Cohl llevó a la pantalla la filosofía del absurdo del grupo artístico al que perteneció, los Incoherentes.

Es importante señalar que Émile Cohl fue el primer animador de la historia que se dedicó al cine a tiempo completo. En 1910, cuando dejó Gaumont, ya había realizado 77 películas. Obligado a producir a un ritmo frenético, rodando una película cada dos semanas, Cohl practica todo tipo de técnicas, como la animación de personajes recortados, con la que realizó *Los doce trabajos de Hércules* (*Les douze travaux d'Hercule*, 1910). Asimismo, también dirigió películas mixtas de animación con imagen real, más ágiles y baratas de producir, como la sátira *El pintor neo-impresionista* (*Le Peintre néo-impressionniste*, 1910). Mediante la doble exposición del negativo combinó escenas de acción real y animadas, siendo un verdadero pionero en este campo con filmes como *Claro de luna español* (*Clair de lune espagnol*, 1909). Uno de sus filmes más conocidos de este período es *Los microbios felices* (*Les Joyeux Microbes*, 1909), donde un científico examina la vida microscópica: la película intercala escenas de animación que caricaturizan diversos tipos humanos, como los políticos, los funcionarios o… las suegras.

Página anterior: publicidad de los Artistas Incoherentes. Bajo estas líneas: retrato de Émile Cohl.

Émile Cohl abandonó la compañía Gaumont para entrar en Pathé, atraído por un sueldo mejor, pero pronto descubrió que las presiones de producción serían las mismas o peores. De su período en Pathé solo ha sobrevivido *El reparador de cerebros* (*Le repateur de cervelles*, 1911). En 1912 se traslada junto a su familia a Fort Lee, Nueva Jersey, con una propuesta del productor Eclair para animar las tiras cómicas de Geo McManus *The Newlyweds*. Émile Cohl reprodujo con exactitud el estilo de los dibujos de McManus, si bien aportando situaciones totalmente surrealistas, como demuestra el único capítulo que ha llegado hasta nosotros: *He poses for his portrait* (1913). Paradójicamente, no fue Émile Cohl sino Geo McManus quien ganó mayor fama por una serie de animación para la que, en realidad, no realizó ni un solo dibujo.

La serie *The Newlyweds* se convirtió en un hito al revelar a un público masivo las posibilidades del dibujo animado. Aunque se trató de mantener una regularidad semanal en su producción —reto que se probó imposible—, Émile Cohl realizó por sí mismo trece episodios, entre marzo de 1913 y enero de 1914, lo que nos permite considerar a *The Newlyweds* como la primera serie de animación con personajes recurrentes, de una forma análoga a su versión en cómic. Por desgracia, en 1914 un incendio

Les aventures du baron du Crac (1910). A la derecha: *The Newlyweds* (1913).

destruyó los episodios producidos, suceso que pilló desprevenido a Cohl, de viaje en Francia, por lo que ya no pudo regresar a EEUU para continuar su tarea como director.

La Guerra europea y diversos problemas impidieron que Cohl siguiera animado más allá de 1921. Para entonces, la animación americana ya había colonizado el mercado europeo, sumamente debilitado por la guerra. Muy pobre y casi demente, en 1937 se reconocieron las aportaciones de Émile Cohl cuando la Sociedad de la Industria del Cine Francés le concedió una medalla. Sin embargo, un año después Émile Cohl murió en un hospital de caridad cuando su barba se quemó porque solo tenía velas para iluminarse en su casa.

Émile Cohl fue el animador más importante del mundo hasta 1915, precisamente por su capacidad para salir de su zona de confort. Puede decirse que fue el primero en explorar sistemáticamente todas las posibilidades que entonces ofrecía la animación: dibujos, recortables, objetos y marionetas. Émile Cohl reunió una gran variedad de influencias de la ilustración y el cómic y las volcó en su trabajo, creando películas intertextuales que no solo anticiparon el trabajo de los cineastas de la Vanguardia, sino también la filosofía absurda de muchas series modernas.

EL ARTISTA MULTIMEDIA: WINSOR MCCAY

Hoy en día, muchos ilustradores y artistas plásticos utilizan las redes sociales para darse a conocer, comparten momentos del proceso creativo e incluso publican vídeos donde se les ve trabajando, convirtiendo el acto de dibujar en algo más: en un espectáculo multimedia.

Verdaderamente, a Winsor McCay le habría encantado vivir en nuestros días.

Winsor McCay nace presumiblemente en 1867 o en 1871, en Michigan, y muere en 1934. A diferencia de Émile Cohl —cuya masiva producción no le sirvió para retener la fama durante mucho tiempo—, McCay apenas realizó una decena de cortometrajes que, sin embargo, le garantizaron reconocimiento como uno de los grandes de la animación. Para Chuck Jones, Winsor McCay es una figura de importancia equiparable a la de Walt Disney: "cuando todos eran amebas, McCay era un gigante" (Canemaker, 2005). La comparación no es exagerada: McCay dejó huella por la enorme calidad artística de sus resultados, lo que resulta más sorprendente si tenemos en cuenta que fue un animador autodidacta.

Winsor McCay. A la derecha, publicidad de The Vitagraph Company, donde McCay aparece con sus criaturas.

De joven, McCay mostró gran interés por el dibujo, y en 1889 entra como aprendiz en la National Printing and Engraving Company, donde conoce las nuevas técnicas litográficas a color que estaban a punto de revolucionar la prensa escrita. A finales del siglo XIX, había tres magnates de la prensa neoyorquina cuyos periódicos que se disputaban la atención del público: Gordon Bennet, Joseph Pulitzer y William Randolf Hearst —sí, la persona que inspiró a Orson Welles su primera obra maestra, *Ciudadano Kane* (*Citizen Kane*, 1941)—. Con millones de emigrantes extranjeros en Estados Unidos, para aquellos magnates fue de vital importancia utilizar un reclamo visual potente para ganarse a aquel público que aún no sabía inglés, lo que dio lugar a una espectacular escalada en la calidad de las tiras cómicas de los periódicos. Este es el caldo de cultivo para artistas como Richard F. Outcault (*Yellow Kid*) Charles Forbell (*Naughty Pete*), Henry Grant Dart (*The Explorigator*), Lyonel Feininger (*Kinder Kids*), George McManus (*Bringing Up Father*, o la mencionada *The Newlyweds*) y, por supuesto, Winsor McCay.

Desde 1903, McCay trabajaría para el *New York Herald* de Gordon Bennet, lanzando series como *Little Sammy Sneeze*

WINSOR McCAY
LE DERNIER CRI DES DESSINS ANIMÉS
THE VITAGRAPH COMPANY
R·Hem

Arriba: tira de *Little Sammy Sneeze* del 24 de septiembre de 1905. A la derecha, McCay en el cortometraje *Little Nemo* (1911).

(1904-1906), *Dreams of a Rarebit Fiend* (1904-1911) y *Little Nemo in Slumberland* (1905-1911), hasta que pasó a publicarlas en el *New York Journal* de William Randolf Hearst, renombrada como *In the Land of Wonderful Dreams*. La puesta de página de *Little Nemo* fue de suma originalidad, en ocasiones incluso anticipándose a técnicas cinematográficas como el zoom o el travelling; además, el pretexto onírico en que se desenvuelve la historia —un niño viaja a un mundo fantástico en sus sueños— proporciona el pretexto para introducir originales personajes e incluso situaciones intertextuales, jugando con los límites de la viñeta.

Por añadidura, McCay pertenece a una época y a un lugar donde los dibujantes de cómic eran también *artistas de vodevil*. La caricatura se introduce en los espectáculos de variedades, dando lugar a los *dibujos relámpago* —y también a las *Chalk Talks*, otro tipo de show que combinaba monólogo y dibujos— que los artistas realizaban ante el público. Hacia 1906 McCay presentaba un celebrado número, "Las siete edades del hombre", que le convirtió en una estrella teatral; McCay también introduciría sus películas en estas funciones.

No se sabe exactamente cuándo comenzó a animar McCay, pero sí cuándo terminó su primera película, conocida como *Little Nemo*: 1911.

Probablemente su razón de ser fuese el cese temporal de la tira cómica, debido a una demanda de Gordon Bennet. Con la ayuda de James Stuart Blackton, McCay rueda unas secuencias de acción real que sirven de prólogo a su película animada, y la animación en sí. El argumento de *Little Nemo* es el siguiente: Winsor McCay apuesta con unos amigos que, en plazo de un mes, será capaz de realizar 4.000 dibujos que se muevan. A continuación, aparece en su estudio rodeado de barriles de tinta y voluminosos paquetes de papel, que dan cuenta exageradamente de su apasionado arte. Obsesionado con la idea de reivindicar su talento, sus capacidades, y por extensión, con dignificar la actividad profesional del artista de cómic y del animador, McCay siempre se muestra a sí mismo como alguien que dibuja mucho, rápido y bien, haciendo del hecho de dibujar un espectáculo en sí mismo. La película tiene poco del cómic homónimo, pero sus personajes están siempre presentes. Cuando el mes de plazo concluye, McCay demuestra a sus amigos que ha completado la tarea, mostrándose el momento en que comienza a rodarse los dibujos: entonces, por arte de magia, éstos se mueven.

Flip, Impy y el propio Nemo entran en escena como una serie de líneas que se reúnen en el escenario, o como fragmentos cortados del personaje que caen y se van recomponiendo. Más adelante, *Nemo se*

NOW! YOU SEE! IF YOU HAD WAITED UNTILE WE HAD ROWED AROUND TO HIS HEAD!
WELL! WE GET SOAKED AGAIN, NOW CAN'T BE HELPED!
8
YES! MAMA! IT'S ME! I'LL GET BACK INTO BED AGAIN! I WAS DREAMING!
YOU'D BETTER! WHAT AILS YOU, ANYWAY?
(COPYRIGHT, 1907, BY THE NEW YORK HERALD CO.)

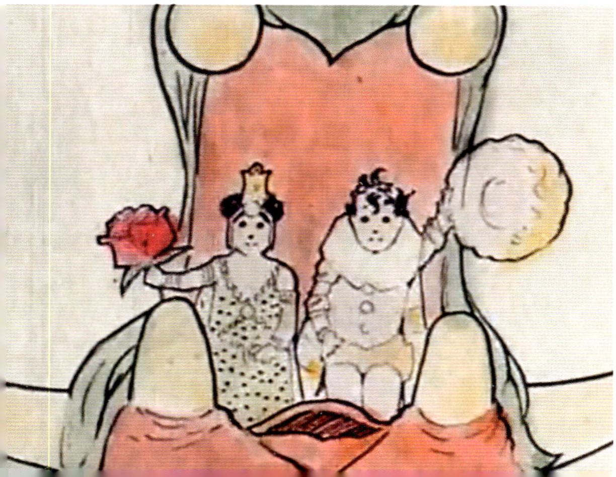

transforma en animador, dibujando —y dando vida así— a la princesa de Slumberland, con quien marcha a lomos de un gran dragón. Finalmente, Flip e Impy, montados en un coche, atropellan al doctor Pill, revelando el último dibujo, que una mano saca del encuadre. La animación es de excepcional calidad, con personajes tridimensionales que se mueven con verosimilitud. Al ser el productor de sus propias películas, McCay animaba sin urgencia, pacientemente: en el prólogo de acción real se le puede ver comprobando el resultado de sus dibujos en movimiento empleando un artilugio casero, un Mutoscopio con el que flipea las animaciones.

La animación de McCay simplifica el estilo de dibujo de sus elegantes tiras, pero sin empobrecerlo; solo en *Little Nemo* se permite la licencia de no dibujar escenarios, ya que la técnica empleada, el dibujo a tinta sobre papel de arroz, le habría obligado a redibujarlos en todos los fotogramas —como sí haría en la posterior *Gertie the Dinosaur* (1914), su obra maestra—. Pensada como parte de una representación en vivo, las escenas de Gertie, la dinosauria animada, se intercalaban en el teatro con intervenciones del propio McCay, elegantemente vestido para la ocasión, portando un látigo en la mano y dirigiéndose al público con tono circense. De esta forma, McCay interactúa con Gertie como si fuese su mascota —"Now raise your left foot"—, le interpela para que se porte bien —"Don't hurt Jumbo!" "Shame on you!"—, o le premia, haciendo como que le lanza una calabaza que apenas semeja un grano de maíz en la boca de la monumental protagonista. En todas estas situaciones, Gertie reacciona mostrando sus emociones, a veces curiosa, encolerizada, apenada o feliz; por esta razón, se puede decir que Gertie es el primer personaje de animación *redondo*, con una personalidad bien definida.

En la página anterior, arriba: viñetas del cómic *Little Nemo in Slumberland* (1905-1911); en la fila inferior, fotogramas del cortometraje *Little Nemo* (1911). Bajo estas líneas, dibujo original de *Gertie the Dinosaur* (1914).

Presionado por Hearst para que se dedicara en exclusiva a sus periódicos, McCay fue dejando paulatinamente las representaciones teatrales, lo que implicó reeditar sus películas. La versión de *Gertie the Dinosaur* que ha llegado a nuestros días contiene, como *Little Nemo*, un prólogo de acción real que contextuliza la escena animada, convirtiéndola nuevamente en el objeto de una apuesta. Con todo, los prólogos de ambas películas, aunque de alguna forma documentan el proceso de animar, en realidad están pensados para despertar fascinación hacia un arte desconocido para el público, reivindicando el talento y la destreza necesarios para su profesión.

Winsor McCay presentando a su criatura animada, Gertie, en las escenas añadidas a *Gertie the Dinosaur* (1914).

Otras animaciones de McCay se basan en sus cómics *Dreams of a Rarebit Fiend*, una colección de pesadillas donde personas corrientes se enfrentan a situaciones extraordinarias, sin perder nunca la flemática compostura, como *How a Mosquito Operates* (1912), *The Pet* (1921) y *The Flying House* (1921), siendo realizados los dos últimos con la nueva técnica de animación en la industria americana: el dibujo sobre acetatos transparentes o "cel animation".

Especial atención merece su única película basada en hechos reales: *El hundimiento del Lusitania* (*The Sinking of the Lusitania*, 1918). En 1915 tuvo lugar un suceso relacionado con la Primera Guerra Mundial: un barco británico, el Lusitania, que transportaba pasajeros entre Nueva York e Liverpool, fue torpedeado por un submarino alemán, causando una gran explosión y el hundimiento inmediato del crucero. De las 1198 víctimas, 124 eran estadounidenses, lo que motivó la entrada de Estados Unidos en el conflicto europeo. McCay, conmovido por los hechos, trabajó intensamente en esta película propagandística, para retratar con verismo y crudeza los hechos que carecieron de otra fuente visual. El resultado fue el primer filme documental animado de la historia, cuyo relieve artísti-

Dibujo original de *The Sinking of the Lusitania* (1918).

co destaca por el realismo del humo de las chimeneas y de la explosión, así como por la reproducción del barco, lograda mediante técnicas de estampación de los periódicos que se aplicaban para transferir fotografías. Curiosamente, aunque Hearst había instigado con sus publicaciones la intervención estadounidense en la Guerra de Cuba, aquí se mantuvo indiferente, por lo que la iniciativa de McCay fue totalmente personal.

Winsor McCay elevó lo dibujos animados a una categoría artística, creando un particular mundo metalingüístico donde el animador interactúa con sus criaturas. Siempre se sintió muy identificado con la profesión, de la que fue un autodidacta absoluto, mucho antes de que existiera esta industria como tal. En 1927, durante una reunión de animadores en Nueva York, McCay dijo: "La animación debe ser un arte. Así es como yo la he concebido [...] Pero vosotros la estáis convirtiendo en un negocio [...] ¡Mala suerte!" (Canemaker, 2005). Hoy en día McCay aún sorprende por su rabiosa modernidad, por su fascinación con el mundo de los sueños, por su mundo metalingüístico e intertextual, y por implementar en la animación la idea del autor ficcional, que hoy han retomado con fuerza las películas de documental animado.

LOS PRIMEROS ESTUDIOS. EL CASO DE *FELIX THE CAT*

Lo cierto es que Winsor McCay no se equivocó mucho en su evaluación de la industria norteamericana, al señalar que el arte corría peligro. En la década de 1910 el fordismo se estaba introduciendo en todos los aspectos de la producción industrial en Norteamérica, y la animación no fue una excepción. Los primeros estudios de animación establecidos en la costa Este de EEUU implementaron la misma filosofía de división del trabajo, aumento de productividad y reducción de costes que regían en las fábricas de automóviles. El aspecto de *administración* predominaba sobre el de *formación,* captando a un gran número de hombres y mujeres sin adiestramiento previo para realizar tareas muy concretas. Lo artístico no era importante; de hecho, se prefería que los animadores vinieran estrictamente del mundo de la caricatura, y no de las Bellas Artes, precisamente porque las primeras series se nutrieron de los cómics.

El principal estudio de esta época fue el Bray Pictures Corporation, fundado en 1914 por John Randolph Bray (1879-1978), un dibujante de prensa que, interesado por la animación, deseaba simplificar los métodos de producción. Bray intentó aplicar las copiadoras de prensa para imprimir los fondos en cada papel de animación, dejando vacío un hueco en el centro para el dibujo de personajes. Finalmente, Bray desarrolló junto con Earl Hurd la patente de un método que ahorraba la labor de redibujar los fondos: la animación con acetatos, una técnica muy proclive

Bobby Bumps at the Dentist (Bray Pictures, 1918). En la página siguiente, izquierda: cartel de los cartoons de *Charlie* (Pat Productions, 1916); derecha: retrato de Otto Messmer, padre del gato Félix.

a la división de tareas. Otros estudios importantes serían el fundado por William Randolph Hearst, International Film Service —con la idea de producir cartoons basados en las tiras cómicas de sus propios periódicos—; el estudio de Paul Terry (TerryToons), que sería uno de los más longevos del mundo; y el estudio de Raoul Barré, principal competidor de Bray, que había sido creado en 1913.

Pero, como la patente de la animación con acetatos se convirtió en un monopolio, su uso se encareció, por lo que los demás estudios buscaron formas alternativas de animar *en masa*. Por esta razón, en el estudio de Raoul Barré (1874-1932) idearon el Slash System, un procedimiento alternativo que solo empleaba papel: cuando el personaje tuviera que desplazarse *encima* del fondo, se dibujaba el fondo en papel, se colocaba debajo del personaje, y entonces los papeles con la animación del personaje se recortaban cuidadosamente para colocarlos encima del fondo dibujado, sin producir solapes.

Durante esta década se produjeron animaciones en serie como *Bringing Up Father*, *Krazy Kat* (ambas producciones de Hearst, dirigidas por Gregory La Cava), o *Mutt and Jeff* (de Raoul Barré, Bud Fisher y Charley Bowers). Sin embargo, en este apartado nos centraremos en un particular estudio, la productora de Pat Sullivan, a la que se debió la serie de animación más paradigmática de los estudios americanos en los años 20: *Felix the Cat* (1920-1929).

Durante décadas se creyó que el creador del gato Félix fue Pat Sullivan, nacido en Sídney en 1885 y fallecido en Nueva York en 1933. Sin embargo, su verdadero *padre* fue el americano Otto Messmer, nacido en 1892 y fallecido en 1983, y que por timidez no reclamó para sí la paternidad del famoso gato hasta décadas después del fallecimiento de Sullivan.

Otto Messmer era el típico chico obsesionado con dibujar a todas horas, un animador autodidacta que solía alquilar una cámara a los estudios de cine para poder grabar sus propias películas. Por su parte, Pat Sullivan era el emprendedor aventurero, el vividor que había desempeñado varios oficios, incluyendo el de boxeador, y que en torno a 1915 empezaba a ser conocido por sus caricaturas. Ambos se encontraron precisamente en un estudio de cine. Pat Sullivan ya había trabajado en el estudio de animación de Raoul Barré y tenía conocimiento profesional del medio, de forma que en 1915 fundó Pat Productions, fichando como animador a Messmer.

Sullivan le enseñó el método de animación Slash System que se usaba en el estudio de Barré, y que sería característico de todas sus producciones, siendo la primera de ellas una serie con el personaje de Charlot, licenciado por Charles Chaplin, de la que llegarían producir una docena de cortos en 1916. Sin embargo, Pat Productions va a bancarrota y los dos socios se separan hasta que finaliza la Primera Guerra Mundial. Cuando decidieron retomar la serie de Charlot, en 1918, Paramount Pictures les sugirió que presentasen una nueva serie, por lo que Messmer preparó un

Felix the Cat Trips Through Toyland (1925). A la derecha, imagen del estudio Pat Sullivan Productions, con el productor al frente.

nuevo personaje: un gato negro. Sin embargo, quien firmó el contrato fue Sullivan, y desde entonces, todos los cartoons animados, así como las tiras dominicales dibujadas por Otto Messmer, llevarían su firma inevitable: *Pat Sullivan*. Adicionalmente, numerosas fotos de promoción del estudio, donde el productor aparecía dibujando al personaje, alimentarían el malentendido de forma interesada.

Hasta 1924, Otto Messmer estuvo dibujando él solo un cartoon al mes. El diseño de Félix era más bien anguloso, y su psicología, un tanto retorcida, como si fuera una versión gatuna del personaje de Charlot. Más adelante, cuando estuvieron obligados por contrato a realizar un cartoon cada dos semanas, el estudio contrató nuevos animadores —incluyendo al propio Raoul Barré en 1926, que había abandonado su compañía— y se estableció una cadena de trabajo en la que se ocupaban puestos bien definidos, desde el director de animación hasta el intercalador, el tracista y, en último lugar, el cameraman. Esta multiplicación el equipo artístico tuvo como resultado un redondeado del diseño, que debía ser redibujado por las manos de varios artistas.

Curiosamente, en el estudio de Pat Sullivan no trabajaban en varios cartoons a la vez, sino en uno solo cada dos semanas. ¿Por qué hacerlo así, cuando podían haber sido más productivos de otra forma? La razón era que Otto Messmer, artista espontáneo, no escribía guiones: imaginaba los gags a medida que avanzaba la producción de cada cartoon, de forma que el trabajo de los demás dependía de la creatividad del director.

A pesar de ello, el gato Félix fue un personaje tan exitoso como imitado. Félix era un personaje muy abstracto con quien cualquiera podía identificarse, pero quizá su rasgo más distintivo, absolutamente propio de la lógica visual del cine mudo, era su capacidad de transformación, o lo que Sergei Eisentein llamó "plasmaticidad", por cuanto el dibujo que alcanza una determinada apariencia "se comporta como el protoplasma originario que aún no tiene una forma "estabilizada" pero podría adoptar cualquier forma y evolucionar", lo que en Félix se cumple cuando su cola se transforma en bastón, en signo de interrogación, en gancho, o todo su cuerpo se retrae hasta semejar convincentemente un paraguas o un maletín, en virtud de su carácter de mancha de tinta plana, como puede verse en *Felix in Hollywood* (1923).

Hacia 1926, el gato Félix era, después de Chaplin, el personaje cinematográfico más famoso del mundo. Esto se debió a ideas publicitarias como incluir anuncios en periódicos, regalar a los cines grandes siluetas de Félix y, sobre todo, licenciar la imagen del personaje para vender todo tipo de productos, incluyendo cigarrillos. El muñeco de Félix fue un éxito de ventas que se adelantó en mucho a toda la mercadotecnia del imperio Disney.

Pat Sullivan se aseguró de que su nombre e imagen quedasen vinculados al gato Félix, incluso convirtiendo instantáneas familiares en publicidad. Abajo, relanzamiento del personaje en color (*Felix the Cat in Bold King Cole*, The Van Beuren Corp, 1936).

Sin embargo, la buena estrella de aquel gato negro no resistiría la llegada del cine sonoro. En 1928, tras el estreno de *Steamboat Willie*, Walt Disney necesitaba ampliar su plantilla y se dirigió a Sullivan para contratar a todo su estudio. Sullivan se negó porque no quería abandonar Nueva York, y además creía que Félix tendría aún muchos años de éxito por delante. Se equivocaba...

La etapa final de la serie está marcada por la mala decisión de no renovarse técnicamente para competir con el cine sonoro, y por el propio declive personal del productor. Una noche de 1932, cuando se estaban preparando para salir de fiesta, su esposa falleció accidentalmente al caer por una ventana cuando se asomaba para llamar a su chófer. Sullivan no se recuperó nunca de su pérdida y falleció en 1933. La muerte de Sullivan dejó la propiedad del personaje en un vacío legal que impidió a Messmer retomarlo, pues se concedió su propiedad a los herederos de Sullivan en Australia.

Félix fue un personaje que destacó por su complejidad, a la vez felino y humano, realista y mágico, y con un estilo de animación que no imitaba a ningún otro estudio del momento. Sin llegar a ser la serie muda más lucrativa, ni la más larga, *Felix the Cat* es la más recordada de aquella época por el alto número de aficionados que reunió, lo que terminó generando un nuevo fenómeno en el mundo del cine: el merchadising.

FELIX

Ko-Ko the Clown en su diseño de 1923. Derecha: Betty Boop en *Dizzy Dishes* (1930)

LOS HERMANOS FLEISCHER, ANIMADORES E INVENTORES

En la década de 1920, la estructura de estudios de animación norteamericanos fue comparable a una rueda cuyo eje era el estudio de John Randoph Bray, y sus radios, los diferentes estudios que emanaron de este centro, creados por antiguos empleados suyos como Walter Lantz, Paul Terry o, en el caso que veremos a continuación, los prolíficos y versátiles hermanos Fleischer.

El estudio Fleischer, fundado en Nueva York, fue el competidor más directo de Disney durante dos décadas, entre 1921 y 1942, llevando a la pantalla series como *Out of the Inkwell, Betty Boop, Popeye* o *Superman*. Max Fleischer (1883-1972), dibujante de cómics, y Dave Fleischer (1894-1979), inventor, tuvieron la visión necesaria para distinguirse del resto de estudios por su imaginación, su afán transgresor y experimental y, sobre todo, un surrealista sentido del humor, haciendo de la animación un mundo donde todo es posible. Además, a los Fleischer se deben algunos avances técnicos visionarios, como la rotoscopia, el sonido sincronizado, o su particular versión de la cámara multiplano (la "setback cam"), con la que crearon increíbles efectos de tridimensionalidad.

De hecho, la invención de la rotoscopia fue de crucial importancia para la consolidación de la industria. Según los dibujos de su patente, el rotoscopio consistía en una máquina compuesta por un proyector y un

caballete para que los animadores pudieran calcar películas de acción real fotograma a fotograma. Hacia 1913, Max Fleischer trabajaba en la misma revista donde Bray había publicado sus primeras tiras cómicas, mientras que Dave hacía montajes para la división americana de la casa Pathé. Dave empezó a pensar en algún método que permitiera animar el movimiento tal como lo grabaría una cámara de cine: calcar le parecía la opción más lógica. Sus experimentos comenzaron en 1915, cuando rodaron en una terraza una breve escena con Dave disfrazado de payaso —el traje negro ofrecía alto contraste con el cielo—. Con este metraje realizaron una prueba de animación, proyectando los fotogramas muy precariamente, sobre una superficie vertical; el resultado no debió de ser muy bueno, porque Dave se lo mostró a su jefe en Pathé y, como resultado, fue despedido.

Con todo, Dave insistió para que Max enseñase la prueba a su antiguo conocido, John Randolph Bray, quien sí estuvo de acuerdo en contratarlos. Sin embargo, este período coincidió con la participación de Estados Unidos en la Primera Guerra Mundial y, abrumados de encargos del gobierno, la compañía de Bray no pudo dedicarse a producir series de entretenimiento hasta tiempo después. Por esta razón, la primera aparición pública del personaje Ko-Ko the Clown —el payaso que Dave quería ser— no tuvo lugar hasta 1919, cuando arranca la serie conocida como *Out of the Inkwell*: "Fuera del tintero".

La idea de tener un personaje animado que salta de dimensión no era nueva en aquel estudio: Bray ya había producido la serie *Bobby Bumps* de Earl Hurd (1916), de argumento parecido. Pero, en *Out of the Inkwell*, los Fleischer emplearon un collage de técnicas, combinando personajes dibujados con fondos fotográficos cada vez que los cartoons penetraban en la realidad para incordiar a su creador —interpretado por Max Fleischer en secuencias de acción real—. Sin embargo, según las crónicas de la época, lo que de verdad impactó en el público que vio a Ko-Ko por primera vez en *The Tantalizing Fly* (1919), fue la naturalidad del movimiento del payaso, animado con rotoscopia.

En 1921 los dos hermanos se independizan de Bray, estableciendo su primer estudio: Inkwel Inc. Hacia 1924, la serie de Koko tenía tanto éxito que ampliaron el negocio con la creación de *Song Car-Tunes*, un tipo de película mixta, con sonido sincronizado, que incorporaba subtítulos de canciones y una bolita animada que indicaba al público qué parte de la letra debía cantar. ¿Nos suena de algo? Sí, es el antecedente del karaoke…

En 1929, tras romper con su distribuidora —The Red Seal Corporation, que fue a bancarrota y arrastró tras de sí a los Fleischer— Inkwell Inc. se convirtió en socia de Paramount y terminaría cambiando su nombre a The Fleischer Studios. Aunque este cambio comercial signi-

ficó el fin de los cartoons *Out of the Inkwell*, Ko-Ko seguiría apareciendo en una nueva serie: *Betty Boop*.

Por petición de Paramount, los Fleischer habían empezado a producir la serie *Talkartoons*, sus primeros dibujos animados sonoros, cuya primera estrella habría sido Bimbo, el perro antropomórfico, de no haberse dado una feliz casualidad: en el cartoon *Dizzy Dishes*, de 1930, decidieron incorporar como personaje una caricatura de la entonces famosa actriz Helen Kane, dándole unas largas orejas de perro: sorprendentemente, el público terminaría reclamando más cartoons con este personaje. Rediseñada como mujer enteramente humana en 1932, Betty Boop encarnaba a la "flapper", la chica del mundo del jazz que levantó el ánimo del público americano durante los años de la Gran Depresión con su mezcla de inocencia gentil y consciencia sexual. Por añadidura, muchos de sus cortos se emplearon simultáneamente como vehículo de visibilidad de estrellas del jazz del momento, como Cab Calloway, que no solo propuso la banda sonora de uno de los *Talkartoons* más celebrados, *Minnie the Moocher* (1932), sino que su singular baile serviría de referencia para la animación de varios cortometrajes —repitiéndose también en *Snow-White* (1933)—. Para entonces, los Fleischer habían superado la

Snow-White (1933), con la danza de Ko-Ko inspirada en Cab Calloway. En la doble página siguiente, Betty Boop con Max Fleischer y la actriz que le dio voz, Mae Questel.

BETTY-
&
BIM
The
FLEISCHER ST
FUNMAKE
VOL. III
BIMBO
&
BETTY
PARAMOUNT
PUBLIX
FLEISCHER STUDIOS INC
VOL. IX

etapa inicial de la rotoscopia como calco de la realidad, concentrándose en producir con ella una animación mucho más plástica y creativa.

En dos décadas, el estudio Fleischer pasó de ser la asociación entre dos hermanos que lo hacían todo, a consolidar una gran industria a su alrededor. Sin embargo, hasta mediados de los años 30 no contaron con un departamento de guion como tal, sino que el propio Dave proporcionaba gags a los animadores, e incluso permitían gran libertad tanto a los artistas como a los actores de doblaje, que a menudo improvisaban los diálogos una vez acabada la animación. Los cartoons de los Fleischer se caracterizaron por un estilo alocado y transgresor, que probablemente alcanzó su cénit en la alocada comedia *Ha! Ha! Ha!* (1934).

Tras el éxito de *Flores y árboles* de Disney (*Flowers and Trees*, 1932), la Paramount presionó al estudio para empezar a producir cartoons a color, pero se encontraron con el obstáculo de que Disney había obtenido un contrato de 4 años de exclusividad para explotar la película de Technicolor de tres colores. Por tanto, durante un tiempo, los cartoons de los Fleischer se rodaron con un sistema de dos colores: el Cinecolor, que combinaba el rojo y el verde, como puede verse en *Pobre Cenicienta* (*Poor Cinderella*, 1934).

En verdad, hacia 1934 la continuidad del personaje de Betty Boop estaba tocada de muerte, ya que el Código Hays impuso una serie de restricciones en el mundo del cine para que cualquier película pudiera ser vista por un niño. Esta búsqueda de temas y enfoques menos subversivos perjudicó a los Fleischer que, sin dejar de producir cartoons de la bella morena —que aún tendría picantes apariciones en cartoons como *Betty Boop and the Little King* (1936)—, lanzaron a la pantalla un personaje de cómic creado por Elzie Crisler Segar: *Popeye el marino*.

Fue precisamente en los cartoon de Popeye donde introdujeron un nuevo ingenio mecánico, la llamada "setback camera" (a veces también "stereoptical process"), una especie de dispositivo multiplano que permitía combinar animaciones dibujadas con maquetas tridimensionales montadas sobre un sistema rotativo:

cuando se hacía girar poco a poco la maqueta se podían sugerir movimientos de cámara, como cuando un personaje camina en ciclo sobre un fondo, pero, *animando las perspectivas*. La primera vez que se emplea este efecto es en *For Better or Worser* (1935), mostrando la profundidad de una calle que Bruto, Olivia y Popeye recorren a toda velocidad. Este espectacular efecto se emplearía en otras películas como *Popeye the Sailor Meets Sinbad the Sailor* (1936) y *Hawaiian Birds* (1936), pero, en vez de competir con el realismo de Disney, resaltaba aún más el carácter ilusorio de la animación.

1936 fue el año de apogeo de los Fleischer: con 4 series en marcha y 52 cortometrajes por año, el éxito de Popeye sería tal que Paramount presionó para que aumentaran la producción. Por desgracia, el resultado fue la declaración en huelga de los animadores, por lo que el estudio se trasladó a Miami, ciudad menos sindicada que Nueva York. Allí reabrieron con un significativo aumento de plantilla para hacer frente a la producción de su primer largometraje, *Los viajes de Gulliver* (*Gulliver's Travels*, 1939), a rebufo del éxito obtenido por Disney con *Blancanieves y los siete enanitos* (*Snow White ad the Seven Dwarfs*, 1937), que sin embargo significó el declive del estudio.

Mr Bug Goes to Town (1941). A la derecha, imágenes de *Popeye the Sailor Meets Sinbad the Sailor* (1936), que empleó la cámara estereoscópica del estudio.

THE ISLE OF SINDBAD.
ENTER NOT!
FOR
WHOSO-EVER PASSETH IN-
PASSETH OUT!
Sindbad

La película tuvo un éxito de taquilla aceptable, pero artísticamente se consideró un fracaso al no combinar coherentemente dos estilos de animación opuestos entre sí: el realismo de los personajes más humanos —como Gulliver o los príncipes del pueblo de Liliput— y la caricatura de los secundarios graciosos. Básicamente, los Fleischer fallaron al intentar ser lo que no eran. Como explica Giannalberto Bendazzi (2003), "Disney fue un modelo único: no solo derrotaba a la competencia, sino que la eliminaba, porque en la mente de sus espectadores, su animación aparecía como la única posible." Su siguiente apuesta de largometraje, *Mr Bug Goes to Town* (1941), sin ser peor que *Gulliver*, significó la bancarrota del estudio, que fue absorbido por Paramount. Renombrada como Famous Studio, la nueva empresa se caracterizó por apuestas como la adaptación del cómic *Superman* en 1941 —llegando a obtener una nominación a los Oscar—, aunque la antigua complicidad entre los hermanos Max y Dave hacía ya tiempo que se había esfumado.

Paradójicamente, hoy en día el estilo Fleischer, si es que podemos hablar de uno solo, está más vigente que nunca en esas animaciones que llamamos *retro-modernas*, incluyendo videoclips e incluso videojuegos de gran éxito, como *Cuphead* (MDHR, 2017). De alguna manera, seguimos viendo a los Fleischer como la némesis de Disney, es decir: frente al sentimentalismo kitsch, los Fleischer encarnan la risa irreverente y liberadora.

A la izquierda, fotogramas de *Los viajes de Gulliver* (*Gulliver's Travels*, 1939). Bajo estas líneas, la serie *Superman* (1941).

CHARLEY BOWERS Y LA MÁQUINA DEL SURREALISMO

Nacido en 1889 y fallecido en 1946, Charley Bowers es un raro ejemplo de animador que, en una vida relativamente corta, experimenta un apasionante recorrido personal y artístico. Comenzó siendo el principal artista de un estudio pionero de EEUU, el de Raoul Barré, aunque terminó estableciéndose de forma independiente para realizar un género muy personal de comedia *slapstick* donde mezclaba acción real con animación stop-motion.

Parte de la vida de Bowers tiene aún un halo de misterio. Según afirmaba, de pequeño había aprendido a caminar por la cuerda floja, y que por esta razón lo raptó el dueño de un circo, donde estuvo trabajando varios años hasta que lo reconoció su tío. Gracias a este reencuentro volvió a su casa, donde llegó a tiempo de ver morir a su padre. Obligado entonces a mantener a su familia, tuvo diversos oficios, como funambulista, cowboy, domador de caballos y diseñador de escenarios. Un accidente lo alejó del circo, que cambió por el teatro, donde solía hacer papeles de niño porque era bajito. Quizá sería mejor no creer una sola palabra de esta rocambolesca historia, que difundió el propio Bowers en 1928 en la nota publicitaria de uno de sus filmes… De sus orígenes solo sabemos con seguridad que en 1912 Bowers estaba dibujando caricaturas para dos periódicos de Chicago, y que tiempo después creó un pequeño estudio en Mount Vernon donde comenzó a producir una serie morosa del cómic de Bud Fisher *Mutt & Jeff* (de hecho, se titulaba *Hans & Fritz*).

Charley Bowers en la prensa. A la derecha, arriba: uno de los trabajos más icónicos de Bowers, *A Wild Roomer* (1927); abajo: fotograma de *Mutt & Jeff : Slick Sleuths* (1926).

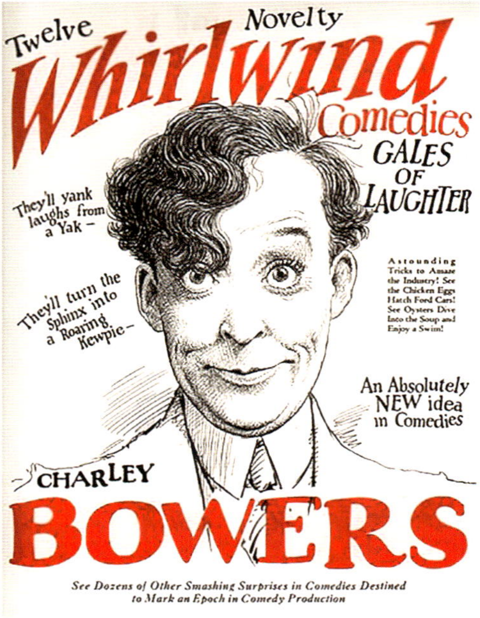

Bud Fisher, antiguo dibujante de los periódicos de Hearst, había conseguido su libertad editorial, por lo que en 1915 buscó a Bowers para comenzar la producción de su propia serie, *Mutt & Jeff*, con plenos derechos. Sin embargo, Bowers no contaba con suficientes recursos materiales, por lo que recurrió a Raoul Barré, que en ese momento había perdido a varios de sus mejores empleados, tentados por ofertas económicas de Hearst para trabajar en International Film Service. Así nació la sociedad Barré-Bowers, que contó con un interesante plantel de trabajadores —entre los que se encontraban dos jóvenes prometedores: Bill Tytla y Ben Sharpsteen, futuros animadores Disney—. Sin embargo, la producción fue algo conflictiva: Fisher fue reclamado por el servicio militar durante dos años; cuando se reincorporó al estudio en

1917 tomó control total del proyecto, formando la empresa Bud Fisher Film Co., en la que colaboraba Bowers, mientras que Raoul Barré fue gradualmente apartado de la misma, hasta que la abandonó en 1919 para dedicarse temporalmente a la pintura.

A pesar de ello, *Mutt & Jeff* llegó a tener 200 episodios, distribuidos semanalmente por Fox. En muchos de ellos era frecuente que los personajes sembraran el caos utilizando máquinas muy sofisticadas para hacer cosas realmente simples, como dar la vuelta a las tortitas en la cocina o servir el desayuno. A este tipo de mecanismos absurdos se les llama *máquinas rubegoldbergianas*, en honor a su creador, el dibujante Rube Goldberg.

Se sabe que durante este período Charley Bowers experimentó con el stop-motion. En 1926, tras haber disuelto su sociedad con Fisher, Bowers se alió con el cineasta Harold L. Muller, con quien se trasladó primero a Nueva York, y más tarde a California, para rodar una serie de cortometrajes —se estima que en torno a 18— con un personaje que él mismo interpretaría: Bricolo.

Bricolo es una especie de genio despistado, siempre sin un céntimo, obsesionado a partes iguales con las mujeres, los huevos, los coches y con alambicadas máquinas de su creación que, sin embargo, nunca responden como uno espera: un poco como en *El hotel eléctrico* de Chomón, la tecnología se burla del ser humano, si bien el colapso de las maquinarias de Bowers se debe a su uso erróneo, en un contexto de comedia de enredo. Charley Bowers aportó al género *slapstick* un toque de extravagancia, introduciendo el bricolaje visionario en casi todas sus tramas. El *slapstick* es un subgénero de la comedia que se caracteriza por presentar acciones exageradas de violencia física, pero sin consecuencias proporcionales; pero también tiene una fuerte relación con el humor visual, como sucedía en las películas de Buster Keaton, donde a menudo la puesta en escena —es dcir, el punto de vista *del espectador*, y no el del personaje— es lo que sirve para crear equívocos y sorpresas.

Por añadidura, las películas mixtas de acción real y animación de Charley Bowers son un ejemplo de lo que Freud llamaba "lo siniestro", lo que *no es* familiar. Tal como sugiere Paul Wells en *Understanding Animation* (1998), la animación tridimensional está directamente implicada con la expresión de la materialidad, fabricando una cierta *meta*-realidad a partir de objetos y entornos que conocemos, pero que aparecen

En la página anterior, *Many a Slip* (1927). Abajo, *He Done His Best* (1926).

MADE BY JÖNKÖPINGS
SUPERIOR SA

dislocados, fuera de su contexto, tornando lo cotidiano en inquietante. Las relaciones de causa y efecto se sustituyen por otra lógica de tipo visual, ligada al mundo del objeto: por ejemplo, que nazcan coches pequeñitos a partir de unos huevos de gallina empollados por el calor de un motor de coche. Con sus máquinas que fabrican huevos irrompibles (*Egged On*, 1926), sus plantas modificadas de las que nacen gatos (*Now You Tell One*, 1926), o sus aves devoradoras de metal y que ponen coches (*It's a Bird*, 1930), para un visionario como Bowers, la vida no es suficiente y necesita desesperadamente la invención. No es extraño, por tanto, que los surrealistas adorasen su obra, desde André Breton hasta Rafael Alberti, que le dedicó un poema en su libro *Yo era un tonto y lo que he visto me ha hecho dos tontos* (1929).

Aunque sus películas son mixtas, Bowers no llega a superponer en el mismo plano la animación de personajes con la actuación de actores —salvo en casos muy excepcionales en los que aparece él en pantalla, como *Egged On*, porque era Muller quien se ocupaba de la cinematografía—; tampoco mezcla en postproducción a los personajes reales e imaginarios como harán O'Brien o Bowers, sino que simplemente hace convivir a actores y marionetas en un mismo mundo, pero en planos rodados separadamente. El resultado del montaje es efectivo, accediendo a la suspensión de incredulidad necesaria para que el espectador se deje llevar por lo imaginario.

Página anterior, arriba: *There It Is* (1928); abajo: *Now You Tell One* (1926). En esta página: *Believe It or Don't* (1935).

A partir de los años 30, la actividad de Charley Bowers se difumina. En esta última época destaca el publirreportaje *Pete-Roleum and his Cousins* (1939), realizado enteramente en stop-motion y a color. *A Sleepless Night* (1940), y su última película, *Wild Oysters* (1941), son producciones algo más convencionales narrativamente, si bien desasosegantes a nivel visual. Bowers se dedicó desde entonces a la ilustración para prensa, hasta que una enfermedad le impidió seguir dibujando, y finalmente sucumbió.

Charley Bowers fue un realizador con una marcada personalidad, que alcanzó gran éxito en todo el mundo hacia el final de los años veinte. Sus películas se perdieron y, tras su muerte, quedó relegado al olvido. Sin embargo, es evidente que las invenciones de su personaje Bricolo se adelantaron a los productos marca Acme de la Warner, y también a los cachivaches de dudosa utilidad de *Wallace & Gromit*, cuya complicación tecnológica excede la sencilla tarea que deben resolver.

El cine slapstik de Bowers se reivindicó tras su espectacular redescubrimiento: a finales de los años sesenta, el investigador Raymond Borde, de la Cinemateca de Toulouse, localizó en Francia copias de algunos de sus cortometrajes, lo que permitió su identificación, restauración y nueva difusión: en 1976 se le dedica una retrospectiva en el Festival de Annecy, y en 1992 Lobster Films lanzó una campaña internacional para seguir buscando sus películas, de las que se han reunido 15 —casi todas en Europa, solo una en Estados Unidos—. Sabiendo que aún quedan más cintas suyas por redescubrir, Charley Bowers es una figura fascinante para los historiadores, así como un realizador entretenido e innovador para todos los públicos.

Wild Oysters (1941). A la derecha, fotogramas de *Pete Roleum and His Cousins* (1939).

LOS PRIMEROS LARGOMETRAJES ANIMADOS: QUIRINO CRISTIANI

Es un hito sorprendente que el primer largometraje de animación de la historia se rodase en Argentina, sin existir ninguna estructura industrial específica, y por parte de un joven autodidacta: Quirino Cristiani (1896-1984). Nacido en Italia, Cristiani llega a Argentina en 1900. Después de estudiar Bellas Artes, trabaja junto al productor de cine Federico Valle en la realización de un noticiero, dibujando para él caricaturas de la actualidad política, que eran grabadas por la cámara mientras Cristiani dibujaba. Un día el productor comentó a Cristiani, "estos dibujos están muy bien, pero el cine es movimiento y no admite un dibujo fijo; investiga la forma de hacer que se muevan" (Discovery Channel, 1993).

Cristiani encontró la forma: recortó las figuras dibujadas, separando las extremidades, y luego las cosía con hijo negro, conformando marionetas planas. A continuación, al igual que Émile Cohl, las disponía sobre una gran pizarra horizontal y las grababa empleando un set con la cámara dispuesta en la parte superior, mirando hacia abajo para registrar la animación. Después de producir un primer cortometraje con esta técnica —*La intervención a la provincia de Buenos Aires* (1916), que escenificaba un conflicto entre el presidente Hipólito Yrigoyen y el gobernador de

Buenos Aires, Marcelino Ugarte—, su buen recibimiento animó a Federico Valle a proponerle a su artista de apenas 20 años de edad un reto mayor: realizar un largometraje.

Bajo el título de *El apóstol* (1917), el largometraje desarrollaba una sátira política con el siguiente argumento: el presidente Yrigoyen sube al cielo y pide permiso al dios de los truenos, Júpiter, para barrer la corrupción política que asola todos los estamentos del gobierno argentino, aunque la operación de limpieza termina provocando el incendio de Buenos Aires. Su producción requirió un año de trabajo, en el que Cristiani rodó 58.000 fotogramas (unos 1700 metros de película) —considerando que la velocidad de la película proyectada era de 14 fotogramas por segundo, el metraje obtenido duraba poco más de una hora—. Cristiani no solo animaba marionetas articuladas, sino que a menudo también tenía dibujos intercambiables del personaje si debía mostrar giros del cuerpo. Como explica Jorge Surraco (Discovery Channel, 1993), cronista de Cristiani, para facilitar la grabación, el animador construyó una máquina con manivelas, pedales y poleas "que manejaba él solo, como si fuera un auto", incluyendo una cámara fotográfica colocada de manera cenital. Por su parte, el productor contrató al caricaturista político Diógenes Taborda para que diseñase a los personajes, y al arquitecto Andrés Ducaud para que realizase la maqueta que debía incendiarse en la escena final de la película.

Quirino Cristiani.
En ambas páginas, siluetas supervivientes de *Peludópolis* (1929-1931).

UNA PRODUCCIÓN DE
DIBUJOS ANIMADOS SONOROS
de LARGO METRAJE
PELUDÓPOLIS
EL FILM QUE CONSTITUYE UN VERDADERO DOCUMENTO HISTÓRICO - AL PAR QUE EL MÁS GRANDE ÉXITO DE RISA DE TODAS LAS TEMPORADAS.
LAS AVENTURAS DE UN GOBIERNO, VISTAS CON EL AMABLE HUMORISMO DEL GENIAL DIBUJANTE CRISTIANI, DE QUIEN SE CONSERVA AÚN EL RECUERDO DE UN GRAN ÉXITO: "EL APÓSTOL"
SINCRONIZACIÓN Y DIRECCIÓN MUSICAL DE VAZQUEZ VIGO
ESTUDIOS CRISTIANI
Bs. Aires - J. E. URIBURU 460 - U.T. 47 CUYO 8342

La película tuvo mucha aceptación y llegó a permanecer un año en cartelera. Sin embargo, su éxito no se repitió por motivos políticos: su segundo largometraje, *Sin dejar rastros* (1918) representaba el hundimiento de la goleta Monte Protegido, un episodio ocurrido durante la Primera Guerra Mundial por parte de un submarino alemán, lo que provocó en Argentina una ola de apoyo a los aliados que presionaban al gobierno a dejar la neutralidad ante el conflicto. Para impedir un conflicto diplomático con Alemania, la policía secuestró la única copia del filme tras su primer pase de estreno, haciéndola desaparecer. Por desgracia, las copias de *El apóstol* tampoco correrían mejor suerte, ya que un incendio en las instalaciones de Federico Valle en 1926 destruyó el material existente.

Peludópolis (1929-1931): cartel y fotograma superviviente (preservado en el making of del filme).

En 1929 comienza un nuevo largometraje: *Peludópolis*, el primer largometraje sonoro de la historia, también basado en la actualidad política; sin embargo, el golpe de estado que derrocó a Yrigoyen en 1930 obligó a Cristiani a reescribir la película cuando ya llevaba dos tercios terminados, y para cuando se estrenó al año siguiente, el clima estaba lo suficientemente enrarecido como para que el film se convirtiera en un fracaso económico. Desde entonces, Cristiani se dedicó a hacer películas científicas y publicitarias. Pasó un largo tiempo antes de que regresara a la animación para producir un cortometraje de dibujo sobre acetatos: *El mono relojero* (1938), su única película superviviente, fue realizada por encargo del editor e ilustrador Constancio Vigil a partir de uno de sus libros infantiles.

En el recorrido vital de Cristiani queda por señalar un último hito memorable: en 1941 Walt Disney se encontraba en Argentina promo-

cionando *Fantasía*. Allí pidió conocerlo y le propuso trabajar para él en EEUU, si bien Cristiani, que en aquel entonces poseía un laboratorio que trabajaba intensamente para las distribuidoras norteamericanas en Argentina, declinó amablemente la invitación.

Reivindicar a Cristiani ha sido para los historiadores argentinos una labor difícil, dado que no ha sobrevivido ninguna copia de sus largometrajes: rodados sobre película de nitrato de plata, el material de celuloide era muy codiciado por diversas industrias y las copias de películas solían reciclarse para fundir objetos cotidianos —como señala el humorista gráfico Caloi, "varias generaciones de argentinos nos hemos peinado con las películas de Cristiani" (Discovery Channel, 1993)—. Por añadidura, dos incendios, uno en 1957, y otro en 1961, terminaron por borrar toda huella de su trabajo como animador, perdiéndose dibujos, equipamientos, copias y negativos.

Lo más sorprendente de la gesta de Cristiani es que un joven de un país periférico y escasamente industrializado tuviera la visión y la capacidad de plantear con éxito un sistema de animación propio, con el que desarrolló una carrera muy productiva. Cada 9 de noviembre, en el aniversario del estreno de *El apóstol*, se celebra el Día Nacional de la Animación Argentina. También, desde 2018 se celebran los Premios Quirino de la Animación Iberoamericana en homenaje a Cristiani.

Página anterior, arriba: Quirino Cristiani con sus miles de siluetas realizando *Peludópolis* (1929-1931); abajo, y también bajo estas líneas: *El mono relojero* (1938).

3. ¡A la Vanguardia!

Esta sección está dedicada a la animación europea que surge en el período de entreguerras (1919-1939), aunque muchos de sus artífices siguieron en activo, en Europa y también en América, durante la mayor parte del siglo XX. En el centro del continente, Alemania, destaca la creación de su primer gobierno democrático, la República de Weimar; si bien inestable y amenazado por la inflación económica y el ascenso del nazismo, este nuevo régimen impulsó un espíritu experimentador en las artes, del que también se hizo eco el cine de animación, dando forma a una interesante fusión entre vanguardias y cine. Así, pioneros de la animación como Hans Richter, Walter Ruttman, Oskar Fischinger o Lotte Reiniger buscaron nuevas técnicas y lenguajes expresivos, tanto en sus trabajos personales como en los comerciales.

Los cambios políticos en el continente marcaron la diáspora de muchos de estos artistas, siendo especialmente interesante el caso de Francia durante los años 30 donde, en paralelo al cine de autores tan *líricos* como Jean Renoir o Jean Cocteau, florecen las personalidades de animadores como Anthony Gross y Hector Hoppin, Berthold Bartosch, Alexandre Alexeïeff y Claire Parker, que dejarán un legado duradero.

Puede parecer anómalo que se incluya a Paul Grimault —a veces mal denominado "el Walt Disney francés"— en un capítulo que versa principalmente sobre animadores que tienden a la experimentalidad; sin embargo, no se puede obviar la importancia que tuvo este realizador a la hora de revitalizar la industria de la animación francesa tras la Segunda Guerra Mundial, como tampoco puede negarse que su lenguaje visual reflejó la influencia del Surrealismo.

Por último, aunque la mayor parte de su carrera se desarrolla en Canadá en el seno de la National Film Board, donde trabajó durante más de 45 años y realizó en torno a 60 cortometrajes y películas publicitarias, el origen europeo de Norman McLaren, que comienza su carrera en Reino Unido, así como su fuerte filiación a las corrientes de vanguardias, justifica su inclusión en esta sección del libro.

Doble página anterior: *Las aventuras del príncipe Achmed* (Lotte Reiniger, 1926). Sobre estas líneas: *Komposition in Blau* (Oskar Fischinger, 1935).

ANIMACIÓN ABSTRACTA EN LA REPÚBLICA DE WEIMAR

En este primer apartado revisaremos brevemente cómo surgen nuevas tendencias en el cine de animación europeo, por parte de artistas que buscan expandir sus inquietudes. La animación se convierte en un entorno donde convergen las artes plásticas y la cinematografía, y por ello despierta el interés de pioneros de la Vanguardias como Tristan Tzara, Jean Arp, Man Ray y Francis Picabia, entre otros.

Es en el contexto del arte Dadá donde surgen las primeras experimentaciones, con películas no figurativas (*Anemic Cinema*, Marcel Duchamp, 1926) o que claramente carecen de argumento, buscando despertar una serie de sensaciones en el espectador (*Ballet mécanique*, Fernand Léger, 1924). Evidentemente, no se trata de una tendencia cerrada, sino que anuncia nuevos experimentos como el cine del Surrealismo —*Entreacto* (*Entràcte*, René Clair, 1924), *Un perro andaluz* (*Un chien andalou*, Dalí/Buñuel, 1929)—. El cine de vanguardia busca lo anticlásico, lo abstracto y musical antes que lo narrativo, lo simbólico sobre lo concreto, y aspira especialmente a desafiar las convenciones establecidas, incomodando al espectador burgués.

Es de especial interés la figura de uno de los padres de la animación abstracta, el pintor dadaísta alemán Hans Richter (1888-1976), el primero en aplicar ideas de la práctica musical como contrapunto a la experimentación con imágenes. Así nacen sus primeras películas abstractas y en blanco y negro: la serie *Rhytmus* (1921, 1923, 1925), donde formas geométricas sencillas, como cuadrados y rectángulos, aumentan y disminuyen de tamaño, ya sea en disposición ortogonal o diagonal, como si fuese un collage constructivista. Más adelante, Hans Richter retrocedió en algunos de sus planteamientos y retomó elementos figurativos, diseñando narraciones con libres asociaciones de ideas, como *Fimstudie* (1926) y *Vormittagsspuk* (1928). Más adelante, en 1947 Richter coordinó los esfuerzos de un grupo de artistas emigrados a EEUU para realizar el largometraje *Sueños que el dinero puede comprar* (*Dreams That Money Can Buy*), un concierto surrealista que con el tiempo ha devenido en película de culto: contando con participaciones de Duchamp, Man Ray, Léger, Max Ernst, Alexande Calder, John Cage y el propio Richter, el proyecto fue financiado por la Fundación Guggenheim.

Se sabe que las películas abstractas de los años veinte, aunque carecían de banda sonora propia, estaban pensadas para su proyección acompañada de música en directo; pero no razonaba del mismo modo Viking

Carteles de dos filmes vanguardistas: *Anèmic Cinèma* (Marcel Duchamp, 1926) y *Dreams That Money Can Buy* (Hans Richter, 1947).

Eggeling (1880-1925), artista sueco afín al grupo Dadá de Zúrich, que después de varios experimentos como *Horizontal-Vertikal Orchestra* (1919), se lanza en 1924 a realizar en solitario una película de 9 minutos: *Symphonie Diagonal* (1924). Su música silente presenta dibujos que se desenvuelven bajo la cámara, mostrándose y escondiéndose, hipnóticamente, revelando formas inesperadas, como en un cuadro de Kandinsky, recordando también a los carteles luminosos de las grandes ciudades. Eggeling y su compañera Erna Niemeyer trabajaron la película en el sótano donde vivían, y solo al final de su producción la UFA mostró interés en ella y la programó en un pase especial de películas de vanguardia, que tuvo lugar a mediados de 1925. Irónicamente, Eggeling, víctima de una angina séptica, no llegó a ver su película en este programa, pues murió prematuramente.

En la página anterior: retrato de Walter Ruttman, animador abstracto. Sobre estas líneas, *Symphonie Diagonal* (Viking Eggeling, 1924).

Walter Ruttman (1887-1941), violonchelista, arquitecto, pintor y grabador, padeció neurosis a la vuelta del frente de la Primera Guerra Mundial, lo que le llevó a plantearse la convergencia de sus intereses en forma de cine abstracto. Su primera película, *Lichtspiel Opus I* (1921), con una banda sonora original compuesta por Max Butting, fue muy bien recibida por público y prensa, lo que le animó a producir nuevos *Opus* y películas publicitarias empleando recursos similares, animando formas curvas que dibujaba y borraba bajo la cámara, y añadiendo coloreado a mano para dar variedad al conjunto. Además, colaboró en películas de fantasía de Fritz Lang y Paul Wegener, realizando efectos especiales de animación, e invirtió tres años en animar junto con Lotte Reiniger el largometraje *Las aventuras del príncipe Achmed* —del que se hablará en la siguiente sección de este capítulo—. Más adelante se adentró en el cine documental, dirigiendo películas como el clásico *Berlín, sinfonía de la gran ciudad* (*Berlin, die Sinfonie der Grosstadt*, 1927) —antecesor de documentales modernos como el fascinante *Koyaanisqatsi* (Godfrey Reggio, 1982)—, y también cooperó con Leni Riefenstahl en el rodaje de *Olympia* (1938). Murió en 1941, por las heridas recibidas mientras trabajaba como fotógrafo de la Segunda Guerra Mundial.

Oskar Fischinger realizando *Motion Painting nº 1* (1947). A la derecha, *Komposition in Blau* (1935).

Por su parte, hubo un artista, desligado de tendencias y con intenciones muy definidas, que se mantuvo durante varias décadas en la senda de la animación abstracta: el gran Oskar Fischinger (1900-1967). Nacido en Alemania, fue una de las personalidades más controvertidas de la animación europea de entreguerras.

Antes de dedicarse al cine de animación fue delineante, diseñador de máquinas y, finalmente, ingeniero en una fábrica de turbinas. Pero Fischinger estaba obsesionado desde que era pequeño con hacer dibujos de sus emociones, en largos rollos de papel a los que llamaba "dinámicas emocionales", donde dibujaba la evolución de formas abstractas casi como si de una película se tratara. En 1920 conoce a un crítico y escritor suizo, Bernhard Diebold, quien, conocedor de las experiencias de cineastas abstractos que surgieron del movimiento Dadá, le recomendó que transformase sus dibujos en películas.

En 1922, Oskar Fischinger se traslada a Munich para dedicarse al cine a tiempo completo al cine. A la par que sus propios filmes abstrac-

tos, idea originales métodos de animación, como la máquina de animar cortes de cera, con la que anima la película *Wachexperimenten* (1927). Sin embargo, la empresa quiebra al cabo de 5 años y, para evitar a sus acreedores, Fischinger marcha de Munich a Berlín, pero no en tren, sino, ¡a pie! Por el camino aprovechará para grabar una película completamente experimental: *Caminando de Munich a Berlín* (*Munchen-Berlin Wanderung*, 1927).

Fischinger entra a trabajar en los poderosos estudios UFA y realiza escenas de efectos visuales para la película de Fritz Lang *La mujer en la luna* (*Frau im Mond*, 1929). Sin embargo, se rompe un tobillo y decide que esa es la gota que colma el vaso. Durante tres años se encierra y produce por su cuenta una serie de películas abstractas en blanco y negro, con sonido sincronizado: el resultado fue su prolífica serie de *Estudios* (*Studien*, 1929-1932), doce películas donde las formas abstractas, dibujadas a mano sobre papel, danzan al son de famosos temas clásicos como la *Pequeña serenata nocturna* de Mozart o *El aprendiz de brujo* de Dukas.

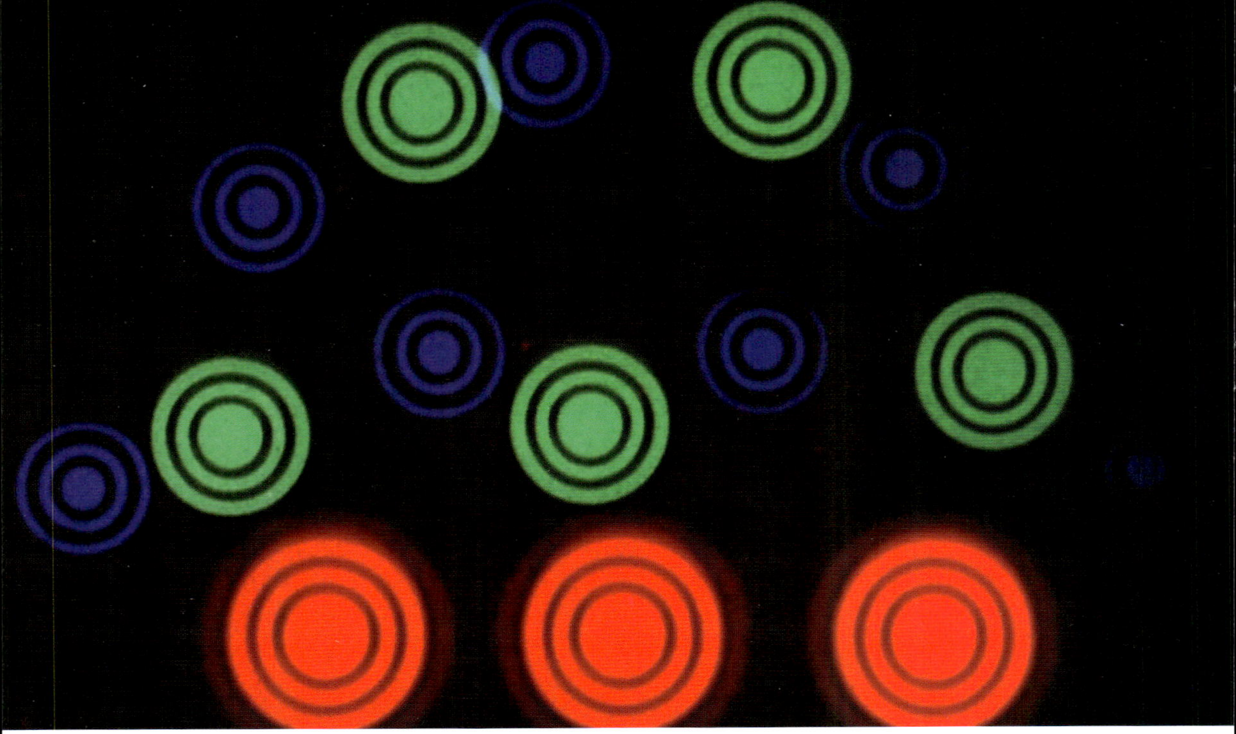

MURATTI

Los *Estudios* se convirtieron en un éxito de público en Europa, Japón y América. También realizó experimentos con sonido sintético —"creando" sonidos al dibujar directamente sobre la banda sonora de la película de celuloide—, y colaboró con el húngaro Bela Gaspar en el desarrollo de una patente de película a color, el Gasparcolor. Bela Gaspar propuso este sistema de película pancromática —revolucionario para la época, ya que sistemas como el Technicolor requerían filmar los tres colores básicos en celuloides por separado—, mientras que Oskar Fischinger diseñó la cámara que debía emplearse: esta cámara disponía de un sistema de filtros rojo, verde y azul que rotaban rápidamente, para poder realizar consecutivamente tres fotografías (una por cada color básico) sobre la misma tira de celuloide. El defecto del sistema consistió precisamente en que los fotogramas que componían cada imagen se tomaban con una diferencia mínima de tiempo entre ellos, lo que podía causar desajustes en la imagen final si se estaban grabando movimientos muy rápidos; en cambio, resultaba ideal para grabar actuaciones más o menos lentas o, directamente, cine de animación. Oskar Fischinger rodó numerosos cortometrajes y anuncios con este sistema, como *Círculos* (*Kreise*, 1933) —que se salvó de ser considerado por los nazis como "arte degenerado" al incluir una cartela

En la página anterior, fotogramas de *Kreise* (1935) y *Muratti Greift Ein!* (1934). Bajo estas líneas, diseños geométricos de Fischinger para obtener sonido sintético.

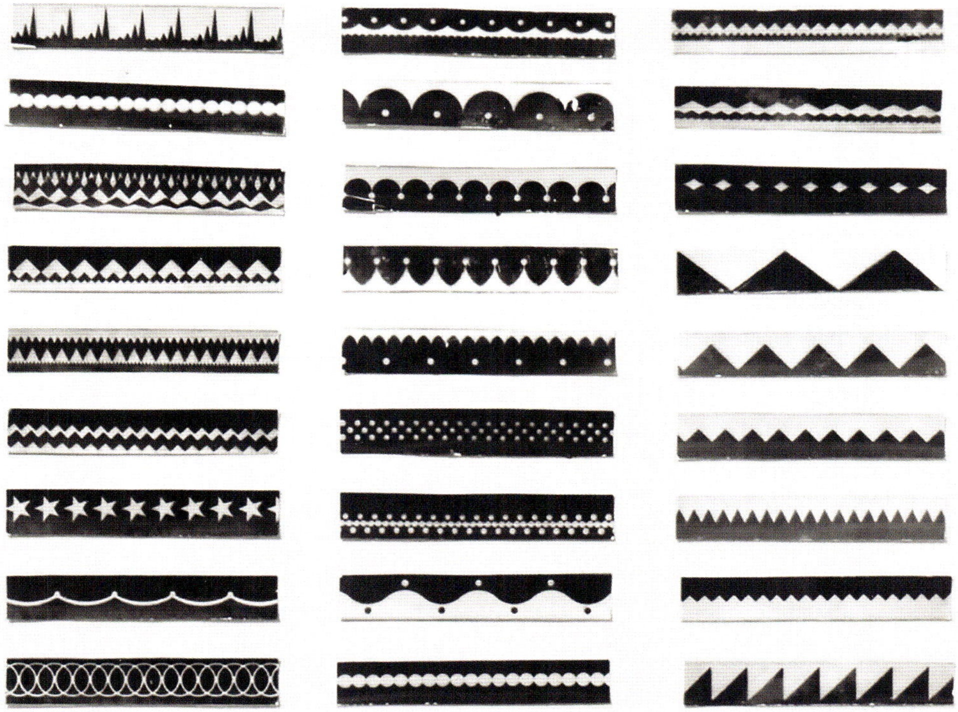

publicitaria al comienzo (la publicidad no se censuraba, el arte sí…)—. Por otro lado, la película *Composición en azul* (*Komposition in Blau*, 1935) es una deslumbrante demostración de la riqueza de tonos que podía registrar el Gasparcolor, mostrando una animación abstracta realizada con objetos volumétricos. Es significativo destacar que el Gasparcolor fue un sistema de cine en color genuinamente europeo, de gran difusión entre los años 30 y principios de los 40, y que también fue empleado por Len Lye, George Pal, Alexandre Alexeïeff y Claire Parker en sus películas publicitarias. Más adelante, Bela Gaspar quiso hacer valer su patente entre los animadores de Hollywood, sin éxito.

Curiosamente, las películas más populares de Fischinger fueron los anuncios de cigarrillos para la marca Muratti (*Muratti Greift Ein!*, 1934) que, como *Composición en azul*, animó en stop-motion, esta vez como graciosas coreografías de pitillos marchando al paso de la oca. Sin embargo, Fischinger tenía problemas cada vez que planteaba nuevos proyectos puramente artísticos —llegando a cancelarse la proyección de su película *Cuadrados* (*Quadrate*, 1934)—, por lo que, como muchos otros artistas e intelectuales, se vio obligado a emigrar.

Quadrate (1934). A la derecha, un filme producido en EEUU: *Radio Dynamics* (1942).

En 1936 llega a Estados Unidos con un contrato para trabajar en Paramount. Sin embargo, muy pronto le generaron problemas su escaso dominio del inglés hablado y su personalidad independiente, de forma en breve pasaría por otros estudios, como Metro Goldwin Mayer, Disney Pictures, e incluso llegó a tantear un proyecto en común con Orson Welles —una biografía del músico Louis Amstrong—, que no cristalizó. En este período, uno de los cortometrajes que consigue finalizar para MGM fue *Un poema óptico* (*An Optical Poem*, 1937), por el que, sin embargo, no percibió beneficios.

En cuanto a su andadura en la casa del ratón, Oskar Fischinger fue precisamente quien sugirió que *Fantasía* (1940) debía ser la película musical absoluta, enteramente abstracta, aunque ese riesgo no gustó a Disney. Aunque sus aportaciones conceptuales son innegables en varios fragmentos de *Fantasía*, como en la primera sección (*Tocata y Fuga* de Johann Sebastian Bach) y en el capítulo de *El aprendiz de brujo*, Fischinger no es mencionado en los créditos. Durante dos años, Fischinger tuvo un puesto en el departamento de efectos especiales, donde solo consta su participación en los efectos luminosos que acompañan a la aparición del Hada Azul en *Pinocho* (1940).

A nivel personal Oskar Fischinger era, cuando menos, peculiar. Llegaba a practicar yoga durante varias horas seguidas y se regía por los ciclos lunares, hasta el punto de dormir de día para hacer meditación de noche mirando a la luna. Y por supuesto, su mujer y cinco hijos se tenían que adaptar a su ritmo vivencial. Su frustración al no poder realizar películas de manera independiente en EEUU lo llevaron a retomar la pintura de caballete, aunque en 1947 obtuvo el patrocinio de la Fundación Guggenheim para la realización de una película: *Motion Painting nº 1* sería el resultado, básicamente el resultado de documentar, fotograma a fotograma, el proceso de estar pintando un cuadro directamente ante la cámara. Sin embargo, la falta de acuerdo económico con la fundación para realizar *Motion Painting nº 2* hizo que no se concretase el proyecto, y Fischinger no volvió a participar en ninguna película. Siguió pintando para galerías, y realizando funciones privadas en su domicilio con una máquina de su invención, el Lumígrafo.

De naturaleza desconfiada y fieramente independiente, Oskar Fischinger renegaba del modelo de trabajo en estudio, y del arte figurativo en general, en estos términos: "la película de dibujos animados actualmente se encuentra a un nivel artístico muy bajo. Es un producto masivo de proporciones industriales y eso reduce la pureza creativa. Ningún artista podría crear una obra de arte sensible si un grupo de colaboradores de todo tipo interviniera. Todos ellos cambian las ideas, y sustituyen los momentos de creatividad absoluta por ideas baratas. El artista creativo del más alto nivel siempre trabaja mejor solo, adelantándose por mucho a su época" (*El arte en el cine*, 1947).

La animación abstracta de *Pinocho* (1940). En la página siguiente, de arriba abajo: *An Optical Poem* (1938), una pintura al óleo de Fischinger (circa 1940), y *Motion Painting nº 1* (1947).

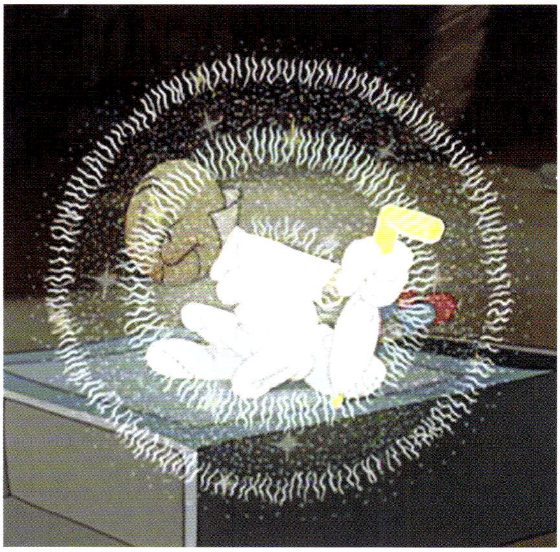

A pesar de todo, el legado de Oskar Fischinger es enorme. En casa de Fischinger en Los Ángeles se reunieron artistas e intelectuales de la generación *beatnik* a quienes influyó considerablemente, como el músico John Cage o el grafista John Withney, padre de los gráficos digitales. Fischinger estaba convencido de que se podían aplicar las leyes acústicas a la expresión óptica, y así consiguió una unión perfecta entre ambas: no solo marcó el camino de animadores experimentales como Norman McLaren, sino que su herencia está también presente en el cine publicitario y los vídeos musicales de las últimas décadas.

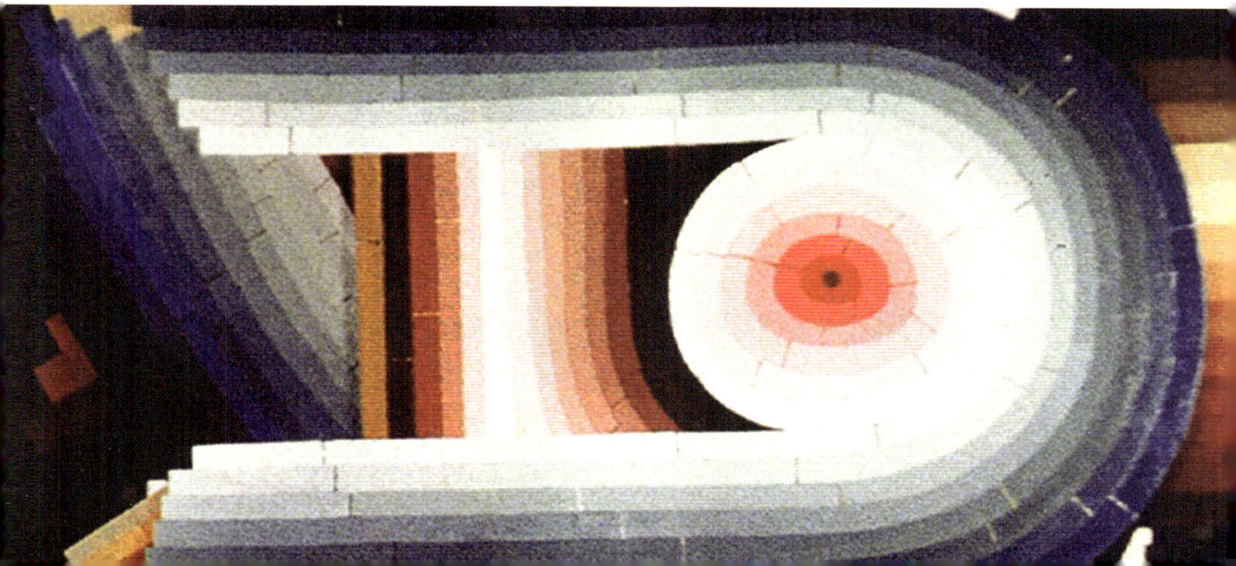

LOTTE REINIGER, MAESTRA DE LAS SOMBRAS

Antes de que el cine surgiera, el espectáculo de sombras chinescas era muy apreciado en Europa. Aunque el cinematógrafo fue desplazando las representaciones de sombras, estas funciones se mantuvieron en ciertos lugares de nivel artístico, como el famoso cabaret *Le Chat Noir* en Montmartre.

Las siluetas negras también se hicieron populares en las artes plásticas desde el siglo XVIII, mediante los retratos de perfil y a pequeña escala, interpretando directamente la sombra del cliente con un pantógrafo. Asimismo, en las primeras décadas del siglo XX el mundo de la imprenta empleaba siluetas negras para ilustrar cuentos infantiles, sobre todo en libros de producción barata y sencilla. Por añadidura, el lenguaje de las siluetas estuvo muy presente en los diseños de moda del Art Decó, con ilustradores como Erté, que buscaban el máximo contraste en sus figuras: estilizadas siluetas negras de mujeres sobre fondo blanco, o siluetas claras sobre fondo oscuro, haciendo gala de una delicada gestualidad y sentido ornamental de la forma y los vestidos.

En general, en animación es de vital importancia la ley de la "bella silueta", o figura *elocuente*, que de un rápido vistazo nos proporcione información exacta de lo que está haciendo el personaje. A esa técnica, Walt Stanchfield, el soberbio animador de Disney que escribió el manual *Gesture Drawing for Animation*, la llamaba "cheating". Pero, si asociamos a algún animador en concreto el lenguaje de las siluetas, es precisamente a Lotte Reiniger (1899-1981), de Alemania, que empleó las siluetas animadas a contraluz para contar historias historias fantásticas y cuentos de hadas que no siempre eran para niños.

Lotte Reiniger nace en Berlín-Charlottenburg, en el seno de una familia acomodada. Se dice que de pequeña jugaba con un pequeño teatro de marionetas que le regalaron sus padres, lo que pudo alimentar su imaginación desbordada y su gusto por los cuentos de hadas. Pero la fecha decisiva para su desarrollo artístico fue 1915, cuando con dieciséis años asiste a una conferencia del actor y director Paul Wegener, a quien admiraba por películas como *El estudiante de Praga* (*Der Student von Prag*, 1913) y *El Golem* (*Der Golem, wie er in die Welt kam*, 1920). La conferencia de Wegener, adalid del cine fantástico alemán, trató precisamente

En la página anterior, Lotte Reiniger animando sus siluetas. Bajo estas líneas, fotograma de *El ornamento del corazón enamorado* (*Das Ornament des verliebten Herzens*, 1919).

Cenicienta (1920). A la derecha, *Las aventuras del príncipe Achmed* (1926).

sobre las posibilidades de los efectos visuales en el cine. No debemos olvidar que el cine expresionista alemán se anticipó a muchas de las formas narrativas y visuales que utiliza el cine contemporáneo, desde el grafismo —los títulos animados de *El gabinete del Dr Caligari* (*Das Cabinet der Dr Caligari,* Robert Wiene, 1919)— hasta el más sofisticado uso de maquetas y matte paintings, que alcanzan su perfección en *Metrópolis* (Fritz Lang, 1926).

Paul Wegener era actor en el teatro de Max Reinhardt, lo que llevó a Lotte a ingresar en la escuela de teatro independiente de esa compañía. Sin embargo, los aprendices no tenían permitido asistir a los ensayos de las obras principales, por lo que Lotte no encontró mejor forma de atraer la atención de Wegener que retratando al elenco principal con graciosas siluetas recortadas, tan bien hechas que en 1917 se llegó a editar un libro recopilatorio. Tanto gustaron a Reinhardt que le permitió subir al escenario para participar en una obra junto a Wegener. Por su parte, Wegener la introdujo como figurante en sus películas, pero pronto la haría dibu-

jar intertítulos y, lo que fue más importante, Lotte colaboró en su filme *El flautista de Hamelín* (*Der Rattenfänger von Hamelin*, 1918) animando marionetas de ratitas traviesas.

En 1919, Wegener, abrumado por su joven *groupie*, la presentó a un interesante grupo de jóvenes que estaban a punto de abrir un estudio de animación experimental en el Institut für Kulturforschung. Les dijo: "Por el amor de dios, libradme de esta loca de las siluetas, ¿no podéis hacer una película con esas siluetas, de la misma forma que se hacen dibujos animados?" (Bendazzi, 2003).

Y así ocurrió. En aquel grupo estaban, entre otros, Berthold Bartosch, Hans Cürlis, y Carl Koch. Carl Koch era un interesante intelectual, amigo de Jean Renoir y Bertolt Brecht, y autor de libros de arte especializados en el Lejano Oriente. Por tanto, no es de extrañar que, en las propias palabras de Lotte a Jayne Pilling (*Women & Animation, a Compedium*, 1992), el *crush* que sentía por Wegener se disolvió al conocer a Carl Koch, su marido desde 1921, y permanente colaborador hasta la muerte de éste en 1963.

El primer corto realizado por este pequeño equipo, *El ornamento del corazón enamorado* (*Das Ornament des verliebten Herzens*, 1919), consistía en una delicada coreografía dos figuras en un espacio neutro. A este experimento siguieron varios filmes más en los que se irían perfeccionando la puesta en escena y la narrativa, ya fueran películas de cuentos de hadas —su primera versión de *Cenicienta* (*Aschenputtel*, 1920)— o anuncios publicitarios —*El secreto de la marquesa* (*Das Geheimnis der Marquise*, 1922) para la marca Nivea.

La gran oportunidad de Lotte llegó en 1923, cuando Louis Hagen, un banquero de Berlín a cuyas hijas Lotte impartía clases de arte, le ofreció un impresionante stock de celuloide que había adquirido para combatir la inflación. El estudio de grabación se instaló en una habitación sobre el garaje de la casa del empresario, en Postdam. Esta ocasión llenó de entusiasmo a aquel pequeño grupo de artistas de vanguardia que, con la intención de realizar un largometraje, eligieron varios fragmentos de *Las Mil y una Noches*: la historia del príncipe Achmed y el hada Pari Banu, y la historia de Aladino. El resultado fue el primer largometraje de animación de la historia que se conserva (y el primero europeo): *Las aventuras del príncipe Achmed* (*Die Abenteuer des Prinzen Achmed,* 1926). El equipo de animación estaba formado por el matrimonio Reiniger-Koch, Berthold Bartosch y Walter Ruttmann. El fotógrafo Alexander Kardan y el creador de fondos Walter Türck completaban el equipo de realización del filme, que trabajaron incansablemente durante tres años.

Fotogramas de *Las aventuras del príncipe Achmed* (1926).

Como anécdota, según confesó la propia Lotte a Gianalberto Bendazzi (2003), Walter Ruttmann se sentía algo avergonzado de participar en la realización de aquel cuento de hadas: "¿Qué tiene esto que ver con el año 1923?" "Nada", le respondió Lotte (Bendazzi, 2003). Y es que *Las aventuras del Príncipe Achmed* es un claro exponente del cine expresionista alemán por su fascinación con la fantasía y con el pasado mítico, por sus composiciones plásticas, por su énfasis en las emociones y, sobre todo, por su mirada escapista a Oriente. Con una exquisita atención al detalle —animando, incluso, el reflejo en el agua de la bella Pari Banu, moviendo fotograma a fotograma pequeñísimos fragmentos de cartulina—, el talento de estos artistas dio lugar a memorables escenas, como la aparición del genio de la lámpara, la batalla entre los demonios de la isla y los espíritus de la lámpara, o incluso los graciosos títulos de crédito que nos presentan a los personajes, donde es evidente la mano de Ruttmann en la animación de formas geométricas. También emplearon la máquina para animar cortes de cera de Oskar Fischinger, con la que lograrían un efecto de misterio al comienzo del filme: la bruma cambiante de la que surge el brujo africano, villano de la función. Por añadidura, en su realización utilizaron por primera vez un tipo de cámara multiplano que disponía las capas de profundidad en horizontal, lo que supuso una inspiración para el equipo de Disney, que recreó este mecanismo ya entrada la década de los 30.

A la izquierda, Lotte Reiniger y Walter Ruttman con el cámara Alexander Kardan. Bajo estas líneas, *Las aventuras del príncipe Achmed* (1926).

La película alcanzó un notable éxito, especialmente en Francia, donde René Clair y Jean Renoir la elogiaron apasionadamente. Lotte Reiniger y su equipo fundaron un lenguaje sin referentes previos, resolviendo problemas a los que nunca antes se habían enfrentado otros animadores, por lo que su influencia posterior es indiscutible: basta con ver el delirante duelo de transformaciones entre el brujo africano y la bruja de la Montaña de Fuego, que se adelanta, con mucho, a las metamorfosis de animales entre el esperpéntico Merlín y su oponente, Madame Mim, en *Merlín el encantador* (*The Sword in the Stone*, Wolfgang Reitherman, 1963). Aunque las copias originales de *Las aventuras del príncipe Achmed* se perdieron, en 1954 se realizó una primera restauración, y en la actualidad se puede ver una versión muy aproximada a la original, incluyendo virados de color y la banda sonora original de Wolfgang Zeller.

Lotte Reiniger rodó un nuevo largometraje, *Doctor Doolittle y sus animales* (*Dr Doolittle und seine Tiere*, 1928), que tropezó en su estreno con un inconveniente inesperado: la llegada del cine sonoro, que arruinó sus posibilidades comerciales. Con todo, el sonido sincronizado supuso una nueva oportunidad para centrarse en la realización de películas musicales, tomando temas de la ópera, como *Carmen* (1933) —basada libremente en la ópera de Bizet, convirtiendo a Carmen en heroica mujer torera— o la celebrada *Papageno* (1935), a partir de varios temas de la ópera de *Mozart la flauta mágica*. La ópera fue siempre una inspiración indispensable para la sensibilidad de Reiniger, tratando incluso de adaptar a Stravinski (*Pulcinella*) y Donizetti (*L'Elisir D'Amore*), aunque el comienzo de la guerra desbarató estos proyectos.

Papageno (1935). En la página siguiente, demostraciones de Reiniger de la técnica de animación con siluetas.

En 1933 Reiniger y Koch intentaron abandonar Alemania, pero no consiguieron visas definitivas para poder instalarse en otros países de Europa. A pesar de ello, la pareja animó casi una docena de cortometrajes en aquel precario momento, aprovechando el tiempo y las posibilidades de que disponían en sus breves estancias en Francia, Reino Unido, Italia o Grecia, con la ayuda de amigos como Jean Renoir, que les empleó para algunos de sus filmes, como *La marsellesa* (*La Marseillaise*, 1937). De esta época trashumante data uno de sus cortometrajes más complejos e interesantes, especialmente desde una perspectiva de empoderamiento femenino: *Galatea* (*Galathea, das lebende Marmolbild*, 1935), a partir del mito de Pigmalión, en la que una estatua con forma de mujer cobra vida merced al amor de su creador. Sin embargo, Galatea, recién echada al mundo, desprecia los sentimientos del escultor y prefiere animar las fiestas bailando desnuda en las tascas; finalmente, la criada del escultor, que lo ama en secreto, ruega a la diosa Hera que vuelva a convertir en estatua a Galatea. Galatea, según la visión de Reiniger, no es castigada por su deseo de ser libre, sino por su indiferencia hacia el dolor que causa.

La *performancer* actual Miwa Matreyek. En la página siguiente, arriba: Reiniger recortando sus siluetas; abajo: Reiniger con su pareja, Carl Koch.

Ya después de la Segunda Guerra Mundial, en 1949, Reiniger y Koch consiguieron trasladarse definitivamente a Reino Unido. Allí fundaron Primrose Productions, donde realizaron decenas de filmes para niños y anuncios comerciales. Lotte Reiniger decía que le encantaba trabajar para los niños porque son un público tan crítico como agradecido. A ellos dedicó cuentos de hadas e interpretaciones de música clásica, como *La bella durmiente* (*The Sleeping Beauty*, 1954) —cuya influencia es notable en los artistas de Disney—, *Pulgarcita* (*Thumbelina*, 1955) y, del mismo año, *Jack y las habichuelas mágicas* (*Jack and the Beanstalk*), la primera donde introdujo fondos de color. También reciclaron algunas animaciones anteriores, como fragmentos de *Las aventuras del príncipe Achmed*, dando lugar a episodios como *Aladdin* y *The Magic Horse* (ambos de 1953). Tras enviudar, Lotte Reiniger siguió trabajando incansablemente, realizando para la National Film Board de Canadá su última película: *The Rose and the Ring* (1979).

La carrera de Lotte Reiniger y Carl Koch fue muy extensa, llegando a realizar juntos más de 70 películas durante un período de cuatro décadas. La influencia de Reiniger ha ido creciendo con el tiempo y hoy en día sigue siendo un referente para muchos animadores, como Michel Ocelot o Anthony Lucas, o incluso para artistas de *performance* como Miwa Matreyek. Lotte Reiniger fue una realizadora acorde con la poética de su tiempo, que aportó su personal visión al Expresionismo alemán, por lo que merece ser catalogada en igualdad de condiciones entre los grandes cineastas de este movimiento, como Paul Wegener, Robert Wiene, Friedrich Murnau y Fritz Lang. En este sentido, los historiadores de cine tienen mucho que replantearse y reescribir para que la animación deje de ser un apéndice en los libros y se considere plenamente como lo que es: cine.

POETAS DEL BLANCO Y NEGRO: BERTHOLD BARTOSCH, ALEXANDRE ALEXEIËFF Y CLAIRE PARKER

A comienzos de los años 30 encontramos en Francia varios artistas procedentes de distintos países, que utilizaron la animación para desarrollar preocupaciones muy diferentes a las de la animación comercial. Es el caso del grabador y pintor británico Anthony Gross y del fotógrafo y animador americano Hector Hoppin, que fundan juntos HG Produtions y generan varios cortometrajes, destacando *La joie de vivre* (1934), un original filme que parece el reflejo animado de *La danza* de Matisse: dos mujeres —ninfas del bosque, aunque vestidas de forma moderna—, corren frenéticamente frente a un joven montado en bicicleta, atravesando diversos entornos que resaltan el contraste entre las líneas Art Noveau de la naturaleza y el rígido constructivismo de los paisajes urbanos e industriales. Después de realizar el primer film de animación en Technicolor de Gran Bretaña, *The Fox Hunt* (1936), Gross y Hoppin comenzaron un proyecto de largometraje basado en la novela de Julio Verne *La vuelta al mundo en 80 días,* del cual, a pesar de cancelarse por la guerra, ha quedado un interesante metraje de 18 minutos. El trabajo de Gross y Hoppin alcanzó gran difusión en su tiempo, y el diseño angular y anticlásico de sus personajes sería una inspiración para la posterior revolución estética de los artistas de la UPA.

Es importante también destacar al artista Berthold Bartosch (1893-1968), originario de Bohemia (antiguo Imperio Austrohúngaro), que había producido películas educativas en Alemania, y también había colaborado con Lotte Reiniger. De esa época también data su amistad con el escritor Bertolt Brecht, lo que nos permite suponer su afinidad política. En 1929 recibió un encargo del editor Kurt Wolff, que había publicado una novela en imágenes del belga Frans Masereel, *L'idée*, y deseaba que se hiciera de ella una adaptación al cine. Bartosch, ya instalado en París, comenzó la producción de la película por la que es más conocido, *La idea* (*L'idée*, 1931), aunque su realización fue compleja. El proyecto debía reproducir la estética del libro ilustrado de Masereel, que consistía en grabados en relieve con la técnica de la xilografía. Bartosch reprodujo esta misma estética en fondos y personajes, marionetas articuladas planas que se animaban directamente bajo la cámara. Como la rígida estética de Masereel era poco funcional para animación, Bartosch optó por crear una atmósfera con profundidad, animando con una cámara multiplano con diferentes niveles de iluminación, buscando contraluces e incluso creando efectos opalescentes para difuminar ciertas partes del encuadre

Filmes de Anthony Gross y Hector Hoppin: a la izquierda, *La joie de vivre* (1934). Bajo estas líneas, *The Fox Hunt* (1936).

—enturbiando con jabón los niveles de cristal—. Por último, Bartosch eligió al compositor suizo Arthur Honegger para que escribiera su banda sonora, siendo posiblemente la primera película con música electrónica, creada con el sintetizador de ondas Marthenot —un instrumento semejante al Theremin, aunque incorporaba un teclado—. El resultado fue una poética película de 24 minutos, la primera de la historia de la animación donde se trata un tema político con un enfoque serio, aunque sin perder un ápice de lirismo.

La idea, verdaderamente una alegoría destinada a las clases trabajadoras, trata sobre un pensador que concibe una idea, simbolizada por una mujer desnuda. Primeramente, envía la idea a los poderosos que, por supuesto, se escandalizan y tratan de censurarla, vistiéndola; pero la idea retorna a su creador y este decide mostrarla a la clase social a la que debe ayudar: el proletariado, en una multitudinaria escena que recuerda a la iconografía de Cristo durante el sermón de la montaña. Las contraposiciones son también un recurso retórico frecuente en el filme: las veremos cuando el pensador, condenado a muerte y fusilado, es llevado en andas durante su entierro, imágenes que contrastan con el buen dormir de los jueces que lo han condenado o su indolencia mientras cenan en restaurantes de lujo. Pero, como advierte el prólogo del filme, *la idea es inmortal:* son los hombres quienes viven y mueren por ella. La idea, rescatada del olvido, encuentra su lugar en las rotativas y alcanza su máxima difusión en la ciudad. Las protestas ciudadanas amenazan el orden establecido, como demuestra la escena en la que un banquero discute con la idea mediante símbolos y gestos, argumentando que no es sino el dinero lo que hace dar vueltas al mundo, mientras ella brilla silenciosamente, como la verdad desnuda... La película finaliza con la represión de las masas, si bien la idea asciende al infinito, esperando que un día se vuelva a luchar por ella.

La idea (*L'idée*, 1931), de Berthold Bartosch.

La película tuvo una distribución muy limitada en Europa —principalmente, por la censura en Alemania—, si bien tuvo muy buena acogida y cosechó excelentes críticas. Bartosch continuó realizando películas comerciales y comenzó un filme en color, con la técnica de los recortables: *San Francisco: sueños y pesadillas* (*Saint François*), de mensaje antibelicista. Sin embargo, con la ocupación de Francia durante la guerra se vio obligado a emigrar, depositando los rollos de película terminados, aunque sin sonorizar, en la Cinemateca Francesa. Por desgracia, al entrar las tropas alemanas, fueron destruidos. Más adelante trabajó para UNESCO en París, fue mentor de George Dunning —futuro director de *Yellow Submarine* (1968)— pero, por problemas de salud, dedicó sus últimos años más a pintar que a animar, dejando inacabado un filme sobre el cosmos.

Berthold Bartosch tuvo un enorme peso sobre Alexandre Alexeïeff, uno de sus más fieles amigos, que afirmó: "Bartosch me enseñó que la animación puede ser poética, y su influencia fue única. Fue Bartosch quien se atrevió a dar a la animación la dimensión de un gran arte, confiando en que daría voz a su dolor, para dejar al descubierto su corazón, para hablar de su esperanza de un futuro mejor" (entrevista con Robert Russett y Cecile Starr, 1976).

Llega ahora el momento de habla del dúo compuesto por Alexandre Alexeieff y Claire Parker, que en 1931 inventaron un singular método de animación: la pantalla de agujas o Pinscreen.

Alexandre Alexeieff (1901-1982) nació en el Imperio Ruso, hijo de un oficial que hacía las veces de diplomático. Debido a sus frecuentes viajes, Alexeïeff pasó su infancia en Estambul y a los 7 años, tras la muerte de su padre durante una misión en Alemania, ingresó en una escuela militar de San Petersburgo, donde sus clases favoritas eran las de dibujo. En clase, el profesor mostraba modelos durante un breve tiempo y luego los ocultaba, para que los alumnos los dibujasen de memoria. Este entrenamiento fue muy útil para Alexeieff, que aprendió a centrarse en sus recuerdos y en los sueños.

Una nota trágica en la vida del joven Alexandre, según relata en sus memorias: su hermano mayor, Vladimir, había contraído sífilis, por lo que su madre lo encerró en su cuarto y le impidió tener cualquier contacto con el resto de la familia. Incapaz de soportar tal presión, Vladimir se suicidó, no sin antes dejar una nota para su hermano pequeño, diciéndole: "Tienes mucho talento. Nunca dejes de dibujar".

Al estallar la Revolución Rusa, Alexeïeff simpatizaba con los sublevados, pero el asesinato de uno de sus tíos por los bolcheviques le hizo replantearse su posición y abandonar Rusia. En 1921 toma un barco que lo lleva a diferentes destinos, como Egipto o Japón, y finalmente se asienta en París, donde se calcula que se habían refugiado aproximadamente trescientos mil ciudadanos rusos. Allí trabajó como ayudante del escenógrafo Serge Sudekin, y se casa con una actriz también de origen ruso, Alexandra Grinevskaya.

Hacia 1923 Alexeïeff es muy conocido por sus libros ilustrados, pero una intoxicación con ácido nítrico, que le hizo perder el uso de uno de sus pulmones, lo obliga a estar internado durante dos años. En este período su esposa Alexandra aprende grabado para mantener a la familia —que ya contaba con una hija, Svetlana—, y se convertirá para Alexeïeff en una valiosa colaboradora, incluso tiempo después de que su matrimonio terminase.

En 1931 conoce a Claire Parker (1910-1981), una ingeniera americana, graduada en el MIT, que estudiaba Artes en París. Parker descubrió en el escaparate de una tienda los libros ilustrados de Alexeïeff, y decidió visitarlo en su domicilio y pedirle que le diera clases de arte. Este encuentro dio un vuelco a sus vidas, tanto en lo emocional como en lo profesional.

En la página anterior, xilografía de Alexandre Alexeïeff para el relato de Pushkin *La reina de espadas* (1923). Bajo estas líneas, la Pinscreen o pantalla de agujas.

Alexeïeff empezaba a estar cansado del mundo de la ilustración e, inspirado por su amigo Bartosch, empezó a tantear la posibilidad de trasladar al cine su lenguaje visual. Sin embargo, las técnicas convencionales de animación no le servían para crear imágenes sugerentes de claroscuro. Por esta razón, pensó en una nueva técnica de animación más parecida a la pintura, que le permitiera modificar imágenes fotograma a fotograma: la pantalla de agujas.

La pantalla de agujas es un lienzo vertical, con una iluminación en ángulo oblicuo, y que está atravesado horizontalmente por más de 240.000 agujas que se pueden empujar en profundidad, lo que produce dibujos con distintos tonos de gris: cada aguja es como el píxel de una

En passant (1943). A la derecha, *Cuadros de una exposición* (*Tableaux d'une exposition*, 1972).

imagen mayor, un poco como el PixelArt, pero con una calidad mucho más definida. Con esta invención, Alexeïeff podía hacer películas con su propio lenguaje de grabador. Alexeïeff, Alexandra y Claire Parker participaron juntos en la construcción de su primera pantalla de agujas; pero, como la familia de Parker financió los gastos y el mantenimiento de la familia Alexeïeff durante el rodaje de su primera película, la patente de la Pinscreen estuvo únicamente a nombre de Claire.

Su primera película, que costó un año del trabajo continuado de Alexandre y Claire, fue *Noche en el monte pelado* (*Nuit sur le Mont Chauve*, 1933), a partir del famoso tema musical de Modest Mussorgsky: un verdadero poema visual en torno a la noche de Walpurgis, mostrando un extravagante aquelarre donde las brujas saltan al espacio, adoran a un espantapájaros, y huyen al llegar el alba; sin duda, lo más llamativo del filme son las escenas con cambios de iluminación, pues los personajes se muestran de una forma totalmente tridimensional, con un impactante claroscuro. La película fue muy aclamada por la crítica, aunque no les reportó grandes beneficios por lo limitado de su distribución.

La animación con Pinscreen es una técnica muy laboriosa, que requiere mucha atención y también capacidad de improvisación. Con un estilo marcadamente surrealista, Alexeïeff nunca hacía bocetos antes de comenzar a animar. Para trabajar, Alexeïeff y Parker se sentaban cara a cara, a los dos lados de la pantalla de agujas, y, al igual que en el grabado, utilizaban diversos objetos e instrumentos para hacer incisiones en la pantalla y producir sus dibujos, fotograma a fotograma. Alexeieff inspiraba sus películas en historias de la vieja Rusia, en escritores como Nikolai Gogol y, sobre todo, en la música de Modest Mussorgsky, cuyas composiciones del ciclo *Cuadros de una exposición* se inspiraron, a su vez, en la obra plástica de su amigo Victor Hartmann.

Sin embargo, cada película de Pinscreen podía costar varios meses de trabajo, por lo que resultaban poco rentables. Por esta razón, Alexeieff y Parker tuvieron en paralelo varios trabajos en la publicidad y en algunos encargos de la National Film Board de Canadá (*En passant*, 1943), institución que todavía alberga una de sus grandes pantallas de agujas —y que, curiosamente, ha fomentado la continuidad de esta difícil técnica hasta nuestros días, con artistas como Jacques Drouin (*Le paysagiste*, 1976), Michèle Lemieux (*Here and the Great Elsewhere*, 2012) y Justine Vuylsteker (*Étreintes*, 2019)—. Asimismo, Alexeïeff también produjo la secuencia inicial de la película de Orson Welles, *El proceso* (*The Trial*, 1962), que adaptaba un tortuoso relato de Franz Kafka.

En total, Parker y Alexeïeff produjeron seis películas de pantalla de agujas —incluyendo las tardías *Cuadros de una exposición* (*Tableaux d'une exposition*, 1972) y *Tres temas* (*Trois thèmes*, 1980)—, más otros 41 filmes publicitarios realizados principalmente con stop-motion —como *La belle au bois dormant* (1935)—. En sus anuncios, Alexeïeff tanteó otros procedimientos de su invención, como la "totalización", que consistía en sugerir sólidos imaginarios a partir del movimiento de un péndulo iluminado, lo que le permitía sugerir la animación del humo y otros elementos, como en *Fumées* (1951) o su anuncio para Esso *Sève de la Terre* (1955).

El estilo visual de Alexeïeff varió muy poco con los años. Alexeïeff no pertenecía a ningún movimiento artístico y siempre se mantuvo independiente. Quizá su película más narrativa es *La nariz* (*Le nez*, 1963), a partir de una historia satírica de Nicolai Gogol que se combina con la música propia del teatro Kabuki, improvisada por Hai-Mihn, en una puesta en escena repleta de transformaciones y un inusitado protagonismo de la luz y los fenómenos atmosféricos.

En 1922, el crítico de arte Elie Fauré escribió estas palabras que parecen adelantarse al trabajo del equipo Alexeïeff: "Supongamos que un artista estuviera dotado de la pasión de Goya y la fuerza de Miguel Ángel; proyectaría en la pantalla una especie de sinfonía visual rica y compleja, inaugurando perspectivas de infinitud y de absoluto que serían emocionantes por su misterio. Este es el futuro con el que sueño" (citado en Bendazzi, 2003).

Filmes publicitarios de Alexeïeff. A la derecha, arriba: animando junto con Parker *Tres temas* (*Trois thèmes*, 1980).

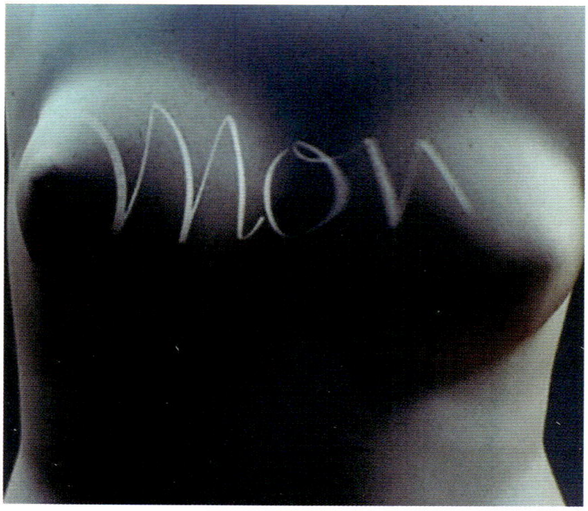

La animación con pantalla de agujas elimina las nociones de figura y fondo, logrando en la imagen una unidad pictórica. Las películas de Alexeïeff y Parker están, además, cargadas de simbolismo, y en ellas importan más la forma y las texturas que la narración. Alexeïeff y Parker son un ejemplo de artistas que llegan a la animación desde otros ámbitos, creando un producto alternativo y personal, pero que también demuestra cuán cerca estaban la animación artística y la publicidad en Europa en los años 30 y 40.

REPLANTANDO LA INDUSTRIA EUROPEA: PAUL GRIMAULT

Si bien el cartoon de Hollywood muestra una fuerte tendencia hacia el surrealismo, lo ilógico y lo inesperado, el cine de Paul Grimault (1905-1994) acusa su influencia de otra corriente más poética, acorde con la siguiente definición del movimiento por André Breton: "El surrealismo se basa en la creencia en la realidad superior de ciertas formas de asociaciones previamente desatendidas, en la omnipotencia del sueño, en el juego desinteresado del pensamiento." El mundo animado de Grimault es etéreo, utópico, con tonos satíricos, profundamente fantástico, que nos lleva a un estado de realismo mágico.

En Francia, durante la ocupación alemana, se impusieron nuevas condiciones a la producción de películas que inevitablemente afectaron a la animación. El gobierno impuso un comité para expulsar de la industria a cualquier personal sospechoso de ser de izquierdas o de origen hebreo, y estableciendo reglas para reorganizar la industria y explotación del cine francés, con un aire marcadamente autárquico. Aunque en principio perjudicó al cine de imagen real al impedir la venta de pases dobles de

películas, sí benefició a la animación por cuanto se favorecía la inclusión de cortometrajes al comienzo de los pases. Por añadidura, quedó prohibida la distribución de filmes americanos, lo que reforzó la distribución de material nacional en sus diversos géneros: ficción, documental y animación. Esta coyuntura contribuyó a expandir la animación comercial francesa, de la que solo existía un estudio en el país: Les Gémeaux, perteneciente al director Paul Grimault y al productor André Sarrut, que se dedicaban a realizar comerciales.

En la página anterior, Paul Grimault con su colaborador Jacques Prévert. Sobre estas líneas, *La flauta mágica* (*La flûte magique*, 1946).

En este singular contexto, pudiendo contratar mayor cantidad de trabajadores, Paul Grimault realizó cortometrajes como *Los pasajeros de la Osa Mayor* (*Les passagers de la Grande Ourse*, 1941), *L'Épouvantail* (*El espantapájaros*, 1942) y *La flauta mágica* (*La flûte magique*, 1946), con un dibujo preciosista y redondeado, unos personajes muy geometrizados —que hoy llamaríamos de estilo "retromoderno"— y una animación muy equilibrada —buen ejemplo del principio disneyano de salidas y frenadas suaves—, si bien hay siempre algo irreal en sus escenarios, como también se verá en *El rey y el pájaro*, con influencia de los paisajes metafísicos sugeridos por pintores como De Chirico, o incluso por el cine patrio de corte más lírico, como *La sangre de un poeta* (*Le sang d'un poète,* Jean Cocteau, 1932), con sus pinturas que despiertan y sus estatuas vivientes.

Durante la producción del cortometraje *El soldadito* (*Le petit soldat*, 1947), a partir del relato de Hans Christian Andersen *El soldadito de plomo*, llega el armisticio y la compañía Les Gémeaux, que se había beneficiado de la política de los invasores, es puesta en el punto de mira del nuevo gobierno francés, aunque finalmente sale sin ningún tipo de sanción. Ya con la colaboración de su amigo el poeta Jacques Prévert, Grimault puede finalizar su exitosa *El soldadito*, toda una alegoría de los cambios que la guerra y el paso del tiempo producen en las personas.

El soldadito (*Le petit soldat*, 1947). A la derecha, *Los pasajeros de la Osa Mayor* (*Les passagers de la Grande Ourse*, 1941).

Poco después, con un nutrido equipo de más de cien artistas, Grimault y Prévert comenzaron la producción de un ambicioso largometraje: *La pastorcilla y el deshollinador* (*La bergére et le ramoneur*), cuya producción se detuvo en 1950 por desacuerdos con el productor André Sarrut, quien decidió estrenar el filme sin estar aún terminado. La historia comienza

en un palacio gobernado por un rey despótico, aunque los protagonistas son dos personajes que viven en sendos cuadros enfrentados, una pastora y un deshollinador: ambos están enamorados, pero el retrato del rey, que también vive y siente, se propone malograr su felicidad, hasta el punto de saltar al mundo real y usurpar el lugar del verdadero rey, para que todos le obedezcan. En sus aventuras, a la pastorcilla y el deshollinador les ayudará un pájaro burlón, decidido a socavar la autoridad del tirano. La irrealidad de este mundo es fuerte, por cuanto el castillo es de dimensiones inabarcables; la policía es un ejército de clones magrittianos; e incluso se descubre todo un pueblo de personas que viven bajo la fortaleza —recordando al *Metrópolis* de Fritz Lang—. El conjunto lo remata un robot gigante de metal que se dedica a imponer la ley del rey falso —el *simulacro* mandando sobre lo real—. Este largometraje sería reelaborado al gusto de Grimault nada menos que en 1980, ya bajo el título *El rey y el pájaro* (*Le roi et l'oiseaux*), en una odisea que recuerda a la sufrida por Richard Williams en la realización de su quimera artística *El zapatero y la princesa*.

Mientras que la primera versión terminaba en un *happy ending*, la boda de la pastorcita y el deshollinador, la versión final remarca la idea de búsqueda de libertad de los personajes oprimidos. No existe acuerdo entre los teóricos sobre qué versión de *El rey y el pájaro* es mejor, pero sí es cierto que la poética de Grimault ha ejercido un poderoso influjo en animadores de todas las latitudes —como demuestran Hayao Miyazaki e Isao Takahata en muchos de sus primeros filmes—, así como también marcó un importante precedente en la industria del cine de animación francés, abriendo el camino a realizadores como René Laloux o Jean François Laguionie, que en la segunda mitad del siglo XX destacaron con filmes fantásticos como *El planeta salvaje* (*La planete sauvage*, 1973) o *Gwen, el libro de arena* (*Gwen et le livre du sable*, 1985), respectivamente.

El rey y el pájaro (*Le roi et l´oiseaux*), producido entre 1948 y 1980.

Norman McLaren dibujando sobre el celuloide para producir sonido óptico. A la derecha, fotograma de *La poulette grise* (1947).

DE ESCOCIA A CANADÁ: NORMAN MCLAREN Y LA ANIMACIÓN EXPERIMENTAL

Norman McLaren es uno de los más importantes animadores abstractos y experimentales del mundo. Nació en Escocia 1914, y murió en Canadá en 1987. McLaren fue algo así como *el Picasso de la animación*: su mérito no estuvo tanto en lo que él inventó, sino en todo lo que tomó, mejoró y desarrolló, llevando la herencia de sus precedentes hacia límites insospechados. Desde que era estudiante, McLaren admiraba a Sergei Eisenstein, pero también a una serie de artistas que lo guían por el camino de la experimentación, como la animación abstracta y musical de Oskar Fischinger, las metamorfosis surrealistas de Émile Cohl, o el expresionismo de Alexeïeff y Parker.

La primera experiencia que tiene McLaren con la animación surge de manera casual cuando estudiaba Bellas Artes en Glasgow. McLaren encontró en el sótano de la escuela un proyector de cine roto, y lo arregló. Sin embargo, no tenía cámara para grabar, de forma que pensó en producir sus propias películas "sin cámara", a base de realizar dibujos sobre película de celuloide lavada. La verdad es que esta idea ya la había practicado antes un animador neozelandés llamado Len Lye (1901-1980), que en 1935 había producido en Londres un filme publicitario, *A Colour Box*, la primera película de animación directa sobre celuloide. Emulando a Lye, McLaren produjo su película *Hand-Painted Abstraction* (1935), pintando y dibujando directamente en la superficie de la película con una plumilla y tinta china, cuyo original resultado le procuró un empleo como publicista para la Oficina General del Correo Británico.

En 1936 es enviado a España para grabar escenas de la Guerra Civil; esta experiencia le resultará tan truculenta que poco antes de estallar la Segunda Guerra Mundial, McLaren emigra a Nueva York, y después, a Canadá. McLaren se convirtió entonces es uno de los primeros animadores en ser apadrinados por una institución pública: la National Film Board - NFB, fundada con el objetivo de producir y distribuir películas para promover Canadá alrededor del mundo. Aunque la institución no podía garantizar a McLaren grandes presupuestos, sí le daba lo más importante: libertad creativa.

Algunas de sus primeras películas en la NFB las realiza pintando directamente bajo cámara, no como una serie de acciones, sino de cambios, ya que las técnicas de modificación de una imagen, igual que sucede con la pantalla de agujas de Alexeïeff y Parker, son más aptas para animar

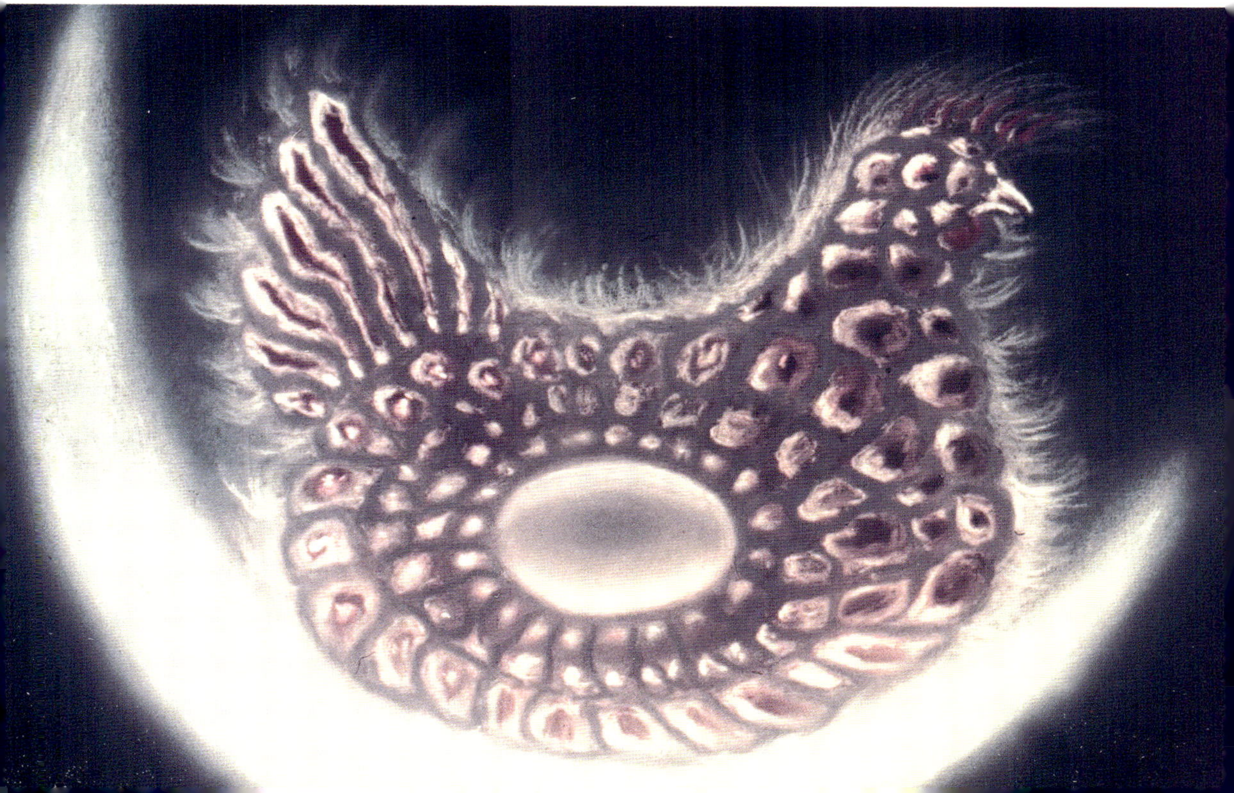

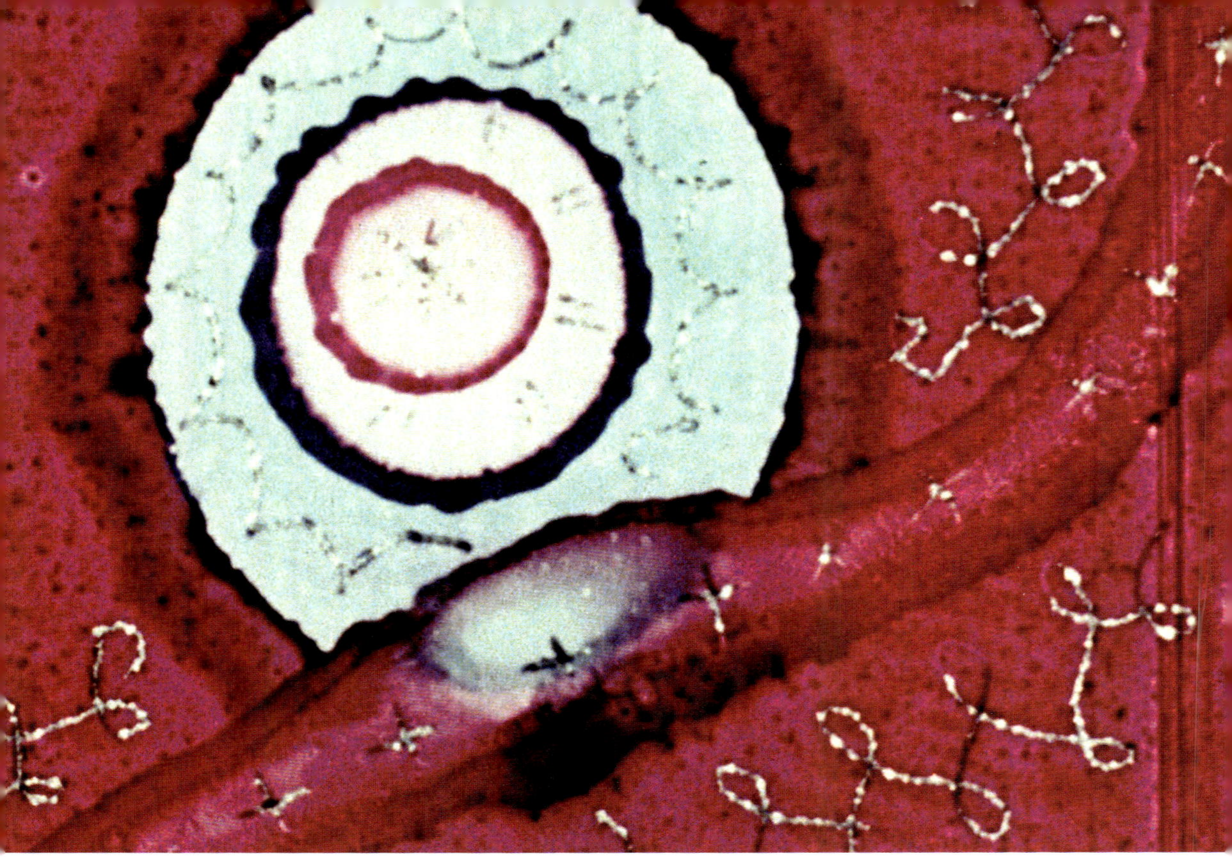

transformaciones que movimientos del personaje. De esta manera podemos ver la evolución de una escena como si presenciáramos el acto de pintar un cuadro en *La gallina gris* (*La poulette grise,* 1947), una historia en torno a una vieja canción canadiense, representada con brillantes colores pastel que se van modificando poco a poco sobre el papel.

McLaren siente la necesidad de trabajar la abstracción de la misma manera que se genera música. La música solo hace alusión a sí misma; de igual forma, sus películas abstractas manejan ideas visuales que se basan meramente en la evolución, el cambio y la repetición, como en la improvisación musical a ritmo de jazz *Fantasía en colores* (*Begone dull care,* 1949), con una estructura dividida en tres tiempos donde McLaren y su codirectora, Evelyn Lambart, emplean diferentes procedimientos pictóricos y de grabado animado (rayando película tintada) para sugerir una conexión íntima entre la textura de la imagen y el ritmo de la música. Incluso cuando McLaren se acerca a temas figurativos, como en *Blinkity Blank* (1955) o *El mirlo* (*Le Merle*, 1959), con la insistente presencia de personajes que semejan pájaros, el movimiento de los mismos termina por generar formas cercanas al signo gráfico.

Con todo, su mayor éxito será una película plenamente narrativa, ganadora del Oscar en 1952: *Vecinos* (*Neighbours*). El filme nacería, según McLaren, fruto de la tensión que vivió a su vuelta de la China comunista, al tener que posicionarse entre los dos bloques de la guerra fría: de esta manera ideó una parábola pacifista que realizará con actores animados, actuando Grant Munro y Jean Paul Ladouceur como los dos vecinos que están básicamente de acuerdo en todo, hasta que una impertinente pero embriagadora flor aparece en medio de sus parcelas. McLaren resucita así la técnica de la pixiliación que había descubierto Segundo de Chomón en fecha tan temprana como 1908, para volver a utilizarla en otras películas experimentales como *El cuento de la silla* (*A Chairy Tale*, 1957) o *Discurso de bienvenida* (*Discourse de bienvenue*, 1961).

En la página anterior, fotograma de *Begone dull care* (1949). Sobre estas líneas, McLaren y Evelyn Lambart durante el proceso de producción.

McLaren estuvo en todo momento obsesionado con la sinestesia: ver la música y oír la imagen. Este deseo condicionó la realización de películas donde la imagen *danza* con un tema musical, como puede verse en *Esferas* (*Spheres*, 1969), un filme animado con recortables bajo cámara, sincronizados con la música de Johann Sebastian Bach interpretada por el carismático Glenn Gould. Pero este interés de maridar la imagen con el sonido también se manifestó mediante la manipulación del sonido óptico, una práctica ya iniciada por Oskar Fischinger, que McLaren se dedicó a perfeccionar durante décadas.

McLaren se animó a dibujar directamente sobre la banda de sonido de las películas para producir sonido sintético. Tal como ilustra el minidocumental *Pent Point Percussion* (1951) dependiendo del grosor de las líneas y de su frecuencia, podía producir notas más graves o más agudas, lo que permitía al animador escribir música directamente sobre el celuloide. Más adelante empieza a aplicar métodos indirectos, es decir, fotografía tarjetas con líneas impresas de diferente grosor sobre la banda sonora del celuloide, lo que le permite controlar con gran precisión el tipo de sonido que se genera. De esta experiencia nace la película *Synchromy* (1971), donde la imagen es un equivalente a lo que se ha imprimido en la banda sonora.

En sus últimas décadas de actividad, y ya con problemas de visión, McLaren se concentra en la danza como una forma de producir movimiento: así produce la que es considerada su mejor película, *Pas de Deux* (1968), donde graba la coreografía de dos bailarines vestidos con mallas blancas y fotografiados a 48 imágenes por segundo sobre un fondo negro, e iluminados a contraluz, pareciendo sus siluetas dos dibujos de línea blanca; posteriormente, superpone la copia de la película con ligeros desfases en el número de fotogramas —a veces varios segundos y, otras

Le merle (1959) y proceso de producción. En la página siguiente, McLaren animando objetos en *Neighbours* (1952) y fotograma de la película.

veces, apenas dos o tres frames, multiplicando los contornos de los bailarines hasta reducir sus cuerpos a formas abstractas que solo remiten a su trayectoria en el espacio.

Para hacer esto posible, McLaren se sirve de una máquina para poder manipular la imagen: la impresora óptica, que se había utilizado para crear efectos especiales en películas como fundidos encadenados, cámara rápida, lenta, o composición matté. Así, McLaren concibe *Lines: vertical* (1960) y *Lines: Horizontal* (1962), siendo la segunda una versión de la primera, simplemente girando los fotogramas 90º. La ulterior combinación de ambas películas dará como resultado la muy sugestiva *Mosaic* (1965), donde se anima una especie de matriz de puntos que se separan y reúnen de un modo que recuerda notablemente a las dinámicas de los antiguos salvapantallas.

Para McLaren, la animación no es "el arte de los dibujos que se mueven, sino de los movimientos que son dibujados. Lo que ocurre entre los fotogramas es más importante que lo que hay en cada fotograma". Lo imaginario de la animación deviene, en McLaren, en lo imposible: en la duplicación del cuerpo, en la ralentización, en la descorporeización del bailarín protagonista de *Narcissus* (1983), uno de sus últimos trabajos, en cuya imaginería —la del hombre que se enamora de su propio reflejo, de otro *como él*— hizo patente la expresión de su homosexualidad, ya insinuada en algunas de sus primeras películas, como *Love on the Wing* (1939).

El trabajo de McLaren tuvo una repercusión mundial, hasta el punto de convertirse en un símbolo nacional de Canadá, y su nombre en sinónimo de la NFB. Norman McLaren ha sido y es una referencia imprescindible para los animadores que buscan superar sus propios límites y dominar, sobre todo, el movimiento.

4. Pioneros del stop-motion

A diferencia del dibujo animado, que ya existía antes del cine, la animación stop-motion es un fenómeno genuinamente cinematográfico. Su condición esencial es la fotografía, porque el mundo del stop-motion es el de los objetos, las marionetas, las materias maleables e incluso los dibujos y pinturas que mutan y se transforman fotograma a fotograma bajo cámara, siguiendo un proceso irrecuperable, sin el salvavidas de la pila de dibujos correlativos.

Aunque en la Historia se considera que un fenómeno pionero lo es porque desencadena una serie de acontecimientos relacionados, sería injusto no mencionar aquí a un pionero poco conocido: Alexander Shiryaev (1867-1941), un antiguo bailarín y coreógrafo ruso que, sin formación y sin más recursos materiales que los suyos propios, desarrolló entre 1906 y 1909 una serie de animaciones de indudable calidad artística. Con sus filmes, Shiryaev deseaba preservar la memoria de las danzas regionales, con un talante educativo; sin embargo, el redescubrimiento de su obra en 1995 estremeció a los expertos, que a duras penas podían distinguir de bailarines reales a las marionetas de papel maché y esqueleto de alambre que, con inusitado realismo, ejecutaban danzas y pantomimas sobre escenarios de cartón pintado. El hecho triste de que sus más bellas películas, como *Harlequinade*, no salieran de su ámbito doméstico y apenas fuesen vistas por unas docenas de amigos y discípulos del Ballet Imperial, no resta importancia a su logro, actualmente difundido gracias al documental *A Belated Premiere* (Victor Bocharov, 2004).

El trabajo de Shiryaev antecede en apenas unos años al de uno de los grandes de la animación de todos los tiempos: Ladislaw Starewicz. Con Blackton, Chomón y Émile Cohl, la animación stop-motion establecía relaciones privilegiadas con el mundo de los objetos, con lo irracional y con el mundo de la magia primigenia —vínculos que nunca desaparecerán del todo, como veremos—. Pero a partir de Starewicz, predominará la marioneta, el personaje, el conflicto, la moraleja: la configuración de formas narrativas más complejas y autosuficientes, llevando el medio a una forma madura de expresión, en cuya senda también se desarrolla el trabajo de otros pioneros que supieron llevar la animación volumétrica a las superproducciones hollywoodienses: George Pal, Willis O'Brien y Ray Harryhausen.

LADISLAW STAREWICZ Y EL "CINE-MARIONNETTE"

En la doble página anterior: Ladislaw Starewicz con su hija menor, Jeanne ("Nina Star"). Bajo estas líneas, *La venganza del cámara* (1912)

Decir Starewicz es decir zoomorfismo, fábula, Esopo y de La Fontaine, insectos y… embalsamamiento. El encanto de sus películas se debe a que están construidas en base a oposiciones binarias: lo vivo contra lo muerto, lo humano contra lo animal, la fantasía frente al realismo, lo clásico contra lo moderno, evocando toda una cultura mitológica. Y aunque la forma de producir de Starewicz (1882-1965) era la de un artesano que trabaja en un pequeño taller familiar, sus métodos sentaron las bases del cine de animación europeo durante varias décadas.

Un poco de todas partes, nacido en Moscú de una familia polaca, Starewicz estudió Bellas Artes y entró a trabajar como colaborador en el museo de Historia Natural de Kaunas (Lituania). Allí se dedicó a documentar diversos eventos de la vida natural, en particular la lucha de los escarabajos ciervo. Tratándose de animales nocturnos, grabar escenas bajo la fuerte iluminación que requería el cine de la época era imposible, ya que los escarabajos se quedaban paralizados. Su encuentro fortuito con la animación stop-motion tuvo lugar cuando Starewicz pensó en *re-crear* la acción empleando exoesqueletos de escarabajos muertos, ensamblados como pequeñas marionetas que pudiera animar él mismo. Se cree que la idea provino del visionado de *Las cerillas animadas* (*Les allumettes ensorcelées,* Émile Cohl, 1908), que le dio ideas para reproducir en una película las mismas luchas de insectos que le gustaba estudiar en la naturaleza: el resultado fue un cortometraje muy breve, *Lucanus Cervus* (1910), el primero de una larga serie de producciones en las que muy pronto se desprenderá del carácter pseudo-documental para entrar en el terreno de lo imaginario, como ya haría en otra de sus joyas tempranas perdidas: *La bella Leucánida* (*Prekrasnaya Lyukanida,* 1912).

Dibujo para *La bella Leucánida* (1912); abajo: fotograma de la película.

Starewicz se estableció en Moscú como realizador de películas de animación y también de acción real, aunque muchas no han sobrevivido hasta hoy. Su película de animación más famosa de este período es la cinta animada *La venganza del cámara* (*Miest Kinomatograficheskovo Operatora,* 1912), una visión cínica del amor y la infidelidad en un mundo donde los insectos son los protagonistas.

Sin embargo, la revolución rusa fuerza a emigrar a Starewicz y su familia, que llegan a París en 1920. Allí se establecen montando una productora familiar: Ladislaw y su mujer, Anna, se encargaban de la construcción de los decorados y las marionetas; su hija mayor, Irene, confeccionaba los trajes; y su hija pequeña, Jeanne, actuó en varias películas que incorporaban escenas de acción real. La filmografía francesa de la familia Starewicz es muy extensa, incluyendo un largometraje y más de 40 cortometrajes, basados generalmente en las fábulas de Esopo y De la Fontaine, aunque incorporando casi siempre un toque de la vida moderna.

Starewicz llamaba a sus películas "cine-marionetas", y a menudo sus protagonistas eran muñecos de gran tamaño que podía animar con exactitud y expresividad. El sistema que emplea Starewicz será similar al que más adelante proliferaría en la industria animada de Europa del Este: los muñecos se construyen a partir de un esqueleto de alambre, corcho y madera que se recubre de guata y pelo, además de un suntuoso vestuario. La expresividad facial de las marionetas era muy precisa, incluyendo pequeñas estructuras dentro de los rostros de los animales, vaciados en

En la página anterior, arriba: Starewicz en proceso de producción; abajo: *Le mariage de Babylas* (1921); bajo estas líneas, caras intercambiables del personaje (fotografía de la exposición *Metamorfosis. Starewicz, Švankmajer, Quays*, 1915, CCCB Barcelona).

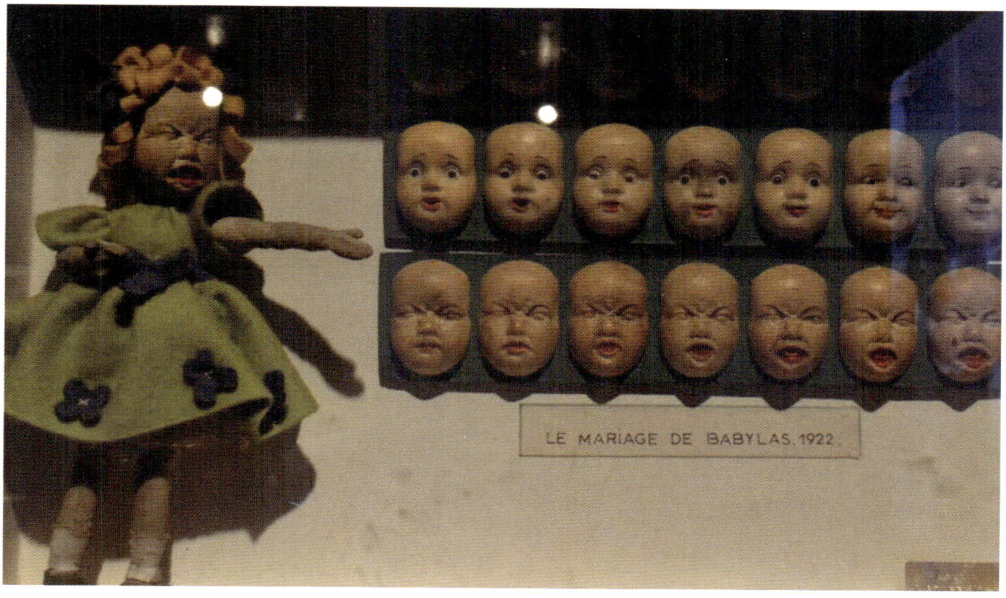

látex. Las marionetas podían detenerse en poses de movimiento que eran fotografiadas sucesivamente, requiriendo especial pericia las escenas con numerosos personajes, siendo necesarias herramientas de control técnico como la "dope sheet" u hoja de grabación; asimismo, las marionetas permanecían estables en el escenario por medio del rudimentario método de clavarles los pies al suelo. Adicionalmente, la familia Starewicz desarrolló técnicas para incrementar la sensación de verosimilitud, como el *motion blur*, la animación por reemplazo, el movimiento torácico de los muñecos para simular que respiran, o la retroproyección de escenas grabadas en escenarios reales, para superponerlas a las marionetas animadas.

Pero si algo dotó de personalidad al cine de Starewicz fue su sólida narrativa y su sofisticada puesta en escena. Con frecuencia le interesaba sugerir un efecto mágico en el espectador, mediante el montaje y la iluminación, creando la sensación de entrar en su mundo onírico, como en su aplaudida serie de cinco cortometrajes *Fetiche Mascota* (*Fétiche Mascotte*, 1934): el primero de ellos comienza con una madre y una hija que malviven en una chabola; la niña está enferma y demanda una naranja, fruta fresca que le devolvería la salud, pero que no pueden permitirse. La madre trabaja fabricando muñecos que luego vende en la ciudad, pero uno de estos juguetes, un perrito, adquiere vida y sentimientos humanos cuando

Fábulas animadas: *La cigarra y la hormiga*, 1911 (abajo) y *Ratón de campo, ratón de ciudad*, 1926 (derecha).

recibe una lágrima de la madre. El peluche escapará y se adentrará en la misteriosa noche donde lo inanimado cobra vida, al modo del viaje del héroe hacia el inframundo de donde debe extraer un tesoro secreto. Tras atravesar un pandemonio de esqueletos, aves reanimadas y otros horrores, el perrito de peluche conseguirá llevar a la niña la fruta sanadora.

A través de historias clásicas, como *El ratón de campo y el ratón de ciudad* (*Le Rat de Ville et le Rat Des Champs,* 1926), Starewicz actualiza el contexto de la clásica fábula para recrear el encanto y la canallesca de la vida moderna, mostrando espectáculos como el Music Hall, parodiando incluso a personajes famosos de la época, como Joséphine Baker —"la vedette noire"—, que hace las delicias de los sofisticados ratoncitos de ciudad, hasta que el gato irrumpe en la cabaretera escena. Por su parte, *Amor en blanco y negro* (*Amour Noir et Blanc,* 1923) nos ofrece una original visión del Hollywood contemporáneo, incorporando personajes como Charlie Chaplin y Mary Pickford, como miembros de una humilde troupe de actores ambulantes. En general, todas las películas de Starewicz, incluso las de su etapa muda, incorporaban escenas de baile y música, de tal forma que pudieron reestrenarse tras el advenimiento del cine sonoro sin perder un ápice de su atractivo.

Merece especial atención su único largometraje terminado, *El cuento del zorro* (*Le Roman de Renard,* estrenado en 1937) cuya realización le llevó largos años, desde 1929 hasta 1941, que es cuando finaliza la versión francesa, particularmente por contratiempos con el sistema de sonorización que impuso su primer productor (dueño de una patente que muy pronto quedó obsoleta), así como por los problemas derivados de la Segunda Guerra Mundial, como la ocupación alemana del país. Paradójicamente, la versión alemana de la película pudo estrenarse mucho antes que la francesa, antes de la guerra, gracias a que la UFA mostró interés en su distribución, ofreciéndose a sonorizarla en 1937. *El cuento del zorro* disfrutó de un notable éxito de público y, a pesar de que su exhibición europea se limitó a los países ocupados o neutrales durante la Segunda Guerra Mundial, la película significó un gran éxito de público.

Es de señalar que en *El cuento del zorro* también aparece acreditada como guionista y codirectora la hija mayor de Starewicz, Irene. La narración, basada en un conjunto de tradiciones medievales que se registraron por escrito en torno al siglo XII, tiene por protagonista al zorro Renard, un personaje marrullero pero simpático, prototipo del pícaro que ha aprendido a engañar antes de ser engañado. La película muestra grandes dosis de humor negro e ironía, y en el desenlace, viendo que el zorro es realmente imbatible, el rey de los animales decide convertirlo en su primer ministro. Indudablemente, *El cuento del zorro* es el pariente lejano del *Robin Hood* de Disney.

La petite parade (1928). En la página siguiente, filas superior e inferior: *El cuento del zorro* (1937); imagen central: *El viejo león* (1932).

Starewicz permaneció activo hasta 1965, año de su muerte, dejando inconcluso un nuevo proyecto de largometraje: *Como perros y gatos* (*Comme Chien et Chat*), del que apenas alcanzó a animar 3 minutos. Starewicz dejaba atrás, sin embargo, una gran carrera artística y comercial, con joyas tan fascinantes como *Los ojos del dragón* (*Les Yeux du Dragon*, 1925), *El viejo león* (*Le Lion Devenu Vieux*, 1932) o *Flor de helecho* (*Fleur de Fougère*, 1949). Siempre fue dueño de sus películas, que le procuraron pingües beneficios. Pero, sobre todo, Starewicz fue un autor con personalidad propia, preocupado por el naturalismo al mismo tiempo que creaba historias fantásticas. Hoy en día, cineastas como Terry Gilliam, los Hermanos Quay o Wes Anderson acusan enormemente su influencia porque, desde hace ya cien años, y contando con muchos menos medios de los que existen ahora, Starewicz supo extraer al cine de marionetas todo su potencial.

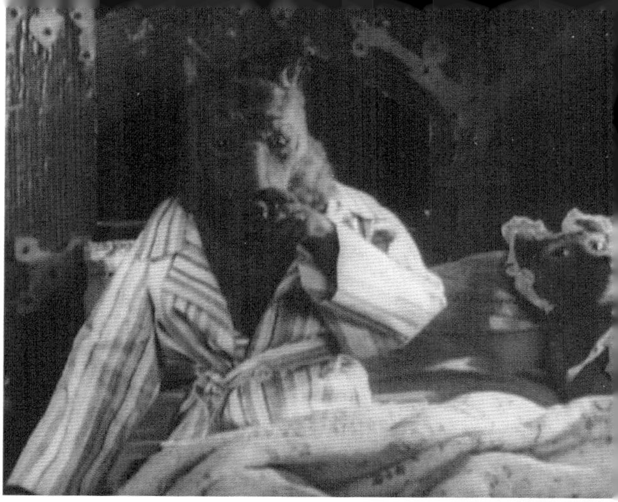

GEORGE PAL Y SUS "PUPPETOONS"

La carrera de George Pal (1908-1980) ejemplifica como pocas la relación entre la animación stop-motion y la publicidad más exuberante. Nacido György Pál Marczincsak, de Hungría, estudió Arquitectura y también aprendió dibujo y carpintería de manera autodidacta. En 1928, con 20 años, entró a trabajar en un estudio de cine húngaro, y de ahí pasó a Berlín para convertirse en jefe del departamento de animación de la UFA. Dándose cuenta del enorme tirón comercial del medio, en 1931 decide crear su propio estudio, donde perfecciona una curiosa técnica que consistía en animar muñecos con poses enteras o partes reutilizables. Al principio lo llamaría Pall-Dolls, y más adelante, *Puppetoons*.

La técnica, abrumadora en cuanto a labor de preproducción, pero muy cómoda para efectuar los rodajes, consistía en reemplazar numerosos modelos en vez de modificar pose a pose una sola marioneta. Esta técnica ya la había utilizado Ladislaw Starewicz para animar las expresiones de un bebé en su película *El casamiento de Babylas* (*Le mariage de Babylas,* 1921), empleando para ello una batería de caras

Date With Duke (George Pal, 1947).

intercambiables; pero George Pal la empleó por sistema, fabricando modelos torneados en madera que se podían reutilizar muchas veces durante el rodaje. La idea se le ocurrió a Pal en 1932, cuando tenía que animar un anuncio de cigarrillos, a los que puso bocas intercambiables para hablar. Así, Pal fue descubriendo poco a poco la animación por reemplazo, uno de los procedimientos imprescindibles de la animación stop-motion actual.

La animación con reemplazo presenta al menos tres grandes alicientes. El primero, que permite animar con modelos hechos de materiales rígidos, por ejemplo, cerámica, metal o cristal —como en su filme *Date With Duke* (1947), donde aparecen botellitas de perfume tocando junto a Duke Ellington con trompetas de cristal—. El segundo, que la técnica permite al animador stop-motion la misma exageración gráfica que es común en la animación de dibujo tradicional, como los efectos de compresión y extensión que se pueden ver en algunos personajes de *The Philips Big Broadcast of '38* (1937). La tercera propiedad es que estos modelos se pueden reutilizar cíclicamente, al igual que los ciclos animados con acetatos, con la ventaja añadida de se pueden grabar desde distintas perspectivas, lo que rentabiliza mucho más la puesta en escena.

En 1933, la ascensión del partido Nazi al gobierno alemán motivó que Pal se trasladara sucesivamente a diversas ciudades de Europa, como Praga, París y finalmente Eindhoven, en Holanda, donde fundó un nuevo estudio para realizar películas comerciales para la marca de radios Philips y otros productos. George Pal, con sus exquisitos comerciales en colores, se convirtió en el publicista más solicitado de Europa, y es entonces cuando empieza a llamar a sus films *Puppetoons*.

George Pal en 1937. A la derecha, arriba: marionetas de *Tulips Shall Grow* (1942); centro: *The Philips Big Broadcast of '38* (1937); abajo: personaje y recambios faciales para *El pequeño gigante* (1958).

Los Puppetoons eran unas películas que podemos llamar de estilo Art Decó, donde predominan los volúmenes geométricos. Además, estaban producidos a todo color y eran tan sofisticados como los musicales hollywoodienses. Generalmente, los anuncios que produjo para Philips representaban creativamente el mundo del interior de la radio, como si el aparato estuviera poblado de personajes que cantan sus canciones en distintos diales, como en *The Ship of the Ether* (1934). Otras veces adaptaba narrativas conocidas para incorporar en el desenlace el producto Philips deseado, como por ejemplo la iluminación artificial en *Aladdin and the Magic Lamp* (1936). Sin embargo, con el estallido de la Segunda Guerra Mundial, George Pal marcha a Hollywood y funda George Pal Productions para seguir realizando lo que él llamaba sus "dibujos animados a color y en tres dimensiones", que serían distribuidos por Paramount. En esa época produce su cortometraje pacifista *Los tulipanes crecerán* (*Tulips Shall Grow*, 1942), su serie protagonizada por un personaje afroamericano, *Jasper* (1942-46), y también la sorprendente fábula *Tubby la tuba* (*Tubby the Tuba*, 1947).

Cada Puppetoon duraba 8 minutos de media, lo que solía requerir unos 9.000 modelos de reemplazo, torneados en madera, por película. Esto hacía que la producción fuera similar a la de un cartoon tradicional, aunque expandiendo sus posibilidades. Para preparar la producción, Pal realizaba dibujos de cada movimiento, especificando la pose inicial, la intermedia y la final; los intercaladores realizaban los intermedios y de esta forma testeaban primero en papel la fluidez de la animación,

PHILIPS

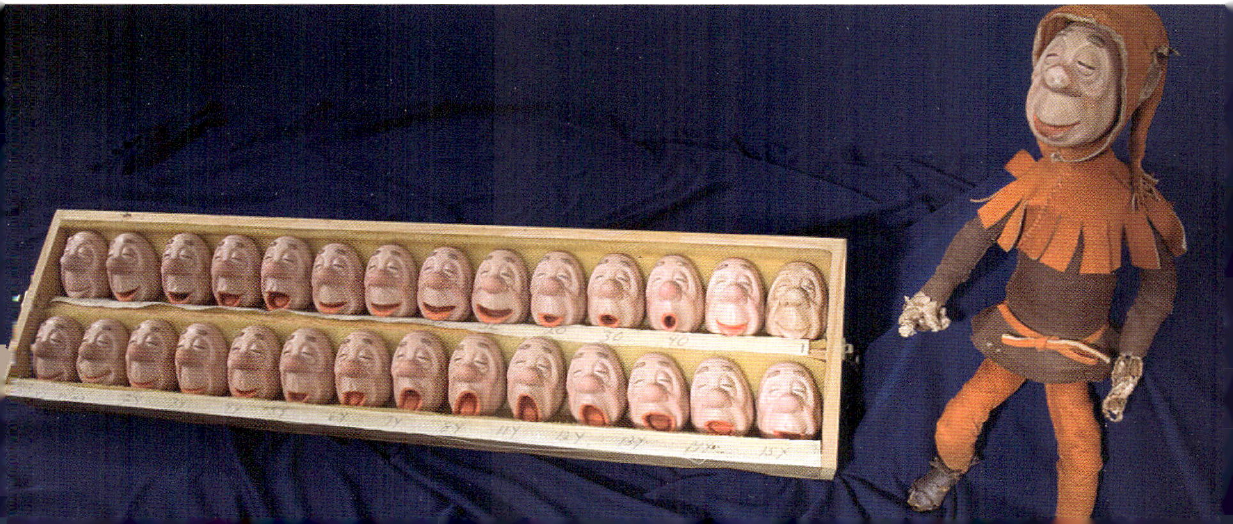

antes de rehacerla en volumen. La construcción de los modelos solía requerir varias semanas, pero como norma general una película completa de Puppetoon solía tardar menos de dos meses en ser realizada.

George Pal siguió realizando muchas películas de entretenimiento, así como encargos del ejército americano para animar filmes didácticos de estrategia militar. En 1943, la Academia de Hollywood reconoció su labor, concediéndole un Oscar técnico por "el desarrollo de nuevos métodos y técnicas fílmicas". Sin embargo, tras la guerra, la inflación disparó los costes de este tipo de películas, de forma que Paramount decidió que ya no era rentable producir stop-motion, a menos que se emplease como efectos en películas.

Obligado a reinventarse, en los años 50 y 60 Pal produjo numerosas películas de fantasía y ciencia-ficción junto con Paramount y MGM, combinando acción real con efectos visuales. En su filmografía destaca *La guerra de los mundos* (*The War of the Worlds,* Byron Haskin, 1953), su película más taquillera, donde trasladó la acción de la novela de H.G. Wells a la contemporánea ciudad de Los Ángeles, requiriendo la creación de una detallada maqueta para simular su destrucción. Asimismo, películas como *El pequeño gigante* (*Tom Thumb*, 1958) y *El tiempo en sus manos* (*The Time Machine,* 1960) fueron todo un éxito artístico y comercial, que permitieron a George Pal reencontrarse con su papel de animador y de director: en la primera sobresale la animación facial de "The Yawning Man", el *hombre que bosteza*, una pequeña marioneta que sale de un armario y canta una canción para que Pulgarcito y todos los juguetes de la habitación se duerman. Por su parte, en *El tiempo en sus manos* destaca la famosa escena del maniquí en el escaparate frente la casa del inventor, gracias al cual, merced a una animación stop-motion que bien recuerda a la magia de Chomón, podemos observar el paso del tiempo acelerado, reflejándose en los incesantes cambios de la moda. En la filmografía de acción real de George Pal también destacan *El gran Houdini* (*Houdini*, George Marshall, 1953) —una película sobre ilusionismo que es, irónicamente, la única de George Pal sin efectos visuales— y la aventura africana *Cuando ruge la marabunta* (*The Naked Jungle*, Byron Haskin, 1954).

En la página anterior, personajes y props de *Tubby the Tuba* (1947). Arriba, *Tulips Shall Grow* (1942).

Por su parte, los Puppetoons siguieron siendo populares incluso después de la muerte de Pal, ya que el productor Arnold Lebovit, amigo personal de Pal, adquirió los derechos de muchos de sus cortos y los reestrenó conjuntamente en forma de largometrajes: *The Fantasy Film Worlds of George Pal* (1985) y *The Puppetoon Movie* (1987).

El estudio de George Pal sirvió de base en Estados Unidos para que otros muchos animadores de stop-motion se formaran, incluyendo a Ray Harryhausen. En plena época dorada del cartoon de Hollywood, Pal se hizo hueco produciendo decenas de Puppetoons y eventualmente animando los efectos especiales de numerosas películas de acción real. Por sus contribuciones a la animación y al cine de fantasía, George Pal es comparable a otros directores como Roger Corman o el mencionado Harryhausen, hasta tal punto que se le puede considerar el padre del cine moderno de ciencia-ficción.

Rhythm in the Ranks (1941). A la derecha, George Pal en 1958.

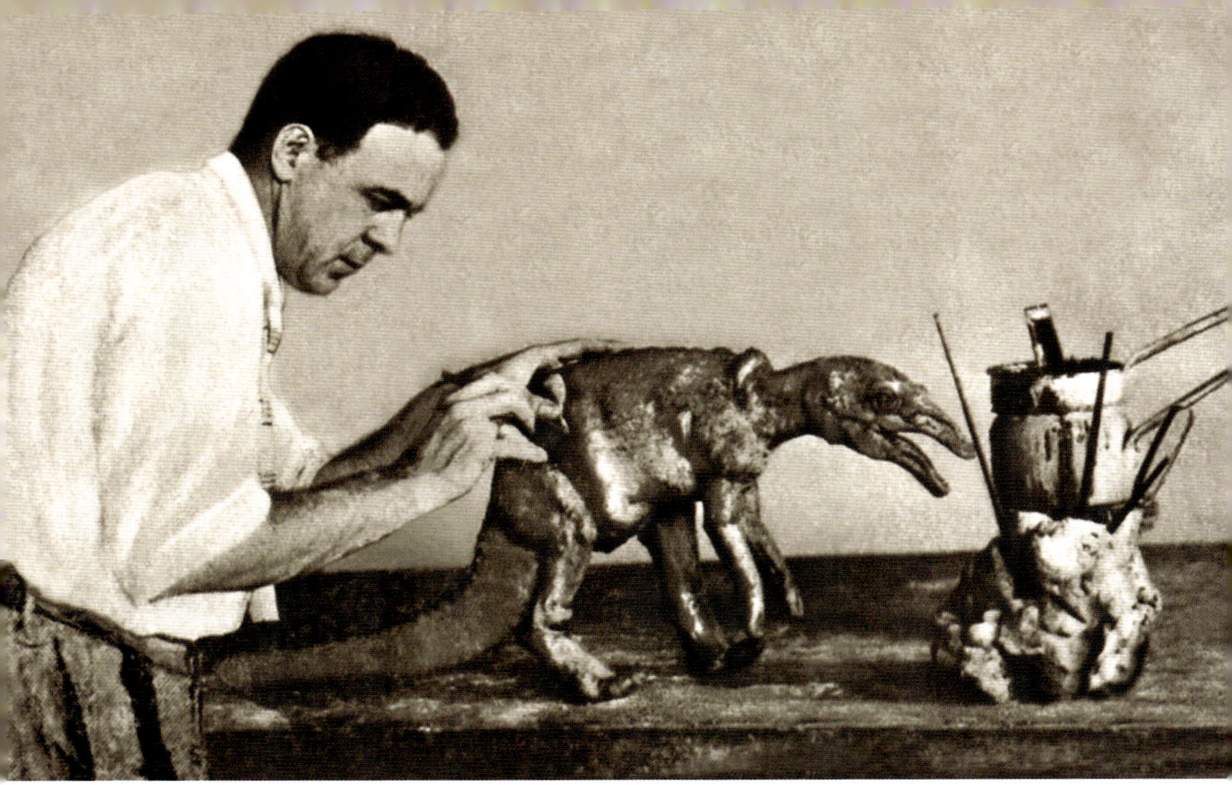

Willis O'Brien en los años 20. A la derecha, *The Dinosaur and the Missing Link: A Prehistoric Tragedy* (1915).

A LOS MONSTRUOS NO MIRAD: WILLIS O'BRIEN Y RAY HARRYHAUSEN

En esta sección se hablará de dos animadores norteamericanos íntimamente relacionados entre sí: Willis O'Brien fue un pionero fundamental de la animación stop-motion y, sobre todo, la persona que llevó esta técnica a las grandes superproducciones de Hollywood, mientras que Ray Harryhausen fue algo más que su alumno y continuador; fue, propiamente dicho, el aprendiz que supera al maestro.

Willis Harold O'Brien (1886-1962), natural de Oakland, California, se inició en la animación en 1915. Especialmente conocido por revolucionar el concepto del cine de aventuras a través de varias películas donde las marionetas animadas interactuaban con actores reales, como *El mundo perdido* (*The Lost World*, Harry Hoyt, 1925) y, sobre todo, *King Kong* (Merian C. Cooper, 1933), su vida esconde luces y sombras muy interesantes, como, por ejemplo, que su interés por los dinosaurios proviniera de su colaboración en excavaciones paleontológicas cuando era joven; que descubriera la posibilidad de animar marionetas de arcilla simplemente jugando con los muñecos de un escaparate que estaba montando; o que la Academia de Hollywood le negara su merecido Oscar a los Mejores Efectos Visuales por *King Kong* por la mera razón de que

O'Brien reclamó que hubiese una estatuilla para todos los miembros de su meritorio equipo. Las últimas décadas de su carrera no estuvieron a la altura de su talento, con numerosos proyectos cancelados o que no vieron la luz como él quería; con todo, las innovaciones de sus primeros filmes y la continuidad de sus técnicas a través de generaciones de animadores y técnicos de efectos visuales, desde Harryhausen hasta Phil Tippett, nos siguen maravillando.

En sus inicios, O'Brien descubrió que animar personajes de arcilla sin una estructura interior sería básicamente una pérdida de tiempo. A pesar de ello, consiguió animar un test de 90 segundos donde aparecían un dinosaurio y un cavernícola, lo que convenció a Herman Wobber, un expositor de la Exposición Universal de San Francisco de 1915, para financiar la producción de un cortometraje, *The Dinosaur and the Missing Link: A Prehistoric Tragedy* (1915); esta película cautivó al mismísimo Edison, quien contrataría a O'Brien para animar una serie de cortos. Esta fue la oportunidad de O'Brien de empezar a combinar stop-motion con actores reales en películas de la Edison Company como *The Ghost on Slumber Mountain* (1918), dirigidas por él mismo o en colaboración con otros.

Su obra maestra de esta primera época sería la adaptación en 1925 de la novela homónima de Sir Arthur Conan Doyle *El mundo perdido*, donde ya se daban todas las características de su técnica de animación: O'Brien construía personajes con un esqueleto articulado de metal, y lo recubría de relleno y piel, o de un material plástico maleable como el látex, según el caso. A veces, las marionetas eran el producto del trabajo minucioso de un escultor —normalmente, el artista Marcel Delgado, que trabajaba a partir de los bocetos de O'Brien—, al que luego se le hacía un molde para poder reproducirlo. Para animar los personajes, se fijaban sus pies con un tornillo a la base del escenario y se fotografiaban sus poses sucesivas, fotograma a fotograma.

Escultor en el taller de animación de la compañía Edison. A la derecha, fotogramas de *The Ghost on Slumber Mountain*, 1918 (arriba) y *El mundo perdido*, 1925 (abajo).

En una famosa escena de la película aparecen peleando un impresionante Tiranosaurus contra un Triceratops. La sensación de realidad es absoluta porque el escenario incluye un poderoso elemento de un paisaje real: una corriente de agua en movimiento. El procedimiento para conseguirlo no es otro que la doble exposición del negativo, una idea heredada de los trucajes de Méliès: en un entorno real se graba una escena con un río en la parte inferior; después, se graba la escena animada sobre un escenario a escala, con las marionetas, pero con una reserva en negro pintada sobre un cristal mate, que se coloca entre la cámara y las marionetas, de forma que el negro permite que la película quede virgen en el área de la reserva. Por último, una vez terminada la animación, se pasa la película por segunda vez para superponer la escena del agua, utilizando el que era el último invento de la época: la impresora óptica.

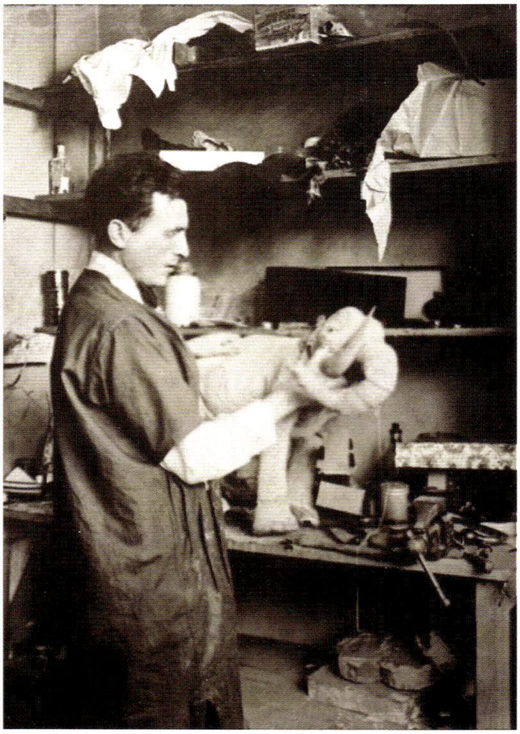

Durante los años siguientes O'Brien desarrolló proyectos tan sugerentes como *Atlantis* o *Creation*, cancelados por su productora por los altos costes a los que se enfrentaban; concretamente el productor Merian C. Cooper cuestionó el interés de sus guiones, aunque no pudo dejar de alabar la calidad de las animaciones. A partir de este momento surgió entre Cooper y O'Brien un proyecto común: *King Kong*. Cooper había sido explorador, aviador y periodista, y el guion de la película que proponía hacer reflejaba sus inquietudes; por otro lado, O'Brien aportaba la épica, la fantasía

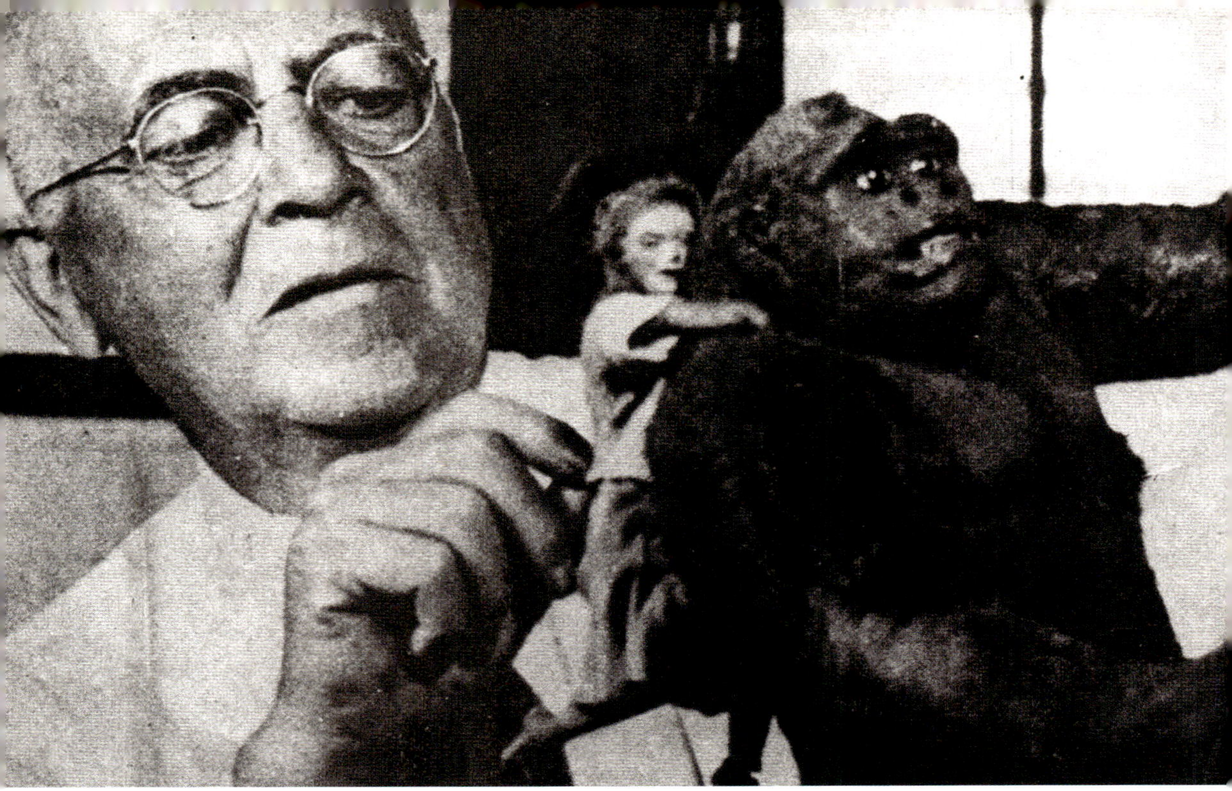

Willis O'Brien trabajando en *El gran gorila* (1949). A la derecha, fotograma de *King Kong* (1933).

y, sobre todo, la sensación de verosimilitud tan necesaria para que lo imaginario funcione en un largometraje. Su sistema de trabajo era, además, minucioso hasta la exasperación, siendo capaz de repetir una toma tantas veces hiciera falta; su equipo trabajaba bajo normas muy estrictas, como renovar todas las bombillas de los sets de animación al comienzo de cada día, y también tenían prohibido salir de los mismos durante toda la jornada de trabajo para no alterar en ningún momento las condiciones lumínicas.

Los trucajes para integrar en una misma imagen la acción de actores con personajes animados merecen comentario aparte. Algunas técnicas, muy rudimentarias, ya habían sido empleadas por Starewicz, por ejemplo, la retroproyección: la animación se grababa previamente y después de proyectaba sobre una pantalla tras los actores, para volver a rodar el resultado conjunto a velocidad real —en *King Kong* se observa cuando la actriz Fay Wray está sobre un árbol, en primer término, observando la lucha del gran gorila con el T-Rex en el fondo—. La película también emplea con frecuencia la doble exposición del negativo, utilizando máscaras negras pintadas sobre un cristal que reservaban parte del escenario y sobre el que luego se impresionaban otros sobrefondos.

Pero el efecto más novedoso de todos fue el desarrollado por uno de los técnicos del equipo, Linwood G. Dunn, que ideó un sistema parecido al *chroma* que se podía utilizar en el cine en blanco y negro, y que llamó "proceso Dunning": en una misma cámara se introducían dos películas superpuestas, una sensible al amarillo, y otra al azul. Este "bipack" de películas se usa para grabar una escena con actores, donde evidentemente solo falta el personaje animado: por ejemplo, en la escena en que King Kong mueve el tronco por el que intentan avanzar los exploradores, la parte frontal de la escena se iluminaba en color amarillo, mientras que el fondo se iluminaba en color azul. Esta diferenciación de figura y fondo permitía mezclar en postproducción la imagen del gorila, integrándola en la misma escena.

La combinación de estos procedimientos dotó a la puesta en escena de *King Kong* de una inusual profundidad y verosimilitud, que dejó huella en Ray Harryhausen (1920-2013) cuando era un niño. Natural de Los Ángeles, de adolescente se atrevió a mostrar a O'Brien sus propios modelos con los que había producido animaciones caseras. Con cierta condescendencia, O'Brien los examinó y le hizo ver la necesidad de dotar del realismo anatómico a las criaturas, así como la libertad que supone animar dinosaurios o personajes de fantasía, de los que nadie sabe exactamente cómo se movían.

O'Brien y Harryhausen coincidieron nuevamente en 1942, en el rodaje de *Los tulipanes crecerán*, en el estudio de George Pal. Harryhausen también dirigió dos series de cortometrajes stop-motion basados en cuentos de hadas, entre los años 40 y comienzos de los 50, así como algunas películas de adiestramiento militar en stop-motion. Pero es durante el rodaje de *El gran gorila* (*Mighty Joe Young,* Merian C. Cooper, 1949) cuando se entrecruzan profesionalmente sus caminos, obteniendo por su trabajo combinado el Oscar a los Mejores Efectos Visuales —el mismo que O'Brien no ganó en 1933 por su exceso de honradez. El viejo maestro seguiría realizando los efectos de numerosas películas, no siempre interesantes, y dejó un proyecto, *El valle de Gwangi* (*The Valley of Gwangi*, 1969), que con el tiempo llevaría a cabo Harryhausen.

Bajo la influencia de su amigo, el escritor de ciencia-ficción Ray Bradbury, el joven Harryhausen se estrena en el género de la ciencia-ficción, creando efectos con su técnica de multiplano e impresora óptica: *La bestia de tiempos remotos* (*The Beast from 20.000 Fathoms,* Eugene Lourie, 1953). Con posterioridad, Harryhausen se tuvo que enfrentar a la dificultad de reproducir sobre película de color los mismos trucajes que empleaba O'Brien. Como se ha explicado, O'Brien empleaba un primitivo sistema de *chroma* que solo era apto para crear películas en blanco y negro. En consecuencia, Harryhausen tuvo que desarrollar extensivamente el rodaje con static mattés, utilizando al mismo tiempo la retroproyección de metraje grabado previamente con los actores, para poder combinarlo con la animación de las criaturas.

Las marionetas se animaban sobre un set que tenía en la parte trasera una pantalla translúcida, sobre la que se proyectaban, fotograma a fotograma, la escena de la película donde se debían insertar las marionetas. Entre las marionetas y la cámara que lo grababa todo, se colocaba un matte painting con una reserva en negro, por ejemplo, tapando los edificios o paredes que hubiera en la escena filmada, a modo de sobrefondos. Una vez acabada la animación, se ponía frente a la cámara otro matte painting, pero con la reserva inversa, para volver a grabar la imagen de acción real sobre la película de animación resultante. De esta manera se podían combinar los diferentes niveles de profundidad de la película, diferenciando dónde estaban los actores y dónde las criaturas animadas. Si el sistema tenía alguna limitación, era precisamente que no permitía crear escenas donde los actores estuviesen en primer término, pasando por delante de las marionetas —para escenas así se necesitaban procedimientos adicionales.

En la página anterior, Ray Harryhausen en 1958, filmando *Simbad y la princesa*. Abajo, *Los viajes de Gulliver* (1960).

Harryhausen denominó *Dynamation* al conjunto de sus técnicas, comprendiendo más procesos que implicaban efectos de cámara, como la combinación de escalas entre actores y fondos para crear ilusiones visuales —como en *Los viajes de Gulliver* (*The Three Worlds of Gulliver*, Jack Sher, 1960)—, así como fondos móviles, pantalla azul, y fotografía de perspectiva. Una de sus primeras joyas a color, con música de Bernard Herrmann, fue la fábula *Simbad y la princesa* (*The Seventh Voyage of Sinbad*, Nathan H. Juran, 1958), donde aparecen criaturas tan fascinantes como el cíclope o la mujer-serpiente. Pero *Jasón y los argonautas* (*Jason and the Argonauts*, Don Chaffey, 1963) es considerada su obra maestra, donde animó, entre otras criaturas, al gigante Talos y la lucha de los esqueletos que nacen de la tierra.

El catálogo de animales extinguidos y criaturas mitológicas animado por Harryhausen es realmente impresionante. En un período de 28 años, Harryhausen realizó los efectos visuales de 15 largometrajes, requiriendo minuciosos procesos para dar vida a los seres de su imaginación. El mérito de Harryhausen no es poco, ya que no solía delegar el trabajo de animación y se ocupaba personalmente de elaborar todas las escenas, con tal grado de eficacia que desde joven se ganó el apodo de "one-take-man".

Los viajes de Gulliver (1960). En la página siguiente, fotogramas de *Simbad y la princesa* (1958).

Instalado en Londres desde 1960, sus películas muestran a veces paisajes reales como la ciudad de Petra en Jordania, o el mágico Torrent de Pareis en la isla de Mallorca —ambos en *Simbad y el ojo del tigre* (*Sinbad and the Eye of the Tiger*, Sam Wanamaker, 1977).

Después de realizar numerosas películas de aventuras y ciencia-ficción como *La isla misteriosa* (*Misterious Island*, Cy Enfield, 1961), *La gran sorpresa* (*First Men in the Moon*, Nathan Juran, 1964) y *Hace un millón de años* (*One Million Years B.C.*, Don Chaffey, 1967), experimentó cierto declive después de que Kubrick estrenase *2001: Una odisea en el espacio* (*2001: A Space Odyssey*, 1968), filme que marcó nuevas pautas para la ciencia-ficción. En los años 70 Harryhausen volvió a los temas de fantasía, con filmes nostálgicos como *El viaje fantástico de Simbad* (*The Golden Voyage of Sinbad*, Gordon Hessler, 1974), y en 1981 realizó los efectos de su última película: *Furia de titanes* (Desmond David, 1981).

En la página anterior, arriba: *Jasón y los argonautas* (1963); abajo: *El viaje fantástico de Simbad* (1974). Bajo estas líneas: Harryhausen durante el rodaje de *Furia de titanes* (1981).

Harryhausen podría haber sido el director en solitario de todas sus películas, aunque su trabajo fue más el de colaborador a la hora de planificar las escenas que requerían trucajes; sin embargo, su personalidad impregnó todas las películas donde participó, hasta tal punto que hoy decimos que son películas "de Harryhausen".

Si Willis O'Brien fue el primero en llevar la animación stop-motion a las superproducciones más ambiciosas de Hollywood, Harryhausen continuó prolífica y brillantemente el camino iniciado, creando una serie de películas icónicas del cine de aventuras y fantasía. Sus criaturas animadas a menudo superan a los propios actores, con una expresividad única que nace de la unión de lo realista con lo imaginario. Prueba de ello son los numerosos homenajes y reconocimientos que recibe desde el propio mundo de la animación, desde los guiños de Pixar y Tim Burton —escondiendo su nombre en los escenarios de *Monsters S.L.* y *La novia cadáver* respectivamente—, hasta la apropiación de sus memorables personajes en series de culto como *Gravity Falls* (Alex Hirsch, 2021-16), o incluso en el cortometraje *Rebooted* (Michael Sanks, 2019).

5. El cartoon en la época dorada de Hollywood

En este capítulo hablaremos de los principales estudios de animación que configuran lo que todo el mundo entiende por "dibujos animados": el cartoon de Hollywood, las series y películas producidas en la Meca del Cine, que alcanzaron primacía mundial. Walt Disney, Warner Animation y MGM se aseguraron una permanencia adicional con el paso a la televisión, conquistando la franja de programación infantil y, de alguna forma, iniciando el engañoso estigma de que la animación es para niños —cuando, en realidad, aquellos animadores no pensaban precisamente en el público infantil, sino en lo que les gustaba a ellos mismos—. La United Productions of America, a pesar de su breve recorrido, será también uno de los estudios más paradigmáticos de la época, proyectando su influencia en las demás compañías, en incluso dejando su impronta en las estéticas de la animación europea. Finalmente, una pareja de artistas desgajados del sistema de grandes estudios, ya en crisis a finales de los años cincuenta, serán los que marcarán la pauta de la novísima animación para televisión: Bill Hanna y Joe Barbera.

Evidentemente, en el contexto de la animación estadounidense nos dejamos fuera varias compañías importantes, como Screen Gems —cuya distribuidora fue Columbia—, Walter Lantz Productions —uno de los estudios clásicos más longevos, que siguieron produciendo cartoons para cines hasta 1973 gracias a su gran plantel de estrellas animadas—, o también el veterano Terry Toons, que supo adaptarse muy bien a la época del diseño moderno —aunque el estudio solo será brevemente tratado cuando corresponda hablar de Ralph Bakshi en el capítulo 7.

En la doble página anterior: imagen de una de las *Alice Comedies* (1922-1926). Sobre estas líneas: Walt Disney y Ub Iwerks en 1928.

WALT DISNEY: UN ESTUDIO LLENO DE TALENTOS

Sin duda, The Walt Disney Company, Walt Disney Productions, Disney Enterprises, o cual sea el sello comercial bajo el que lo hemos conocido, se ha consolidado durante casi un siglo como el estudio de animación *más famoso del mundo*. A este éxito han contribuido muchos factores como una acertada mercadotecnia, una apuesta sólida por las nuevas tecnologías, una captación sabia de talentos artísticos y, sobre todo, una orquestación de estas capacidades para dar lugar, en un momento muy concreto de la historia de la animación, a algo que se había dado muy excepcionalmente en el mundo animado: la caricatura del realismo.

Esta idea, la de personajes que dejan de ser manchas de tinta con infinitas capacidades polimórficas, pasando a ser criaturas con sentimientos que en todo momento transmiten lo que están pensando, fue la aportación esencial del estudio Disney al universo de la animación, muy especialmente a partir de la producción de sus largometrajes, que nunca más serían *cartoons*, sino, *películas*, equiparables en lógica narrativa a cualquier producción realizada con actores de carne y hueso.

Walt Disney nació en Chicago en 1901 y murió en California en 1966. Sin embargo, se suele asociar su origen a otro lugar idílico, Marceline, en Missouri, donde crece rodeado de naturaleza; y a Kansas, que es donde fundó su primera productora. Walt Disney era el cuarto de 5 hermanos y, notoriamente, como se han empeñado en recordarnos filmes como *Al encuentro de Mr Banks* (*Saving Mr Banks*, John Lee Hancock, 2014), Walt creció soportando los malos tratos de su padre. Tanto fue así que, con 17 años falsificó su partida de nacimiento para viajar a Europa como camillero durante la Segunda Guerra Mundial.

Walt Disney había sido un estudiante regularcillo, y como artista era más bien del montón; pero en 1920 empieza a probar suerte en el mercado de la publicidad y de la animación, donde conoce a Ub Iwerks, que era un caricaturista muy dotado. Llevados por el entusiasmo de la juventud (ambos tenían 21 años), juntos crean en 1922 su propio estudio: Laugh-O-Gram Films.

En Laugh-O-Gram Films producen un cortometraje, *Alice in Wonderland*, deudor en concepto del famoso *Out of the Inkwell* de los hermanos Fleischer, por cuanto mezclaba actores reales con personajes de animación —la actriz infantil Virginia Davis, la primera de las 4 niñas que encarnarían el papel a lo largo de 4 años y 57 episodios—. Aunque

Fotograma de *Oswald the Lucky Rabbit* (1927).

no llegan a estrenarlo y caen en bancarrota, este trabajo llama la atención de Margaret Winkler, una antigua ejecutiva de Warner que también representaba los cartoons de *Felix The Cat*, pionera esencial en el desarrollo comercial de los dibujos animados, al ser ella la primera agente del mundo especializada en este nicho de mercado. Laugh-O-Gram Films abandona el Medio Oeste y se refunda en California, al amparo de los grandes estudios —y del propio hermano de Walt, Roy, que allí vivía, lo que motivó el cambio de nombre de la compañía a Disney Brothers Cartoon Studio.

Por aquel entonces era aún tan fuerte el influjo de los cartoons de Pat Sullivan, que la propia Winkler sugirió a Walt Disney que imitasen su estilo, e incluso que incorporaran a la serie un nuevo personaje gatuno, Julius, lo cual molestó muchísimo al productor de *Felix The Cat*, cuyas relaciones comerciales ya estaban bastante deterioradas con Winkler en aquel momento. La agente, sin embargo, se quedó muy contenta representando el trabajo de Walt Disney y Ub Iwerks, quienes además empezaban a distinguirse de sus competidores a base de buscar sistemas que incrementaban la calidad de la animación, entre ellos, la grabación de pruebas de línea antes de dar por definitiva la animación dibujada. Hoy en día puede no parecer gran cosa, de tan fácil que es escanear y testear por ordenador una serie de dibujos, o incluso crear un gif de nuestros dibujos digitales, ¿verdad? Pero en aquella época, la apuesta económica de gastar película virgen, equipamiento y sueldos para poder evaluar en condiciones una animación provisional exigió visión comercial, redundando positivamente en los resultados.

La distribuidora Margaret J. Winkler. A la derecha, imagen promocional de los cartoons de Mickey Mouse, años 20.

Pero la bella y astuta Margaret Winkler se casó con Charles B. Mintz... lo que significó su retiro de la vida profesional para centrarse en el hogar y los hijos. Llegado el momento, Mintz se adueñó de su cartera de clientes y contrataría a la *major* Universal para la exhibición de sus películas. En 1927, y con la serie de *Alice* prácticamente agotada, Universal sugiere a Mintz que el estudio lance un nuevo producto, de forma que nace *Oswald the Lucky Rabbit*, un modelo de personaje más plástico que su referente básico, el gato Félix, y que pronto lo superaría en expresividad y situaciones cómicas. La productora comienza a llamarse The Walt Disney Studio, lo que evidenciaba el liderazgo de Walt.

Pero la catástrofe se estaba preparando: los derechos del personaje pertenecían a Universal, y Charles Mintz, que ya no quería ser un mero intermediario, se quiso aprovechar de la situación ofreciendo contratos directos a todos los animadores de su estudio —que aceptaron, con la sola excepción de Ub Iwerks—, para que siguieran trabajando en su nueva compañía, Charles Mintz Screen Gems, dirigida por su cuñado George J. Winkler. Sin embargo, la jugada tampoco les salió bien porque, poco después, Universal "puenteó" a Mintz, creando Universal Studio Cartoons en 1928 —renombrada en 1935 como Walter Lantz Productions—. En resumen, toda esta traumática historia le sirvió a Disney para aprender que no sobreviviría en Hollywood si no era capaz de ejercer un control absoluto sobre sus producciones.

Para sobreponerse a este varapalo, Ub Iwerks diseña un nuevo roedor: Mickey Mouse, con quien comenzarían la producción de cartoons sonoros. Los dos primeros cortos de Mickey, *Crazy Plane* y *Gallopin' Gaucho*, pasaron desapercibidos, pero el tercero, *Steamboat Willie* (1928), causó sensación al combinar creativamente la acción de los personajes con la

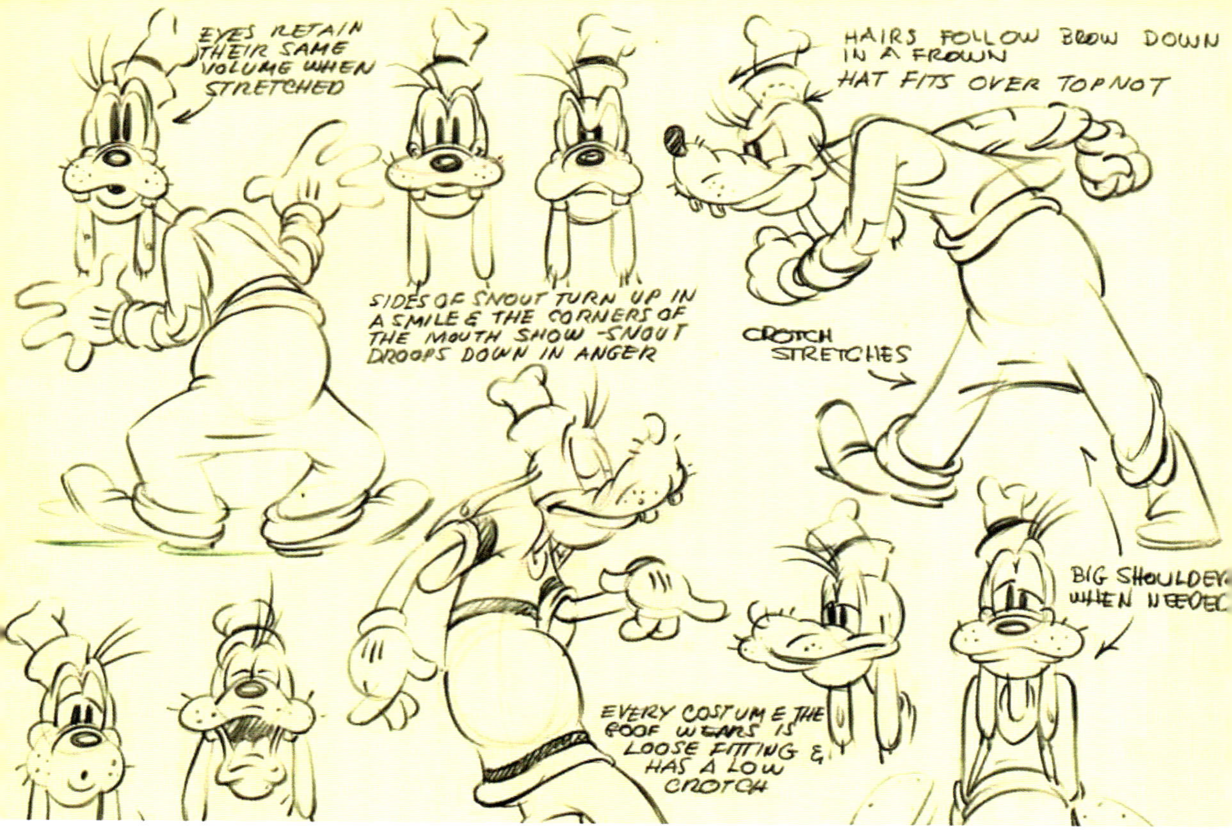
EYES RETAIN THEIR SAME VOLUME WHEN STRETCHED
HAIRS FOLLOW BROW DOWN IN A FROWN
HAT FITS OVER TOPNOT
SIDES OF SNOUT TURN UP IN A SMILE & THE CORNERS OF THE MOUTH SHOW - SNOUT DROOPS DOWN IN ANGER
CROTCH STRETCHES
BIG SHOULDE
WHEN NEEDE
EVERY COSTUME THE GOOF WEARS IS LOOSE FITTING & HAS A LOW CROTCH

banda sonora, dando lugar al efecto conocido como *Mickeymousing*: hacer que en animación todo genere su propio sonido.

Inmediatamente incorporaron nuevos personajes, como Minnie, Goofy, Pluto o Clarabella. En paralelo, en 1929 comienzan la serie *Silly Symphonies*, donde la música dicta el ritmo y la actuación de los personajes, como en la aclamada *The Skeleton Dance* (Ub Iwerks, 1929). Las *Silly Symphonies* fueron el banco de pruebas para introducir paulatinamente un buen número de innovaciones, desde la película a color —llegando a disfrutar de exclusividad en el uso del Technicolor— hasta la cámara multiplano, con las que fueron conquistando poco a poco el realismo de puesta en escena. Pero, desde que vio *Gertie the Dinosaur* de McCay, Disney había acariciado la idea de crear personajes *con los que te pudieras identificar*, porque te recordaran a personas de la vida real. En este sentido, la fábula de *Los tres cerditos* (*The Three Little Pigs*, Burt Gillett, 1933) supuso un importante hito al crear un trío con personalidades definidas y un conflicto fuerte contra un despreciable villano.

En The Walt Disney Productions, ya instalado en un edificio de la avenida Hyperion de Los Ángeles, la producción se desarrollaba en departamentos centrados en distintas áreas, como el de concept art, el de guion —pionero en la realización de storyboards—, o el de animación, donde los artistas se convertían en *actores con un lápiz en la mano*, tan especializados en algunos personajes que algunos de ellos eran llamados *Goofy-men* o *Donald-men*. Sin embargo, en 1930 Ub Iwerks abandona el estudio para abrir uno propio, si bien volvió a Disney en 1940 como experto en el campo de efectos visuales.

En la página anterior, arriba: hoja modelo de Goofy dibujada por Art Babbit; abajo, fotograma de *Der Fuehrer's Face* (1942). En esta página, el animador Vlad Tytla trabajando en *Fantasía* (1940).

Los años 30 supusieron un crecimiento artístico imparable. Durante esta década los artistas tuvieron que superar importantes dificultades para hacer que todas esas emociones que resultaban creíbles en personajes caricaturizados, como ratones o cerditos, funcionasen igual de bien en personajes humanos que exigían verosimilitud anatómica. Si observamos una *Silly Symphony* de 1934, *La diosa de la primavera* (*The Goddess of Spring*, Wilfred Jackson, 1934), las limitaciones en la animación de la fémina protagonista, que salta sin peso y danza con blandas articulaciones, son más que evidentes; por lo que sorprende aún más que en un período de solo tres años alcanzasen el deseado equilibrio entre caricatura y realismo en la producción de *Blancanieves y los siete enanitos* (*Snow White and the Seven Dwarfs*, David Hand, 1937).

Hay que decir que este paso de gigante se debió a que en el estudio Disney se empleaban actuaciones y grabaciones con intérpretes reales para inspirar a los artistas, pero la rotoscopia, es decir, el calco directo de fotogramas de imagen real, estaba estrictamente prohibido. Como mucho, el artista podía recurrir a imprimir algunos fotogramas que le servían

Arte conceptual realizado por Mary Blair para *Alicia en el país de las maravillas*, 1951 (abajo), y para *Peter Pan*, 1953 (derecha).

de guía, pero el trabajo de *timing* —esto es, el ritmo de la acción— era creación suya por completo. En la producción de *Blancanieves*, empero, aún se percibe diferencia en el tratamiento animado de los personajes realistas (la princesa, la malvada reina, el príncipe) y los más caricaturescos (los enanitos y los animales), lo que en un momento dado llevó a Disney a reconocer, tras el estreno de *Cenicienta* (*Cinderella*, Clyde Geromini, Wilfred Jackson, Hamilton Luske, 1950), que el nivel de animación de esta última era a lo que habían aspirado en la época de *Blancanieves*.

A este logro contribuyó la investigación incesante de los animadores, que establecen una serie de reglas para hacer que una animación fuera *realista*, aun sin ser un calco de la realidad, como son la *anticipación* (moverse durante una fracción de segundo en la dirección contraria de la marcha), la *compresión y extensión* de la forma (que incrementa la elasticidad de personajes y objetos), la aplicación de *demora y movimiento solapante* (que transmiten la idea de inercia), la *acción secundaria* (que enriquece la acción principal), o el empleo sistemático de *arcos* para definir las trayectorias de cada parte del cuerpo, son solo algunas de estas reglas

conocidas como *los doce principios de la animación*, tal como las fijaron por escrito los animadores Frank Thomas y Ollie Johnston en su libro *The Illusion of Life* (1981). Aunque han experimentado cambios y redefiniciones, especialmente desde el advenimiento de la animación por ordenador, estos principios siguen suponiendo la guía imprescindible para cualquier profesional del medio.

Recapitulando, *Blancanieves* no fue, ni de lejos, el primer largometraje de la historia de la animación, pero sí fue el que transformó el concepto que se tenía de los dibujos animados. A *Blancanieves* la llamaron "la locura de Disney", pero lo cierto es que supuso el trabajo y el sacrificio personal de todo el estudio. No solo destaca su animación, con un cuidado *acting*, sino también una dirección de arte que bebe de los artistas europeos de Concept, como Albert Hurter, Key Nielsen o Gustaf Tengreen, que procedían del mundo de los libros ilustrados. También fue importante la influencia de Joe Grant, un artista de concepto que fundó el departamen-

to de modelos en volumen; por no hablar de los animadores Art Babbit y Vladimir Tytla, que dieron vida a personalidades carismáticas como la malvada reina o el inefable Gruñón.

En 1939 Disney traslada su cuartel general a una pedanía de Los Ángeles, Burbank, donde construye un suntuoso complejo que estuvo ampliando con sucesivas fases, hasta 20 edificios, durante más de 10 años. Las instalaciones incluían un gimnasio propio, cafetería, solarium y diversas áreas de recreo, si bien muchas de ellas solo eran accesibles a empleados que ganasen como mínimo 200 dólares a la semana —en aquel momento, los animadores mejor pagados, como Babbit y Tytla, cobraban 300, y el propio Walt, que no aspiraba exactamente a ser rico, se pagaba a sí mismo 500 dólares semanales; aunque numerosos empleados subsistían con tan solo 18…—. En Burbank diversificó aún más su plantilla, que llegó a alcanzar el millar de empleados, y comienza a realizar películas aún más ambiciosas, como *Pinocho* (*Pinocchio*, Norman Ferguson

Arte conceptual para *La bella durmiente* (1959), por Eyvind Earle.

et al, 1940), *Fantasía* (James Algar et al, 1940) o *Bambi* (James Algar, Samuel Armstrong, David Hand, 1942), que por diversas circunstancias no reportaron los beneficios esperados.

Por añadidura, en 1941 se produce otro evento que le recuerda a la antigua traición de sus primeros empleados, cuando estalla en el estudio una auténtica bomba de relojería sindical —era de prever que a Disney no le gustaban gran cosa los sindicatos, dado el retrato que hacía de ellos en su antiguo cartoon *Alice's Egg Plant* (1925)—, cuando en torno a 400 empleados se pusieron en huelga para demandar mejoras salariales, un trato más igualitario entre los trabajadores de distintos departamentos, y la libertad de afiliarse al sindicato que ellos eligieran —siendo el deseado The Screen Cartoonists Guild - SCG, con el que Disney no quería tratos, al preferir al más conservador Federation of Screen Cartoonist.

La huelga, que tuvo cierto carácter de confrontación personal con Disney —Walt llegó a despedir a los huelguistas— duró cuatro interminables meses y estuvo a punto de llevar a la ruina a Disney en plena producción de *Dumbo* (Samuel Armstrong et al, 1941), que afortunadamente terminó siendo una película muy rentable. El conflicto sindical se resolvió cuando la compañía firmó un acuerdo con SCG, contra la

voluntad de Disney —que se ausentó del encuentro, dejando en su lugar a su hermano Roy—, lo que les obligaba a contratar de nuevo a todos los trabajadores que habían sido despedidos, si bien no fueron recibidos de manera amable en sus antiguos puestos y finalmente fueron dejando el estudio para ingresar en compañías rivales, o crear sus propias empresas.

La huelga marcó un antes y un después, lo que, unido a las necesidades económicas y las presiones de la Segunda Guerra Mundial (que había cerrado mercados como Europa), obligó a Disney a dirigirse al mercado sudamericano, realizando películas compilatorias como *Saludos Amigos* (Wilfred Jackson et al, 1942). Más adelante desarrollaría un fuerte mercado televisivo con documentales de naturaleza y películas de acción real. Con todo, las películas que más contribuyeron en esos años a salvar la compañía fueron las de propaganda bélica que le encargaba el gobierno, como el cortometraje burlesco *Der Fuehrer's Face* (1942) o *Victory Through Air Power* (1943), un largo donde se defendía la idea de ganar la guerra mediante un arma definitiva: la bomba atómica.

En esa época nacen nuevas obsesiones personales: Disney se convierte en informador del FBI, lo que tendrá graves consecuencias durante la época de las listas negras de Hollywood; a su vez, en el estudio, fue ganándose fama de ser un jefe paternalista y conservador, dominando cada uno

En la página anterior, los Nine Old Men de Disney: Les Clark, Mark Davis, Ollie Johnston, Milt Kahl, Ward Kimball, Eric Larson, John Lounsbery, Wolfgang Reitherman y Frank Thomas. Sobre estas líneas, arte conceptual para *101 dálmatas* (1961).

Carta de personaje de Mickey, rediseñada por Tom Oreb para un anuncio de General Motors (años 50).

de los pasos de la producción. Existe una curiosa anécdota referida por Amid Amidi (*Cartoon Modern*, 2006), que tuvo que ver con la producción de un anuncio para la American Motors: el estudio permitió el uso y rediseño del personaje de Mickey Mouse, que aparecería vestido con traje y pajarita, y representado con formas geométricas muy sencillas —hoy nos recordaría a la nueva versión del personaje en el excelente reboot *Mickey Mouse* (Paul Rudish et al, 2013-2019)—. Sin embargo, una tarde apareció Walt en la unidad de publicidad para leer la carta que le había escrito un niño, donde expresaba su desilusión porque el arte moderno es *comunista*, y, ¿cómo había podido permitir él que le dieran a Mickey *un diseño comunista*...? Pero, un momento, ¿¿qué clase de niño escribe una carta así?? En cualquier caso, a Disney le sirvió de pretexto para dejar de ceder a terceros su personaje más emblemático, cosa que le incomodaba. No en balde, su unidad de publicidad sería desmantelada a finales de la misma década.

Los largometrajes de los años 50, en cambio, evidencian una maestría creciente en el manejo de la "personality animation" o caricatura del realismo, con producciones dirigidas principalmente por Clyde Geromini como *Cenicienta, Alicia en el País de las Maravillas* (1951), o *Peter Pan* (1953), con supervisión artística de Mary Blair. Otro de los hitos del estudio fue *La bella durmiente* (*Sleeping Beauty*, 1959), con dirección artística de Eavynd Earle —se suele decir que fue un fracaso en taquilla, pero no es cierto: *La bella durmiente* fue la segunda película más taquillera de 1959, solo por detrás de la mítica *Ben-Hur* (William Wyler, 1959), la primera película que ganó 11 Oscars... Otra cosa es que la recaudación compensase los gastos de una producción que duró 8 años.

En este mismo período, Disney centra su atención en la creación de un suntuoso parque temático, su particular Shangri-la: el primer Disneyland, abierto en 1955 en Anaheim, Los Ángeles. Con un Disney mucho más despreocupado, en los años 60 las producciones comienzan a ser dominadas por los propios animadores, destacando dos veteranos: Wolfgang Reitherman como director de animación, y Ken Anderson como director de arte. Ellos marcarían la pauta del estudio durante décadas, empezando por la espléndida *101 dálmatas* (Geromini, Luske y Reitherman, 1961), con los escenarios desdibujados de Walter Peregoy, y que fue la primera película donde se empleó sistemáticamente la fotocopiadora para sustituir el proceso de limpieza de línea. Aunque a Disney no le gustó nada el resultado de la fotocopiadora —hasta el punto de amenazar personalmente a Ken Anderson con no permitirle volver a dirigir artísticamente ninguna película más—, lo cierto es que las animaciones ganaron en frescura y espontaneidad, dando lugar a clásicos como *El libro de la selva* (Wolfgang Reitherman, 1967), que Disney no llegaría a ver concluido: falleció en 1966 a causa de un cáncer de pulmón, y, contrariamente a la creencia popular en la criogenia, sus restos descansan en el cementerio de Glendale, California.

Y hasta aquí llega, a muy grandes rasgos, la historia del Disney más clásico. La compañía atravesaría difíciles situaciones sin Walt al frente, evidenciándose sobre todo en la falta de carisma de muchas producciones de los años 80 del pasado siglo, hasta que tomaron la dirección del estudio los ejecutivos Frank Wells y Michael Eisner, a quien se les debe el "renacimiento" de los años 90. La financiación de las seis primeras películas de Pixar marcaron también un importante giro en la compañía, no sin tiranteces, que cristalizaría con su adquisición en 2005 —aunque, como diría el narrador de *Conan The Barbarian*, esa es otra historia...

En suma, a Walt Disney se le debe la idea de la animación "de marca", de un producto claramente reconocible, como un sello de calidad con el que es imposible competir. Las innovaciones tecnológicas que introduce son importantísimas, como la cámara multiplano vertical, aunque también lo son sus procedimientos de estudio, estableciendo controles de producción como el storyboard o el test de línea. Pero, sobre todo, cuando hablamos de animaciones Disney, estamos hablando del trabajo de artistas de muchísimo talento, no siempre bien reconocido, como los mencionados Iwerks, Babbit, Joe Grant o Mary Blair, que llevaron la animación a cotas nunca antes imaginadas, y que hoy siguen siendo un ejemplo a seguir.

ANARQUÍA Y DISRUPCIÓN: LOS ESTUDIOS WARNER

El estudio de animación Warner —actualmente Warner Animation Group, muy activos en la producción de largometrajes— ha sido uno de los más influyentes de la historia del cine, cuyas creaciones tienen aún una innegable presencia en la televisión y la cultura popular contemporáneas. Su origen se remonta a 1930, cuando dos animadores, Hugh Harman y Rudolph Ising, comenzaron a realizar series para el productor Leon Schlesinger (1884-1949), para distribuirlas con Warner Bros. Curiosamente, Rudolph Ising se había iniciado en la animación junto con Walt Disney en su estudio de Kansas City, permaneciendo con él hasta la producción de los primeros cartoons de *Oswald the Lucky Rabbit*, aunque en 1929 se estableció por su cuenta junto con Hugh Harman, con quien crearía un nuevo personaje, *Bosko the Talk Ink Kid*, verdaderamente la primera estrella de animación Warner y de la serie *Looney Tunes*. Ising también fue el iniciador de la serie *Merrie Melodies*. Pero, como solía suceder, la *major*, cansada de subcontratar estos servicios a un estudio exterior, dio carta blanca a Schlesinger para fundar en 1933 unos estudios

Instantánea en Termite Terrace, años 30: en el centro, Tex Avery; a la izquierda, Virgil Ross y Sidney Sutherland; a la derecha, Chuck Jones y Bob Clampett.

de animación propios, inicialmente con Harman y Ising al frente, aunque pronto renunciaron por diferencias económicas con el gerente.

Page Miss Glory (1936), de Tex Avery.

En este apartado me centraré sobre todo en la época dorada del estudio, que abarca desde los años 30 hasta bien entrados los 50. En estas décadas trabajaron directores de animación tan importantes como Tex Avery, Frank Tashlin, Friz Freleng, Bob Clampett, Robert McKimson o Chuck Jones, aunque el éxito de Warner no se debió tanto a sus talentos individuales como a la capacidad que tuvieron para componer los pequeños equipos que produjeron los cartoons más rápidos y baratos de Hollywood.

Los estudios de animación Warner deben principalmente su fama a la consolidación de su propio Star System: personajes como Bugs Bunny, Elmer Gruñón o el cerdito Porky estuvieron presentes desde los primeros años, pero su diseño y personalidad evolucionaron, adaptándose a los nuevos tiempos. Es muy difícil afirmar con precisión qué personaje fue inventado por quién, dado que todos son parte de una creación colectiva. Por ejemplo, cuando Tex Avery definió las personales de Bugs Bunny y del pato Lucas, ambos eran muy semejantes y tenían reacciones muy alocadas; más adelante, en manos de otros directores, y especialmente de Chuck Jones, sus personalidades se convierten en antagónicas: Bugs Bunny se convierte en esa persona ingeniosa y de reacciones calculadas que todos querríamos ser, mientras que el pato Lucas es ese tipo irritable, mezquino y fácil de provocar... que somos casi todos.

Fred "Tex" Avery (1908-1980) fue desde 1935 el principal director de animación y figura más decisiva en la primera época del estudio, precariamente instalado en un bungalow de madera al que llamaban "Termite Terrace". Allí creó equipos de compañeros que trabajaban juntos haciendo cartoons, marcando con su arrolladora personalidad el sentido del humor de más de 60 cortometrajes como *Gold Diggers of '49* (1935) o *Porky's Preview* (1941), con los que fácilmente se distinguieron de su rival, Disney. A su vez, contribuyó decisivamente a perfilar la personalidad de las principales estrellas del estudio, como Porky, el pato Lucas o Bugs Bunny, al que enfrenta por primera vez con Elmer Gruñón en *A Wild Hare* (1940). A Tex Avery le fascinaban los temas de la vida moderna, el cine de Hollywood y la cultura popular en todas sus formas,

Abajo, *Bacall to Arms* (Bob Clampett, 1946). A la derecha, *A Wild Hare* (Tex Avery, 1940).

como puede verse en *Thugs with Dirty Mugs* (1939), una alocada versión del clásico del cine negro *Ángeles con caras sucias* (*Angels with Dirty Faces*, Michael Curtiz, 1938); o en el exuberante *Page Miss Glory* (1936), donde incorpora una elegante escenografía Art Decó —diseñada por Leadora Congdon— para connotar una larga escena de ensoñación, demostrando hasta qué punto le gustaba jugar con los diferentes lenguajes visuales. Sin embargo, en 1942 Avery ingresa en MGM, donde su recorrido fue aún más brillante, como se podrá ver en la siguiente sección, enteramente dedicada a Avery.

Aunque su presencia en el estudio fue muy intermitente —alternando contratos con Disney, Screen Gems, Ub Iwerks, etc.—, es importante señalar la relevancia de Frank Tashlin (1913-1972) durante la primera época del estudio. Tashlin aportó nuevos conceptos de humor y de diseño de personajes; asimismo, también trajo técnicas entonces novedosas, como el uso de la cámara rostrum —o "truca"—, implementando los movimientos de cámara en los cartoons. Con el tiempo, Tashlin abandonó la animación y trabajó como guionista para grandes estrellas de la comedia, como los hermanos Marx, Lucille Ball o Jerry Lewis —cuyas películas pueden considerarse como *cartoons de imagen real*.

Como puede verse, en Warner brillaron diferentes personalidades, siendo Isadore "Friz" Freleng (1906-1995) una de las más sobresalientes, llegando a ganar cuatro Oscar para el estudio (entre 1947 y 1958). A él se debe la creación de personajes como Piolín, el gato Silvestre, Speedy González o el iracundo Sam Bigotes. Friz Freleng era de Kansas, prácticamente paisano de Walt Disney, y de hecho dio con él sus primeros pasos en la animación, realizando las comedias de Alice y del conejo Oswald. Veterano del estudio, ingresó en Warner junto con Harman y Ising, y muy pronto fue promocionado a director de animación.

Grandes directores del estudio: arriba a la izquierda: Friz Freleng; debajo, Frank Tashlin. A la derecha, Bob Clampett. En la página siguiente, *Bird Anonymous* (1957), de Freleng.

Freleng es quizá el más "clásico" de los animadores Warner, que ayudó a definir la línea del estudio con el cartoon *I Haven't Got a Hat* (1935), dándole una poderosa caracterización al personaje de Porky. A partir de los años 40, el *acting* de los personajes animados por Freleng y su equipo ya era equiparable a la calidad de Disney, y decidió centrarse en los cartoons de Bugs Bunny y de los personajes que él mismo había creado, dirigiendo filmes como *Tweety Pie* (1947), el oscarizado *Bird Anonymous* (1957), y también la saga de Speedy González. Entre su producción también destaca *Pizzicato Pussycat* (1955), cortometraje protagonizado por un

roedor superdotado para la música, pero miope de solemnidad, y un gato que se apropia de sus logros bajo amenaza de muerte; la dirección de arte de este filme bien podía competir con los trabajos de la UPA, demostrando la capacidad de renovación de Freleng. De hecho, su carrera no se limitó a Warner: tras la bancarrota de los estudios en 1963, Freleng y su compañero David DePatie se asociaron para producir el famoso programa *The Pink Panther Show*, al que también se incorporó Hawley Pratt, uno de sus más estrechos colaboradores en Warner. El primer cortometraje, *The Pink Phink* (1964) —realizado con el permiso de United Artists a partir del personaje para los créditos del largometraje *La pantera rosa* (*The Pink Panther*, Blake Edwards, 1963)—, consiguió para Freleng su quinto Oscar.

El gerente de Warner, Leon Schlesinger, vigilaba mucho los presupuestos, pero daba una razonable libertad a sus directores. Así se puede entender que otro de los grandes del estudio, Bob Clampett (1913-1984), de una incontenible personalidad creativa, realizara aportaciones de un altísimo grado de surrealismo. Clampett fue el creador de los primeros muñecos de Mickey Mouse, aunque se inició en la animación asistiendo a Friz Freleng. A Clampett se debe el primer diseño de Porky, y en 1937 promocionó a director. Durante los nueve años que permaneció en Warner, Clampett realizó los cartoons más violentos, alocados y transgresores de la compañía, no exentos, a menudo, de caricaturas raciales, como

puede verse en dos de los cartoons incluidos en la lista The Censored Eleven: *Coal Black and de Sebben Dwarfs* (1943) y *Tin Pal Alley Cats* (1943), dos fantasías a ritmo de jazz cuya influencia es visible en trabajos posteriores de Ralph Bakshi. Llaman también la atención las caricaturas políticas que incluye en *Russian Rapsody* (1944), así como la onírica *Porky in Wackyland* (1938), que conocería un remake a color dirigido por Friz Freleng, *Dough for the Do-do* (1949). La originalidad de Bob Clampett fue determinante para que la compañía se alejara definitivamente de los caminos marcados por Disney y se distinguiera por su atrevido sentido del humor; Clampett abandonó el estudio en 1946, y a partir de 1949 realizó shows televisivos de marionetas como *Time For Beany*.

Sin embargo, si pensamos en los cartoons de la Warner, probablemente los primeros que nos vengan a la cabeza sean los que dirigió Charles M. Jones. "Chuck" Jones (1912-2002) decía que se dedicó a la animación porque creció cerca de los estudios de Hollywood, y poseía un lápiz. Se inició en la animación como ayudante de Ub Iwerks, y en 1933 se introdujo en Warner. Su estilo evolucionó con los años, llegando a utilizar con frecuencia la animación selectiva y un sentido del humor cada vez más sofisticado, como en el sofisticado cortometraje *The Dover Boys at Pimento University* (1942), con animación del futuro director de UPA Bobe Cannon.

Aparte, Chuck Jones era una persona implicada en los problemas del mundo de la animación, pues, aunque no era un empleado de Disney, en 1941 pasó mucho tiempo apoyando a los piquetes de su huelga. A su vez, en 1944, sin abandonar Warner, dirigió un corto para la UPA, que promocionaba a la reelección del demócrata presidente Roosevelt (*Hell-Bent for Election*).

En la página anterior, en blanco y negro, fotograma de *Porky in Wackyland* (Bob Clampett, 1938) y su interpretación por Freleng en 1949, *Dough for the Do-do*. Bajo estas líneas, retrato de Chuck Jones.

Sin duda, Chuck Jones fue el director más abierto e intelectual que tuvo la Warner, y aunque creó personajes tan icónicos como Coyote y Correcaminos, Marvin el Marciano o Pepe Le Pew, no dudó en animar un buen número de cortometrajes que no formaban partes de series, sino que exploraban ciertas premisas de la manera más cómica posible, dejándonos escenas tan memorables como el desesperado llanto del perro Marco Antonio en *Feed the Kitty* (1952), o la silenciosa frustración del dueño de una rana cantarina en *A Froggy Evening* (1955). Chuck Jones también jugó con la autoconsciencia del medio en el clásico *Duck Amuck* (1953), con el pato Lucas dirigiéndose a un creador que se dedica a contrariarle. El corto viene a ser una

Arriba, Chuck Jones dibujando a Elmer y Bugs Bunny. A la derecha, su cortometraje *What's Opera, Doc?* (1957).

verdadera reflexión sobre el arte de la animación cinematográfica, en una época, principios de los años 50, en que la continuidad del medio estaba seriamente amenazada por el predominio de la televisión.

Chuck Jones es equiparable en ingenio a Tex Avery, aunque sus estilos son muy distintos. Si Tex Avery, como veremos, se caracteriza por la velocidad, por la avalancha de giros inesperados, y por la ruptura de todo lo que se da por sentado, Chuck Jones prepara al detalle las reacciones de sus personajes, midiendo el tiempo necesario para crear el efecto cómico a través de la dilación y la ironía. La gestualidad de los personajes está cuidada hasta el punto de que llegaba a realizar varios cientos de dibujos hasta encontrar la expresión buscada; por añadidura, la representación o *staging*, casi de corte teatral, no da lugar a confusión sobre quiénes son *el liante* (Lucas, Silvestre), *el primo* (Elmer, Porky) y *el burlón* que siempre se sale con la suya (Bugs, Piolín).

Chuck Jones compuso un potente dúo con el director de arte Maurice Noble (1911-2001), un antiguo concept artist de Disney que se convertiría en su colaborador de por vida. Noble interpretaba visualmente los guiones de Jones aportando todo tipo de gags, y también redefinió la dirección de arte de la compañía, adoptando la simplicidad del diseño moderno, como en la celebradísima *What's Opera, Doc?* (1957): siete minutos

que subvierten satíricamente el ciclo del *Anillo del Nibelungo* de Wagner, más *Parsifal* y *Lohengrin*. Su último trabajo juntos, tras más de cinco décadas de labor compartida, fue *Road Runner Chariots of Fur* (1994).

Tras su salida de Warner Bros en 1962, Chuck Jones fundó Sib Tower 12 Productions, donde produjo cortos y series de televisión para Metro Goldwin Mayer, tales como *Tom & Jerry,* y especiales como *El Grinch* (*How the Grich Stole Christmas*, 1966) o la más dramática *La foca blanca* (*The White Seal*, 1975). En 1965 obtuvo un Oscar por su estilizado cortometraje *The Dot and the Line* (1965), y en 1996 recibió otro honorífico por su labor en la industria cinematográfica —durante esta ceremonia, Robin Williams lo presentó como "el Orson Welles de la animación"—. Chuck Jones, como los grandes poetas, no se retiró nunca.

La influencia de los estudios Warner en la cultura popular es inconmensurable. Aunque cerraron y reabrieron sus puertas repetidas veces durante los años 50 y 60, la producción de dibujos animados Warner nunca se ha interrumpido. Los estudios debieron su éxito a un buen número de comedias protagonizadas por personajes carismáticos, que aún gustan a pequeños y mayores y que, gracias al imperio comercial del que forman parte, han seguido vivas tras muchas generaciones. Y ahora sí, esto es todo, amigos.

TEX AVERY, EL REY DEL CARTOON

Si recordamos la película *Quién engañó a Roger Rabbit* (Robert Zemeckis, 1988), en ella se rinde tributo a la época del Hollywood clásico, y muy concretamente al cine de animación de estudios, mostrando a personajes cartoon interactuando con el mundo real. Sin embargo, cuando el detective protagonista visita la ciudad donde viven los dibujos animados, Dibuliwood, él mismo se comporta como un personaje de animación: su fisonomía no cambia, pero experimenta todas esas reacciones extremas de los personajes animados que conocemos como "takes", cuando queda aplastado en el suelo de un ascensor que sube a gran velocidad (manejado por el perro Droopy), o cuando es perseguido por una libidinosa pero horrenda mujer. Toda la escena de Dibuliwood en *Quién engañó a Roger Rabbit* es un sentido homenaje a un animador clásico entonces prácticamente olvidado: Tex Avery.

Frederick Bean Avery, más conocido como "Tex", nació en Texas en 1908 y murió en 1980 en California. De gran carisma, fue uno de los animadores americanos más influyentes de Hollywood entre los años 40 y 50, aunque por su carácter visual cercano al erotismo y a lo políticamente incorrecto, sus cartoons se han difundido muy escasamente en televisión. Tex Avery fue el principal director de animación de Warner, aunque realizaría sus mejores trabajos en Metro Goldwin Mayer (*The Blitz Wolf, Red Hot Riding Hood, Symphony in Slang*, etc.). En MGM mantuvo una dura competencia con el dúo compuesto por William Hanna y Joseph Barbera, aunque en los años 70 terminó trabajando para ellos. Su principal aportación fue un estilo de humor que no permite obviar que estamos viendo un dibujo animado, siempre jugando con los límites de la representación.

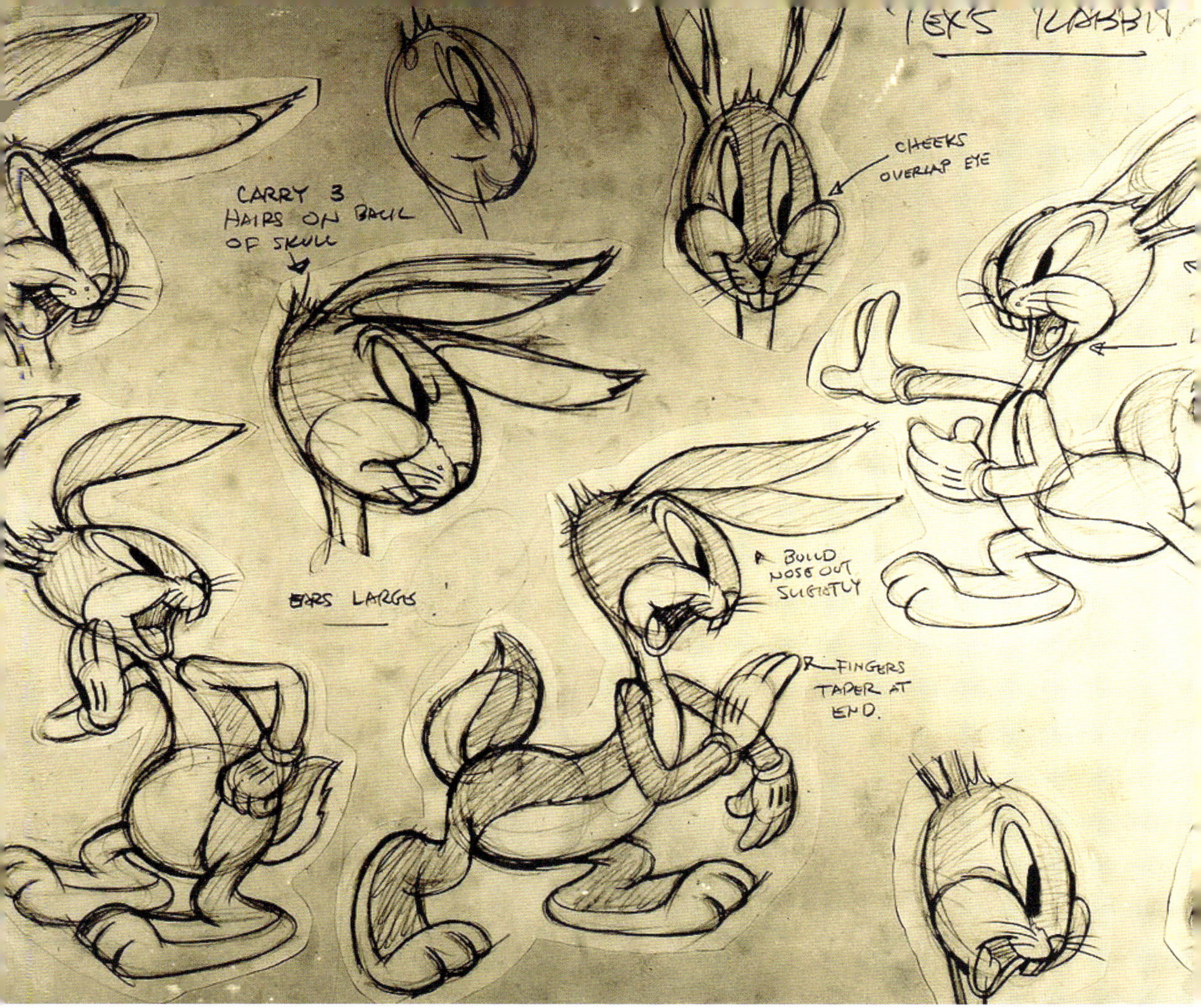

De joven, cogió su coche junto con un puñado de amigos para visitar Los Ángeles, y se quedó tan prendado del sitio que decidió dejar tirados a sus colegas y no volver jamás a Texas. Probó suerte realizando caricaturas para periódicos, y en 1928 comenzó a trabajar en el estudio de Walter Lantz, animando los cartoons de *Oswald*. Sin embargo, en 1933 sufrió un desafortunado accidente: en medio de una pelea de bolas de papel mojado —Tex Avery era un gran bromista—, le impactó en el ojo izquierdo una bola que llevaba en su interior un clip metálico. Como consecuencia, Avery perdió permanentemente la visión en ese ojo.

Algunos teóricos sugieren que el estilo visual de Tex Avery, donde es frecuente que nos presente un mundo artificioso e incluso bidimensional, se debe a la falta de visión en ese ojo. Otros argumentan que ese accidente inesperado sentó las bases de su humor, donde la falta de anticipación es

En la página anterior, *The Blitz Wolf* (1942), producido en MGM. A la derecha, carta de personaje de Bugs Bunny dibujada por Avery para Warner, años 40.

Arriba, izquierda: *Dumb-Hounded* (1943); derecha: *Lucky Ducky* (1948). En la página siguiente, retrato de Tex Avery en MGM (1943).

fundamental para que se puedan producir equívocos cómicos. Lo que sí es seguro es que esta deficiencia física le acarreó un enorme complejo de inferioridad, temiendo siempre ser despedido, de forma que durante toda su carrera tendió a una peligrosa adicción al trabajo.

Pero, al mismo tiempo, Avery siempre fue optimista y ambicioso. En 1935 ingresó en los estudios de animación Warner. Su labor sería fundamental para dirigir los pasos futuros del estudio, siempre en la búsqueda de un humor irreverente, atrevido y, sobre todo, contrario a los clichés de Disney. Sin embargo, este notable período terminó cuando Avery y Schlesinger expresaron diferencias creativas durante la producción de un cartoon de Bugs Bunny. Deseando desarrollar nuevas ideas que ya no tenían cabida en Warner, en 1941 Tex Avery zarpa de la compañía para ingresar primero en Paramount, y después, en Metro Goldwin Mayer.

Su período en la Metro fue el más fructífero y recordado de su carrera, realizando cartoons con altísima calidad de animación, mejores presupuestos y mucho ingenio visual. En Metro Goldwin Mayer se habían propuesto destronar a Disney de la supremacía de los cortometrajes, y el resultado no se hizo esperar: el primer corto de Avery en MGM, *The Blitz Wolf* (1942), sería el primero de sus cinco cartoons nominados a un Oscar.

¿Sería imaginable, hoy en día, un dibujo animado donde los Tres Cerditos se burlaran de un lobo nazi? ¿Y que se considere *divertido* ver cómo lanzan una bomba atómica sobre Japón? Pues eso ocurría en *The Blitz Wolf,* un cortometraje que promocionaba la compra de bonos de guerra, mostrando a Hitler como el ridículo lobo "Blitz" —tomando prestado el personaje que aparecería en otros populares cartoons como *Red Hot Riding Hood* (1943) o *Dumb Hounded* (1943)—. *The Blitz Wolf* abundaba en contraposiciones con las que ridiculizar al ejército enemigo —por ejemplo, comparar su débil cañón tierra-aire con el esplendoroso y larguísimo cañón intercontinental americano, con todas las connotaciones sexuales que puedan extraerse de ello—, pero además contenía brillantes gags derivados de una comicidad puramente visual —como transformar el tanque del lobo en unas enaguas cursis cuando pasa de puntillas sobre un charco de barro.

Sin embargo, la situación aparentemente privilegiada de Avery en MGM tenía un reverso oscuro. Fred Quimby, el productor de cartoons de la Metro, tenía su dúo de animadores favoritos: William Hanna y Joseph Barbera, que en sus 15 años de recorrido con la serie *Tom & Jerry* le granjearon a la compañía nada menos que 7 premios Oscar.

La rivalidad con el dúo Hanna-Barbera ejerció una fuerte presión en Avery, que se veía obligado a competir a cualquier precio. La serie *Tom & Jerry*, aunque tenía una animación muy clásica, basaba sus gags en una inusitada violencia física. Tex Avery no solo replicó esta fórmula, sino que imprimió a sus cartoons un ritmo frenético y, sobre todo, un sentido muy disruptivo del humor, fomentando unas expectativas en el público y defraudándolas acto seguido para provocar la risa ante lo absurdo, como en *King Size Canary* (1947) o *Lucky Ducky* (1948).

Tex Avery estaba obsesionado con la idea de que, en animación, todo es posible. Esta idea fundamenta el giro visual: cuando se desplaza nuestra atención desde la acción hacia la forma de la narración, para darnos cuenta de que lo que estamos viendo no es más que un dibujo animado. De esta manera, Tex Avery creó una original retórica de la imagen, tomando literalmente algunas figuras del lenguaje —por ejemplo, en *The Shooting of Dan McGoo* (1945) se usa la expresión "tener un pie en la tumba" y el protagonista aparece, de hecho, arrastrando una tumba con el pie— e ideando todo tipo de giros que revelan la autoconsciencia del medio, apelando directamente al espectador —como el disco rayado de *Screwball Squirrel* (1944), cuya repetición provoca, de manera artificiosa, que se detenga momentáneamente la persecución de la burlona ardilla protagonista.

El erotismo también fue un elemento implícito en la obra de Avery, y es realmente singular que durante dos décadas fuera capaz de escapar a la censura del código Hays, a pesar de la zoofilia implícita en esa extraña relación

entre la sexy Caperucita y el lobo de *Red Hot Riding Hood*, cuyos ojos se salen de las órbitas al verla, como una metáfora de excitación. Más adelante, el humor de Avery se volvió más sosegado y económico, jugando con temas contemporáneos y con un estilo sofisticado, como en *The House of Tomorrow* (1949) o *Symphony in Slang* (1951). *Symphony in Slang*, quizá su trabajo más conceptual, se desarrolla básicamente como una serie de escenas con un mínimo de movimiento, que ilustran la vida de un recién fallecido contada por él mismo al mismísimo Noah Webster, creador del famoso diccionario inglés: lo que muestra el corto no es sino la forma en que Webster imagina las expresiones del lenguaje (el famoso *slang* americano) con el que se comunica el narrador protagonista, como "I heard through the grapevine" ("escuché por ahí", aunque literalmente sería, "escuché a través de la parra de vid"), mientras vemos cómo un racimo de uvas susurra en el oído del personaje... Inagotable.

Desafortunadamente, en 1953, ante la inminente crisis de los cartoons para cine —derivada de los cambios legislativos que regulaban la distribución cinematográfica—, Fred Quimby comenzó a desmantelar la unidad de animación de la Metro, siendo precisamente Tex Avery el primer director del que prescindió. Tras un breve período en Walter Lantz Productions, en el que destacó la realización del cartoon protago-

En la página anterior, fotogramas de *Red Hot Riding Hood*, 1943 (arriba) y *Screwball Squirrell*, 1944 (abajo). En esta página, *Magical Maestro* (1952).

nizado por Chilly Willy *The Legend of Rockabye Point* (1955), Avery dejó la realización de películas para centrarse en publicidad, área en la que permaneció hasta 1979. A él se deben los spots animados del insecticida Raid, aunque su irreverente estilo de humor llegó a causar controversia: especialmente, su comercial de la marca de snacks *El Frito Bandito* —personaje doblado por Mel Blanc, como un guiño a Speedy Gonzales— fue considerado incorrecto por el Comité Nacional de Anti-Difamación México-Americano y otras asociaciones, que presionaron hasta que el personaje fue retirado en 1971. Paralelamente, en el plano privado, Avery tuvo que enfrentarse a dos catástrofes: la muerte de su hijo mayor por sobredosis en 1972, y la ruptura de su matrimonio.

Como Mark Twain o Groucho Marx, Tex Avery fue de esos artistas que hicieron reír al mundo, si bien su vida personal fue trágica. Disfrutó de cierto reconocimiento, tardío, cuando en 1974 obtuvo junto a Chuck Jones el premio Annie concedido por ASIFA (la Asociación

Internacional del Film de Animación). Avery decidió en 1979 —apenas un año antes de su muerte— regresar a la industria del cartoon, y lo hizo en la productora de sus antiguos rivales, el dúo Hanna Barbera, para dirigir la serie *Kwiki Koala*. Para entonces, Avery ya padecía cáncer de pulmón e hígado pero, como carecía de seguro médico, murió al pie del cañón, trabajando hasta días antes de su muerte.

Tex Avery fue un artista natural y espontáneo que contribuyó de manera decisiva a construir el humor visual del siglo XX. No apostó por realizar series, sino que concebía cada cortometraje como una obra acabada. Evitó todos los estereotipos posibles y fundamentó su puesta en escena en la sorpresa y la risa irónica. Su obra conoció un importante renacer a finales de los 90, cuando Cartoon Network y Nickleodeon lo tomaron como ejemplo para las nuevas series televisivas, siendo indudable su influencia en animadores como John Kricfalusi (*The Ren & Stimpy Show*, 1991-1996) o Stephen Hillenburg (*SpogeBob SquarePants*, 1999-).

En la página anterior, *The Cuckoo Clock* (1950). Arriba, *Symphony in Slang* (1951).

LA NÉMESIS DE DISNEY: UNITED PRODUCTIONS OF AMERICA

Si hubo un estudio de animación que puso verdaderamente nervioso a Disney entre los años 40 y 50, ese fue la UPA o United Productions of America. Columbia Pictures distribuyó sus películas bajo la denominación *Jolly Frolics*, y también produjeron una serie con personaje recurrente: *Mr. Magoo*. La UPA se mantuvo activa entre 1944 y 1959, comandado por Stephen Bosustow (1911-1981). Durante su recorrido cosechó tres premios Oscar y quince nominaciones. Con su espíritu anticlásico, sofisticado y rompedor, la UPA fue a la animación como la escuela de la Bauhaus al diseño del siglo XX. El estudio inició su declive tras la confección de las "listas negras" de Hollywood durante el Macartismo; pero, a pesar de su cierre en 1960, sin la UPA no puede entenderse la animación de su época.

Calificar a la UPA como la némesis de Disney no es simplificarla en exceso. Ni la Warner ni MGM se definieron tan a propósito como antagónicas al estudio del ratón como sí hicieron los artistas de la UPA. No en balde, muchos de ellos, incluyendo sus fundadores (Dave Hilberman,

De izquierda a derecha, Zack Schwartz, Dave Hilberman y Stephen Bosustow.

Hell Bent for Ellection (1944); abajo, lopotipo de la UPA.

Zack Schwartz y Stephen Bosustow) habían participado en la famosa huelga de 1941. Pero hay que dar unos pasos más atrás para comprender las verdaderas motivaciones de los fundadores de la UPA, que estarán condicionados por, al menos, tres importantes factores.

Primeramente, desde 1931, Walt Disney mostró preocupación por que sus artistas principales recibieran la mejor formación posible, por lo que organizó una serie de charlas y cursos invitando como profesores a artistas tan relevantes como Rico LeBrun o Salvador Dalí. En esta línea, en 1939 el arquitecto Frank Lloyd Wright visitó el estudio para hablarles sobre arte e inspiración, y mostró algunas películas procedentes de la Unión Soviética, dirigidas por Ivan Ivanov-Vano —particularmente, *El cuento del Zar Durandai* (1934)—, que les revelaron nuevas posibilidades expresivas. Las nuevas tendencias de la ilustración y del diseño también se harían eco de una necesidad de renovarse formalmente, apostando por una mayor simplicidad que redundaría en una mayor síntesis de ideas, como sucedía, por ejemplo, con las magistrales caricaturas de Saul Steinberg para *The New Yorker*.

PRODUCED BY
UPA
UNITED PRODUCTIONS OF AMERICA

Por otro lado, desde que Estados Unidos entró en la Segunda Guerra Mundial en 1942, el gobierno americano implicó aproximadamente a un tercio de los trabajadores de la industria de Hollywood para diversas funciones, como publicitar la venta de bonos de guerra, grabar imágenes del frente, realizar películas propagandísticas o documentales para adiestrar a las tropas. Por su especial aptitud para abstraer y esquematizar conceptos, la animación jugaría un papel esencial en dichos documentales. En consecuencia, muchos artistas de Disney prestaron su servicio al ejército realizando películas de adiestramiento en el seno de una productora estatal, la First Motion Picture Unit: allí debían producir películas con gran rapidez, simplificando los procesos de animación, pero al mismo tiempo enfatizando todos sus aspectos expresivos y simbólicos. Por añadidura, la mayoría de personajes que animaban ya no eran animalitos parlantes sino seres humanos con un alto nivel de caricatura y, además, al ser productos para un público mayor de edad, podían jugar con elementos como la ironía y el humor adulto. En pocas palabras: los artistas de Disney se sintieron más libres trabajando para el tío Sam que para el tío Walt…

Finalmente, hay que destacar el creciente protagonismo que empezaba a adquirir la televisión como medio de comunicación, transformando el concepto de publicidad. Hasta entonces, las películas animadas publicitarias, como la maravillosa *Philips Broadcast 1938* de George Pal, eran verdaderos cortometrajes y estaban rodados a todo color, porque estaban destinados a la pantalla cinematográfica. Pero desde que el televisor comienza a introducirse en los hogares de Reino Unido y Estados Unidos (a finales de los años 30, y sobre todo a partir del fin de la Segunda Guerra Mundial), la publicidad necesitará adaptarse a una pantalla de mucho menor tamaño, a unos tiempos de emisión mucho más breves, y al fuerte condicionante de la imagen en blanco y negro, lo que obligó a buscar nuevos recursos gráficos que atrapasen rápidamente la atención, como los diseños geometrizados de personajes o el uso de fuertes líneas de contorno.

Con la inspiración de los artistas, la experiencia en películas educacionales, y la emergencia de nuevos medios, el caldo de cultivo de una tendencia de animación mucho más minimalista estaba ya creado. En 1944, tres antiguos empleados de Disney que habían sido despedidos durante la huelga, llamados Dave Hilberman, Zack Schwartz y Stephen Bosustow, crearon su propio estudio de animación —aunque Hilberman y Schwartz abandonaron pronto el proyecto, quedando Bosustow enteramente a cargo—. Comenzaron realizando películas educativas y de propaganda para el Gobierno, como la campaña electoral a favor de Franklin Delano Roosvelt *Hell Bent for Ellection* (1944), donde participaron los animadores Bob Cannon y Chuck Jones.

En la página anterior, *Mr Magoo's Christmas Carol* (Abe Levitow, 1962). Abajo, diseños de Bob Cannon para *Ballet Oop* (1954).

En 1948, Columbia Pictures apostó por distribuir las películas de la UPA. Por esta razón, comenzaron realizando cartoons de la serie *Fox & Crow*, una imposición del estudio de Hollywood, tratándose de la única excepción a la regla autoimpuesta de la compañía de no animar... animalitos parlantes. El primer capítulo que realizaron, *Robin Hoodlum* (1948), mostraba visualmente rasgos heredados de la animación de Ivanov-Vano, así como un humor sofisticado y con mesura, muy diferente del ritmo frenético de los cartoons de las compañías Warner y MGM. Aunque todos eran diferentes entre sí, los cartoons de su serie *Jolly Frolics* tendrían una serie de características comunes, como el desarrollo de un tipo de comedia con temas de la vida moderna, la adopción de un estilo visual muy simplificado, con referentes en el arte y el diseño de vanguardia, y sobre todo, un estilo de animación que ellos llamaban "estilizada" —que renunciaba a algunos de los principios de la animación disneyana, como el dibujo tridimensional, o la demora y acción solapante—, anticipando las técnicas de animación limitada televisiva que imperaría años después.

Muy pronto habría una diáspora de antiguos artistas Disney que probaron suerte en el nuevo estudio, como Art Babbit, que participó en la realización del primer cartoon de Mr Magoo, *The Ragtime Bear* (John Hubley, 1949), la única serie de la UPA protagonizada por un personaje recurrente: un anciano cascarrabias y algo cegatón. Mr Magoo, sin embargo, había sido creado por uno de los cofundadores del estudio, el

Concept art de John Hubley para *Rooty Toot Toot* (1952). En la página siguiente, fotogramas del cortometraje.

animador Bob Cannon (1909-1964), que anteriormente había trabajado en Warner. Cannon realizaría cartoons tan amables e ingeniosos como *Madeline* (1952), *Ballet Oop* (1954) o el oscarizado *Gerald McBoing Boing* (1951), basado en un cuento de Dr Seuss: este cortometraje, protagonizado por un niño que solo puede comunicarse mediante onomatopeyas, ponía de manifiesto algunas de las claves visuales del estudio, como los fondos casi neutros, el predominio de la línea de contorno, el uso de colores planos y brillantes, y las perspectivas intuitivas, así como un sentido del humor naïf —con el pequeño Gerald convertido en estrella de la radio, tornando así su hándicap en éxito—. Bob Cannon permaneció en la compañía hasta finales de los años 50.

El otro director estrella de la UPA fue John Hubley (1914-1977), un antiguo dibujante de lay out (o puesta en escena) en Disney, que encontró en la UPA la vía para desarrollar su mordaz sentido del humor. Su cortometraje más celebrado, *Rooty Toot Toot* (1952), que tiene lugar durante un juicio por asesinato pasional, era todo un guiño al cine moderno de suspense, y se caracterizaba por un diseño de personajes con colores arbitrarios y un gran uso de curva-contracurva. La temática judicial parecía anunciar la dinámica de éxitos cinematográficos como *Anatomía de un asesinato* (Otto Preminger, 1959), así como la narrativa múltiple, con distintas versiones del crimen según los testigos, evocaba de alguna forma a la de *Rashomon* (1950), de Kurosawa. *Rooty Toot Toot* fue nominada al Oscar, pero no sería hasta tiempo después cuando Hubley subió por fin a recoger la dorada estatuilla.

Es importante recordar que, en la UPA, cada cartoon era conceptualmente diferente, ya que, como en la Bauhaus, creían que la forma debía adaptarse a la función, en este caso, a la historia que iban a contar. El productor Stephen Bosustow intervenía mínimamente en el trabajo de los equipos, supervisando tan solo la fase de guion y de storyboard. Pero,

The Tell-Tale Heart (Ted Parmelee, 1953). A la derecha, *The Unicorn in the Garden* (Bill Hurtz, 1953).

a pesar de los medios tan selectivos que empleaban, era frecuente que las películas excedieran su presupuesto, ya que la fase conceptual consumía muchas horas de trabajo.

En su época de apogeo, la UPA se instaló en un moderno edificio en Burbank, justo enfrente de… sí, de los estudios Disney. A menudo, en la ceremonia de los Oscar, el público confundía a Stephen Bosustow con el mismísimo Disney, a quien se parecía mucho. Además, la UPA se expandió abriendo oficinas de publicidad en Nueva York y Londres.

Sin embargo, a partir de la caza de brujas de Hollywood y las famosas "listas negras", que impedían contratar a cineastas y trabajadores del cine que había sido o eran simpatizantes del Partido Comunista, el estudio perdió a varios de sus empleados más valiosos. Walt Disney se prestó a denunciar a algunos extrabajadores suyos, entre ellos, a John Hubley, que se negó en redondo a firmar una carta de arrepentimiento que le habría servido para seguir trabajando en Hollywood. Hubley abandonó la UPA y se estableció con su segunda esposa, Faith Hubley, en la costa Este de

Dos largometrajes de la UPA: *1001 Arabian Nights* (Jack Kinney, 1959); a la derecha, *Gay Purr-ee* (Abe Levitow, 1962).

EEUU, donde seguirían trabajando con éxito bajo el sello Storyboard Studios. John y Faith ganaron sendos premios de la Academia con sus cortometrajes *Moonbird* (1959) y *The Hole* (1962).

Aunque la situación posterior del estudio fue precaria, en la UPA continuaron trabajaron otros directores como Bill Hurtz, que en 1953 dio forma a la sátira *The Unicorn in the Garden*, atravesada por un inesperado humor negro; así como Ted Parmelee, que junto al director de arte Paul Julian realizaron *El corazón delator* (1953), una obra maestra de terror psicológico y oficialmente el primer cartoon de temática de horror (cuyo narrador fue el actor James Mason). También trabajaron en la UPA los siguientes talentos: el director de arte Jules Engel, que se convertiría en un reputado cineasta —con títulos como *Icarus Montgolfier Wright* (1962)— y en fundador del departamento de animación experimental de la escuela Cal Arts, en California; el animador Bill Meléndez, futuro director de los popularísimos especiales televisivos de *Carlitos y Snoopy*; y, finalmente, uno de los directores formados en el propio estudio, Gene Deitch, ganador del Oscar en 1960 por su cortometraje antibelicista *Munro*. De alguna manera, la influencia de la UPA siguió presente a través de la producción posterior de estos artistas, que además se implicaron durante un breve tiempo en una serie televisiva: *The Gerald Mc Boin-Boing Show* (1955).

A partir de 1956 el agotamiento creativo del estudio era evidente y, por presiones económicas, ya solo se dedicaron a realizar episodios de su producto más rentable, la serie *Mr Magoo*. La producción de dos largometrajes poco inspirados, *1001 Arabian Nights* (Jack Kinney, 1959) —una versión de *Las 1001 noches* protagonizada por Mr Magoo— y de *Gay Purr-ee* (Abe Levitow, 1962) —contando con la voz de Judy Garland en horas muy bajas— no ayudó a sanear las cuentas de la compañía. En 1960, el productor Henry Saperstein había reemplazado a Stephen Bosustow, tomando el control de la compañía para darle un nuevo giro comercial, aunque lo que realmente tuvo lugar fue la desmantelación de la unidad de animación, quedando reducida la UPA a una oficina de gestión de derechos.

La influencia de la UPA es, sin embargo, inconmensurable, no solo en otros estudios contemporáneos como Warner, MGM o el propio Disney, sino también y especialmente en el mundo de los títulos de créditos, del diseño y de la animación televisiva. La animación europea, y especialmente la Escuela de Zagreb, de la antigua Yugoslavia, fue heredera directa de sus ideas y conceptos; e incluso la llegada de la animación Flash por ordenador sirvió para rescatar muchos de sus principios visuales. La UPA sigue inspirando hoy en día a animadores de todo el mundo.

RECOGIENDO LOS PEDAZOS ROTOS: HANNA-BARBERA, DE MGM A LA ANIMACIÓN TELEVISIVA

Hoy en día estamos acostumbrados a series de animación como *Padre de Familia* (*Family Guy*, Seth McFarlane,1999-) o *Los Simpson* (*The Simpsons*, Matt Groening, 1989-), que llevan varias décadas en antena. Sin embargo, récords así fueron inconcebibles durante generaciones, siendo *Los Picapiedra* (*The Flinstones,* Hanna-Barbera, 1960-1966) la única *sitcom* animada anterior capaz de permanecer en antena, y en horario estelar, hasta seis temporadas seguidas. William Hanna y Joseph Barbera ejemplifican como pocos el paso de la animación para cine a la animación televisiva. Casi podríamos resumir su historia en la expresión "reciclarse o morir", porque tuvieron que luchar muy duro, primero, para mantenerse en lo más alto de la producción de cartoons cinematográficos durante 15 años, y después, para convencer a las televisiones de la viabilidad de sus series, hasta tal punto que podemos considerar el estudio Hanna-Barbera como el más decisivo para el desarrollo de la animación televisiva.

Para conocer bien su recorrido juntos, que abarcó más de seis décadas, veremos en primer lugar qué pasos los llevaron hasta la meca del cine: Metro Goldwin Mayer. William Hanna (1910-2001) y Joseph Barbera (1911-2006) eran muy jóvenes cuando tuvo lugar la Gran Depresión, y esto les obligó a tomar trabajos que estaban lejos de sus inquietudes. Por un lado, Bill Hanna, nacido en Nuevo México —y Boy Scout de corazón— era un americano de familia trabajadora, que colaboraba con su padre en la construcción de grandes infraestructuras civiles —de hecho, había comenzado estudios de ingeniería—, hasta que un accidente lo hizo abandonar este empleo. Terminó como conserje del estudio de animación del estudio que Harman y Ising habían fundado en 1930

para trabajar para la Warner: Bill Hanna realizaba las típicas tareas de mantenimiento, hasta que un día le pidieron hacer uno de los trabajos más tediosos del estudio: lavar acetatos para su reutilización. Hanna, que también había trabajado anteriormente en la rotulación de títulos para películas, se ofreció a colorear aquellos mismos acetatos, hasta que lo pusieron al frente del departamento de coloreado.

Bill Hanna se interesó además en cómo contar historias y en la labor de los directores, de forma que en 1936 estaba dirigiendo su primer corto en solitario: *A la primavera* (*To Spring*), que fue vendido a Metro Goldwin Mayer. En 1937, el estudio de Harman y Ising, que había cambiado de cliente, sufrió la misma suerte que con Warner: la Metro decidió que no seguiría subcontratando otros estudios y decidió fundar el suyo propio, con el ejecutivo Fred Quimby al frente, que reclutó a los antiguos animadores de Harman y Ising, empezando por William Hanna. Y allí fue donde conoció a Joe Barbera.

Joe Barbera era italoamericano —nacido en Manhattan, un hombre de ciudad—, y había comenzado a trabajar en contabilidad. Al mismo tiempo, vendía sus dibujos a la prensa y estudiaba Artes, hasta que en-

En la página anterior, Bill Hanna y Joe Barbera en su etapa en MGM. Sobre estas líneas, *The Cat Concerto* (1946).

tró como colorista para los hermanos Fleischer. Después de pasar por compañías como Terrytoons o Fleischer Studios, en 1937 llegó a Los Ángeles para trabajar en la Metro.

Bill Hanna y Joe Barbera empezaron a trabajar juntos en el departamento de guion. Tras participar en una serie de muy poco éxito, *The Captain and the Kids* (1938), tuvieron carta blanca para realizar un corto propio, *Puss Gets the Boot* (1940), donde un gato y un ratón se chinchaban mutuamente. El estudio no creyó demasiado en el potencial de una premisa que estaba muy trillada —en la década anterior habían abundado los gatos animados—, pero Hanna y Barbera aportaron un estilo de humor sin diálogos, basado únicamente en la gestualidad de los personajes, que convenció a la audiencia.

La propuesta de *Tom & Jerry* se convirtió en serie gracias a dos factores: la demanda de los cines, y la nominación al Oscar de este primer cartoon. Ese sería el comienzo de un exitoso camino que llevó a la Metro a obtener entre 1943 y 1953 nada menos que siete estatuillas —empatando con las *Silly Symphonies* como la serie con mayor número de estos galardones—, destacando películas como *The Yankee Doodle Mouse* (1943) o la icónica *The Cat Concerto* (1946), en la que Tom y Jerry rivalizan sin piedad por el dominio de un piano en pleno concierto. Irónicamente, Bill Hanna y Joseph Barbera nunca recibieron personalmente el trofeo —como mucho, llegaron a hacerse una foto junto a las estatuillas aprovechando un día que Fred Quimby no estaba en el despacho.

En 1944, el ratón Jerry hizo una aparición estelar junto a Gene Kelly, bailando en la película *Levando anclas* (*Anchors Aweigh*, George Sidney, 1944). Aunque Gene Kelly había solicitado inicialmente a Disney bailar con Mickey Mouse (a lo que Disney se negó, claro), su actuación con Jerry no solo sería la secuencia más recordada de la película, sino también una de las joyas de su carrera. La producción de la escena fue notoriamente compleja, grabando en primer lugar a Kelly, que había calculado los pasos como si bailara con un compañero imaginario; estos fotogramas se imprimieron en papel para utilizarlos como referencia para la animación del ratón. La mezcla de ambas imágenes requirió una doble impresión del negativo con copiadora óptica: en primer lugar, sobre la copia del baile con Kelly a solas se imprimió la silueta de Jerry en negro, para poder introducir la imagen del ratón, a color, en un segundo pase. Entonces se dieron cuenta de que Jerry necesitaba tener bajo sus pies su propio reflejo animado, al igual que lo tenía Kelly, lo que supuso la producción de 10.000 dibujos adicionales para completar la escena… El resultado no solo mereció la pena, sino que, más adelante, Hanna y Barbera se lanzaron a animar una secuencia del mismo estilo en la comedia musical *Mojada y peligrosa* (*Dangerous When Wet*, Charles Walters, 1953), donde esta vez era la actriz y nadadora Esther Williams quien penetraba, merced a la pantalla azul, en el universo animado del gato y el ratón.

Hanna y Barbera produjeron 114 episodios de *Tom & Jerry* entre 1940 y 1958; es particularmente notable el esfuerzo realizado en los años cuarenta, cuando debieron compatibilizar esta actividad con la producción de cartoons de propaganda bélica. Sin embargo, a finales de los 50, Metro Goldwin Mayer cierra su estudio de animación, decisión dictada por los cambios legislati-

En la página anterior, hoja modelo del gato Tom para *Puss Gets the Boot* (1940). Bajo estas líneas, *Levando Anclas* (1944).

vos que regulaban la distribución cinematográfica: si antes, con una sola entrada, se podía ver un noticiario, un corto de animación, un largometraje tipo A e incluso una película de serie B, ahora la entrada de cine servía para ver un único largometraje. En consecuencia, la venta de cortometrajes animados a cines se restringió cada vez más, y los escasos beneficios no compensaban los costes de producción.

Hay que sumar además la feroz competencia de la televisión, que cambió para siempre el escenario de producción. Muy pronto, tras el cierre de los grandes estudios, el grueso de animadores de Hollywood se fue al paro, ya que las *majors* aún podían vender a los nuevos canales sus antiguas series para su emisión doméstica, lo que les garantizaba beneficios sin ningún gasto adicional. Sin embargo, esta situación no pilló a todos por sorpresa: Hanna y Barbera ya habían trabajado para televisión, realizando anuncios, y por ello estaban convencidos de que la pequeña pantalla también podía servir para vender animación. A pesar de ello, en primer lugar debían competir consigo mismos, es decir, con sus cortos de *Tom & Jerry* realizados años atrás y que se estaban vendiendo sin reportarles ningún beneficio.

Ruff & Reddy (1957-1960). A la derecha, diseños de Ed Benedict para *El oso Yogui* (1961).

Por suerte, la televisión es un medio voraz que demanda muchas horas de programación, aunque debe realizarse por precios bajos. Esto generó la necesidad de adaptarse a sistemas de producción muy diferentes a los que se empleaban en cine. Si un episodio de *Tom & Jerry* duraba 7 minutos, costaba más de un mes de producción, y requería en torno a 25.000 dibujos, su coste podía ser de 4.000 dólares de la época, por minuto. Pero la televisión solo iba a pagarles 675 dólares por minuto. En otras palabras: había que hacer más con menos.

Para adaptarse a este nuevo escenario, Hanna y Barbera abandonaron la animación completa —esto es, animar de 12 a 24 imágenes por segundo, dibujando al personaje entero en cada acetato—, y en cambio empezaron a utilizar lo que ellos llamaban animación “planificada”, o limitada, que minimizaba el número de dibujos y desglosaba al personaje en varias capas de acetatos, diferenciando partes móviles y partes estáticas. Además, en este nuevo modelo de productividad, el diálogo de los personajes cobraría inusual importancia, convirtiéndose casi en una radio con imágenes. Esto llevó al desarrollo de

nuevas premisas y situaciones que eran nuevas en los dibujos animados, y que servían para atraer a una audiencia más amplia: el público familiar.

Sin embargo, Hanna y Barbera no solo tuvieron problemas para convencer a las televisiones de su proyecto, sino que además debían buscar patrocinadores, porque la televisión no deja de ser un larguísimo programa publicitario apenas interrumpido por algunos minutos de magazines y películas. Por ejemplo, cuando lanzaron *Los Picapiedra*, su patrocinador fue… una marca de cigarrillos. Irónicamente, antes la animación servía para vender tabaco, pero ahora el tabaco servía para vender animación. De esta manera, su primer programa para la televisión NBC fue la serie *Ruff & Reddy* (1957-1960), que tenía un argumento arco. A este siguieron otros shows como *Huckleberry Hound* (1958-1962), *Tiroloco McGraw* (*Quick Draw McGraw*, 1959-1962) y *El oso Yogui* (*The Yogui Bear Show*, 1961-1988), con estructura autoconclusiva y un formato de 7 minutos que servía para abrir o cerrar otros programas.

Los Picapiedra (1960-1966). A la derecha, animación de la cabecera de *Embrujada* (*Bewitched*, 1964-1972).

Los Picapiedra fue, sin embargo, una apuesta muy diferente, ya que tomaba ejemplo de las famosas *sitcom* que se exhibían en Prime Time u horario de máxima audiencia. El formato del programa debía ser más extenso que los anteriores cartoons, y adaptarse a temporadas de 30 episodios anuales. La serie tenía un concepto poderoso, que se basaba en mostrar una familia de clase media que vivía el sueño americano… pero hace millones de años, en un mundo de trogloditas que se sirven de los dinosaurios para las tareas más rutinarias. No obstante, *Los Picapiedra* estuvieron a punto de no producirse nunca. Joe Barbera se dedicó a hacer presentaciones a los representantes de distintos canales durante meses: los gags eran divertidos, pero la idea no convencía a los clientes, hasta que por fin la cadena de televisión de más reciente creación, la ABC, mostró interés en emitirla.

En un período de seis años se realizaron 166 episodios, un récord que no fue superado por la animación americana hasta la creación de *Los Simpson*. Al comienzo, la crítica fue feroz con la serie, pero encantó al público, que se sentía muy identificado con las situaciones. La familia Picapiedra y vecinos, los Mármol, reflejaban la vida moderna, la realidad de los matrimonios que duermen en una cama grande (y no pudorosamente en camas separadas), e incluso Wilma fue la primera mujer embarazada de la televisión, dando a luz a un nuevo personaje: la niña Pebbles.

Curiosamente, todas estas series debieron su diseño de personajes a la misma persona: Ed Benedict (1912-2006), un veterano de la industria que anteriormente había trabajado en los cartoons de Tex Avery. La aportación de Benedict fue esencial para configurar el aspecto de los nuevos cartoons, basados en formas muy geometrizadas, con contornos de línea gruesa y facilitando siempre la posibilidad de dividir al personaje en partes. El aspecto visual de los nuevos cartoons era mucho más apropiado para los televisores, por lo general pequeños y aún en blanco y negro, porque facilitaban rápidamente la identificación de los personajes.

¿Qué sucedió, mientras tanto, con *Tom & Jerry*? Hanna y Barbera fueron desposeídos de su propiedad intelectual tras su despido de MGM, pero la *major* pronto se daría cuenta de que se había precipitado al cerrar su estudio de animación. Encargaron la producción de nuevos episodios a otros estudios emergentes, como Rembrandt Films —supervisados por Gene Deitch en Praga, al otro lado del Telón de Acero—, o el estudio de Chuck Jones —con capítulos notables, aunque Jones nunca se sintió cómodo con el encargo—. A partir de 1965, al reemitirse los capítulos clásicos por televisión, necesitaron ser editados para eliminar a un per-

ADMIS
1

sonaje problemático: la empleada del hogar afroamericana, que se transformó en una mujer blanca con acento irlandés… Solo hacia la década de los 90 podrían Will y Joe volver a supervisar una serie con sus míticos personajes, gracias a Ted Turner, como veremos.

Durante varias décadas, la compañía Hanna-Barbera fue una verdadera fábrica de series como *Don Gato* (*Top Cat*, 1961-1962), *Los Supersónicos* (*The Jetsons*, 1962-1963), *Maguila Gorila* (*The Magilla Gorilla Show*, 1964-1967), *Los Autos Locos* (*Wacky Races*, 1968-1970), u otras producciones más orientadas al público juvenil, como *Scooby Doo* (1969-1970) y *Johnny Quest* (1964-1965), hasta tal punto que en 1970 el 80% de la franja de programación infantil de la televisión estadounidense eran producciones suyas.

Los personajes de Hanna-Barbera nunca se han ausentado de la parrilla. En 1986, Ted Turner, el dueño de cadenas como CNN y TNT, adquirió Metro Golwin Mayer y Universal, volviendo a lanzar todas sus producciones; pero además también compró los estudios de Hanna-Barbera, lo que dio lugar a todo un *revival* de la animación americana de los sesenta. Esta reactualización dio lugar a la cadena Cartoon Network, que se empezó a nutrir de nuevos proyectos con personajes de estilo retro-moderno, una dicción gráfica que eventualmente se adaptó muy bien a los nuevos medios de la animación 2D.

Bill Hanna y Joe Barbera fueron socios hasta el fallecimiento de Hanna en 2001. Cómplices, pero no amigos, como solían señalar: fuera del mundo de la producción no les unía nada, ni sus aficiones ni sus gustos, lo que no les impidió trabajar juntos y en armonía durante seis décadas. Sin duda alguna, nuestra infancia no habría sido la misma sin ellos.

Página anterior, arriba: *Don Gato* (1961-1962); abajo, *Scooby Doo* (1969-1979). En esta página, diseños para *Johnny Quest* (1964-1965).

6. Animación en los países de la esfera socialista

Desde mediados del siglo XX, la animación desarrollada en la Europa del Este fue extraordinariamente vital e innovadora. A diferencia de EEUU, en estos países el cine se producía con fondos estatales; se crearían estudios nacionales de cine, que incluían unidades de animación; la animación se emplearía como un servicio público, con una orientación didáctica y aleccionadora, especialmente dirigida a los niños; y, dependiendo del clima político, si este era más aperturista, cabía la posibilidad de explorar nuevos lenguajes, temáticas y buscar audiencias maduras.

Aunque en cada país se dan condiciones diferenciadoras —por ejemplo, el éxito de la animación con marionetas en Checoslovaquia, o una marcada poética del absurdo en Polonia—, las principales fuentes y referencias temáticas serán las tradiciones nacionales, su folclore y sus propias artes. En Europa, el área de influencia soviética comprendió, además de la URSS, Checoslovaquia, Polonia, Yugoslavia, República Democrática Alemana, Hungría, Bulgaria, Rumanía y Albania (aunque, por su mayor relevancia, aquí nos centraremos en los cuatro primeros). Adicionalmente, tanto Cuba como la República del Pueblo de China reproducirían los mismos modelos de producción estatal, temáticas tradicionales y, según épocas, carácter experimental, por lo que merecerán especial atención.

En la doble página anterior, el filme polaco *Schody* (Stefan Schabenbeck, 1968). En esta, *Revolución interplanetaria* (Nikolai Khodataev, 1924).

URSS: LA CREACIÓN DE ESTUDIOS NACIONALES DE ANIMACIÓN

La Unión de Repúblicas Socialistas Soviéticas existió entre 1922 y 1991. La animación soviética temprana, aunque menos desarrollada que el cine de acción real, se desenvuelve con un ánimo innovador que bebe de las estéticas de vanguardia y de la experimentación con diferentes técnicas. Se pueden mencionar trabajos como el cortometraje de Dziga Vertov *Hoy* (*Segodnya*, 1923) —con animación de Ivan Belyaev—, *Revolución interplanetaria* (*Mezhplanetnaya revolyutsiya*, Nikolai Khodataev, 1924) —una animación con siluetas de marcado corte expresionista—, o el cortometraje de estilo constructivista *Correo* (*Pochta*, 1929), de Mikhail Tsekhanovsky, un trabajo de gran modernidad que contribuyó a que la animación empezase a ser vista en la URSS como una disciplina artística.

En esta primera época también destaca la figura de Ivan Ivanov-Vano (1900-1987), que dirigirá, individualmente o en solitario, las más paradigmáticas películas de la animación soviética. Junto con Leonid Amalrik anima el corto *Blanco y negro* (*Blek end Uayt*, 1932), una crítica hacia la explotación colonialista ejercida por Occidente. Junto con las hermanas Valentina Brumberg (1899-1975) y Zinaida Brumberg (1900-1983), Ivanov-Vano crea la sátira histórica *El cuento del Zar Durandai* (*Skazka o tsare Durandaye*, 1934), con un insinuante diseño de personajes angulosos y un frenético ritmo animado —se trata de la misma película que el arquitecto Frank Lloyd Wright mostró a los animadores de Disney en su clase magistral de 1939—. Ivanov-Vano también fue famoso por sus películas propagandísticas durante la Segunda Guerra Mundial, como la icónica *Las botas fascistas no pisotearán nuestra patria* (*Ne toptat fashistsko-mu sapogu nashey rodiny,* 1941), con Hitler retratado como un aborrecible cerdo —diseño que, irónicamente, se anticipa a la caricatura de Stalin a través del cerdo Napoleón en la obra de Halas y Batchelor *Rebelión en la granja* (*Animal Farm*, 1954).

Por su parte, Alexander Putshko (1900-1073) cumplió la notable gesta de realizar el primer largometraje de stop-motion —no es anterior en producción a *El cuento del zorro* de Starewicz, pero sí se estrenó antes—, *El nuevo Gulliver* (*Novyy Gulliver*, 1935) adaptación de la famosa obra de Jonathan Swift en la que traslada los ideales de la revolución

Dos fotogramas de *Correo* (Mikhail Tsekhanovsky, 1929); abajo: *Blanco y negro* (Ivan Ivanov-Vano 1932).

obrera al pequeño reino de Liliput, habitado por 3.000 pequeñas marionetas que se enfrentan a Gulliver encarnado por un actor. A Ptushko también se deben otro largometraje mixto, *La llavecita dorada* (*Zolotoy klyuchik,* 1939); a su vez, el mediometraje *El pescador y el pececillo* (*Skazka o rybake i rybke,* 1937), enteramente realizado con marionetas, estrenaba el sistema de película de tres colores de Pavel Mershin.

Se suele señalar 1935 como la efeméride que marca el interés de la animación soviética por imitar el modelo de animación americano, a partir del momento en que Walt Disney envía al Festival de Cine de Moscú varios cartoons de Mickey Mouse y la Silly Symphony *Los tres cerditos*. Sin embargo, ya en 1933, el gobierno le había encomendado a Viktor Smirnov —que era distribuidor de películas rusas en EEUU— la tarea de estudiar las técnicas de Disney y los Fleischer, de forma que a su regreso al año siguiente funda en Moscú un taller de animación donde desarrollan en paralelo el "estilo Disney". En 1936, a partir de esta unidad y otros pequeños estudios de la capital rusa, se funda el estudio Soyuzmultfilm: en un plazo de cuatro años, los animadores estaban adiestrados para producir animación con acetatos al nivel americano; adicionalmente, el empleo de la rotoscopia —que en la URSS denominarán "proceso Éclair", por utilizar el proyector Éclair en su realización—, sentaría las bases del llamado "realismo socialista" que imperaría en la animación del país en las décadas siguientes.

Página anterior: dos obras de Aleksander Putshko, *El nuevo Gulliver*, 1935 (arriba) y *El pescador y el pececillo*, 1937 (abajo). Bajo estas líneas, *La flor escarlata* (hermanas Brumberg, Lev Atamanov, 1952).

Tal como indican Ray Laguna y Yolanda Martínez Carvajal (*Animación para adultos*), los regímenes totalitarios tienden a parecerse y casi todos son de corte nacionalista, por lo que procuran destacar la superioridad del país mediante sus manifestaciones artísticas y, como puede notarse en producciones de la época, la estrategia más frecuente fue la de recurrir a la historia y el folclore propios. En 1945 se produce el primer largometraje soviético de dibujo sobre acetatos: *El diploma desaparecido* (*Propavshaya gramota*, 1945), de las hermanas Brumberg y Lamis Bredis, a partir de un relato de Nikolai Gogol. Las hermanas Brumberg, que tendrán una amplia y variada trayectoria, también dirigirán junto con Lev Atamanov (1905-1981) el bello largometraje *La flor escarlata* (*Alenkiy tsvetochek*, 1952), en la que adaptan una versión literaria de Sergei Aksakov a partir del cuento tradicional de *La bella y la bestia*. Lev Atamanov destacaría más adelante por realizar una de las obras más populares de Soyuzmultfilm, que incluso se estrenó en EEUU: *La reina de*

las nieves (*Snezhnaya koroleva*, 1957), adaptación fiel del relato de Hans Christian Andersen, destacando el diseño y animación de la carismática reina hechicera.

Especial mención merecen los trabajos de largometraje de Ivanov-Vano dirigidos con Aleksandra Snezhko-Blotskaya (1909-1980): *El caballito mágico* (*Konyok-Gorbunok*, 1947) y *La doncella de nieve* (*Snegurochka*, 1952). En esta obra demuestran por primera vez que Soyuzmultfilm era capaz de distanciarse de los caminos marcados por Disney, explorando otras estéticas y narrativas, con diseños más caricaturizados, e incluso sugerencias vanguardistas en la configuración de los caballos, de enorme delicadeza. Curiosamente, esta película tuvo un *remake* dirigido por el propio Ivanov-Vano en 1975, conocido en castellano como *El caballito jorobado*, cuya razón de ser fue el extremo deterioro de la película original —que no pudo restaurarse convenientemente hasta 2004—; con todo, Ivanov-Vano aprovechó para crear una estética más personal, nuevos fondos y escenas añadidas. En cuanto a *La doncella de nieve*, considerada una de las cumbres artísticas de la animación soviética, representa la ópera homónima de Rimski-Korsakov, por lo que abundan en ella los momentos musicales y las danzas.

Nuevos cambios llegaron a Soyuzmultfilm en 1953, con la apertura de una unidad de animación stop-motion donde crearían la primera película con esta técnica desde Putshko: el corto *Karandash y Klyaksa* (*Karandash i klyaksa veselye okhotniki*, Evgeniy Migunov, 1954), abriendo el camino a la tradición de animación con marionetas del país, que en la generación siguiente encontraría continuadores como Stanislav Sokolov, Garri Bardin y Nina Shorina —activos hasta hace muy poco, como demuestra la brillante obra de Sokolov *Hoffmaniada* (2018)—. La animación soviética comienza un proceso de descentralización, abriéndose nuevos estudios en repúblicas como Ucrania, Armenia, Georgia o Estonia —que merecería un estudio aparte, por su marcada personalidad y prolífica producción—. Por otro lado, en 1956 el presidente Nikita Khruschev proclama el fin del culto a Stalin (que había gobernado el país entre 1924 y 1953), lo que permite abrir la animación soviética a procedimientos y estéticas más experimentales, sin perder cierto toque de enigmática metáfora cuando se quieren tratar

En la página anterior, de izquierda a derecha y de arriba abajo: *La reina de las nieves* (Atamanov, 1957), *El caballito mágico* (Ivanov-Vano, Snezhko-Blotskaya, 1947); diseño de Ivanov-Vano para *La doncella de nieve* (1952); y fotograma. Abajo, filme en stop-motion, *Karandash y Klyaksa* (Evgeniy Migunov, 1954).

temas potencialmente censurables. No solo surgen nuevos realizadores, satíricos como Fedor Khitruk (*Film, Film, Film*, 1968), surrealistas como Andrei Khrzhanovsky (*La armónica de cristal, Steklyannaya garmonika*, 1968) o profundamente líricos como Yuri Norstein (a quien veremos con más detalle), Boris Stepantsev (*El cascanueces, Shchelkunchik*, 1973) e Ivan Aksenchuk (*La sirenita, Rusalochka*, 1968), sino que también los realizadores *clásicos* del período del realismo socialista ensayan nuevos lenguajes y tendencias, como las hermanas Brumberg en *Los tres gordos* (*Tri tolstyaka*, 1963), con un lenguaje visual de increíble modernidad y síntesis, así como en la hermosa *El fantasma de Canterville* (*Kentervil'skoe Prividenie*, 1970).

Por su parte, Ivanov-Vano guiará los primeros pasos de Yuri Norstein (nacido en 1941), codirigiendo el cortometraje animado con recortables *La batalla de Kerzhents* (*Secha pri Kerzhentse*, 1971), con música de Rimski-Korsakoff, que emplea una estética de iconos ortodoxos para ambientar la leyenda de la Ciudad Invisible de Kitezh, culminando con la batalla entre rusos y mongoles. Yuri Norstein emplea el método

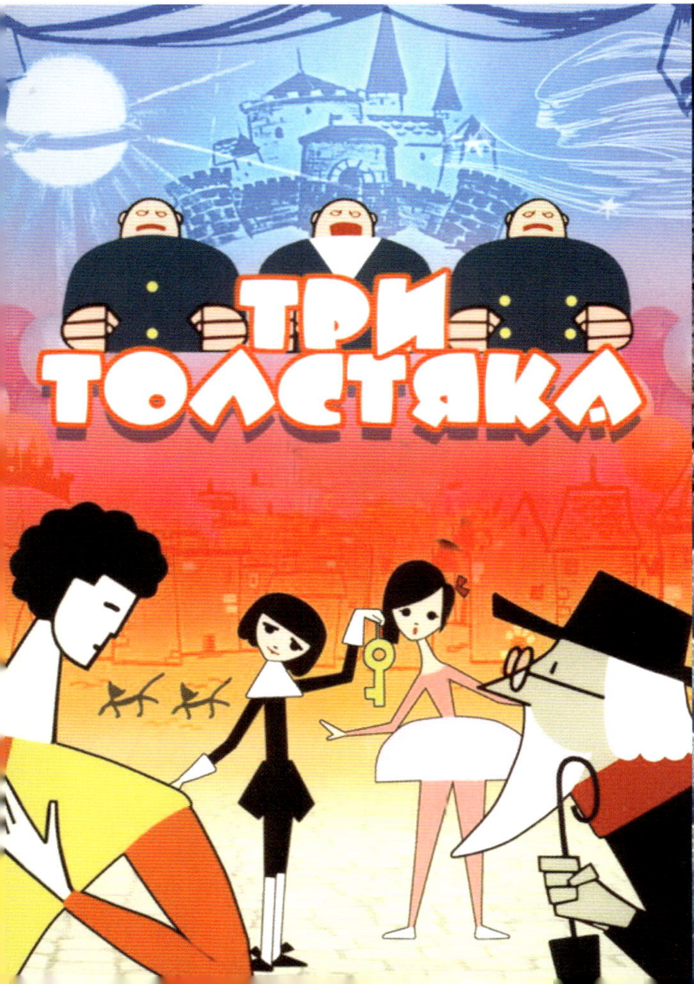

Izquierda: *Los tres gordos* (hermanas Brumberg, 1963); derecha, *El cascanueces* (Boris Stepantsev, 1973); abajo, *La sirenita* (Ivan Aksenchuk, 1968).

que llama "pantalla viviente", una técnica de animación con recortables que utiliza numerosas capas: los personajes combinan partes pequeñas que se mueven separadamente (dedos, ojos, labios, etc.), de forma que no parecen realistas, sino ingenuos e irregulares; según Norstein, este diseño imperfecto es lo que sugiere que el personaje está vivo, siente y respira. De su producción como director, más sobresaliente en calidad que en cantidad, se deben destacar dos trabajos: *El erizo en la niebla* (*Yozhik v tumane*, 1975) cuya banda sonora está llena de grandes momentos que acompañan el viaje iniciático del tímido erizo, y *Cuento de cuentos* (*Skazka Skazok*, 1979), donde reflexiona sobre el pasado, la guerra forzosa y la ausencia de los seres queridos; una película tierna, fantasmal y simbólica, que ha sido considerada repetidas veces como la mejor película de animación de todos los tiempos —en la Olimpiada de la animación de Los Ángeles en 1984, y en 2002 por el jurado del Festival de Zagreb—. Yuri Norstein lleva trabajando desde 1985 en un proyecto personal de largometraje: *El capote*, basado en un relato de Gogol.

La batalla de Kerzhents (Ivanov-Vano, Norstein, 1971); abajo: *El erizo en la niebla* (Norstein, 1975).

Cuento de cuentos (Yuri Norstein, 1979). En la página siguiente, *The Nose or the Conspiracy of Mavericks* (Andrei Khrzhanovsky, 2020).

Desde los años 70 se abren nuevos estudios de animación aparte de Soyuzmultfilm, entre otros, Pilot —fundado por Igor Kovaliov, antes de trabajar en Klasky Csupo en la creación de series americanas como *The Rugrats* (1991-2004)—, Sverdlovsk Film Studio —famoso por las animaciones al óleo sobre cristal retroiluminado, que caracterizarán la obra del gran Alexander Petrov— y SHAR, cofundado por cuatro grandes de la animación rusa: Norstein, Khitruk, Khrzhanovsky y Eduard Nazarov. Tras el colapso de la URSS, las condiciones de producción cambian dramáticamente, puesto que el Estado ya no puede financiar el 100% de los costes de producción y distribución, lo que plantea nuevos escenarios para los animadores que protagonizan la transición. Algunos emigran o se alían con productoras extranjeras para llevar a cabo sus filmes, como hace Petrov cuando coproduce con Canadá su filme más famoso, *El viejo y el mar* (*The Old Man and the Sea*, 1999), ganador de un Oscar; o Konstantin Bronzit, que empieza su carrera en Pilot y pronto busca oportunidades en Occidente, como la residencia de artistas en Folimage (Francia) donde realiza la desternillante *Al final del mundo* (*Au bout du monde*, 1999). Desde ese mismo año, Bronzit trabaja en San Petersburgo en el próspero Melnitsa Animation Studio, y ha obtenidos varias nominaciones al Oscar.

En resumen, la animación en la URSS es un proceso extenso y multiforme, con algunos rasgos comunes como los temas nacionalistas, la mirada hacia la cultura rusa, la alternancia entre realismo socialista y la experimentación individualista, y finalmente, la creación de una serie de películas que han alcanzado el estatus de obras de arte universales. Es difícil imaginar un país que tenga en su haber una producción de animación más rica, diversa y compleja, en lo que tuvo mucho que ver el patrocinio el Estado —si bien condicionado por intereses ideológicos, que a menudo los autores sorteaban con creatividad—. En la actualidad, los animadores rusos se han adaptado a los mercados internacionales sin sacrificar su personalidad, e incluso algunos de los antiguos maestros —como Khrzhanovsky, que ha estrenado *The Nose or the Conspiracy of Mavericks* (*Nos ili zagovor netakikh,* 2020)— están sorprendiendo al mundo con nuevas obras maestras.

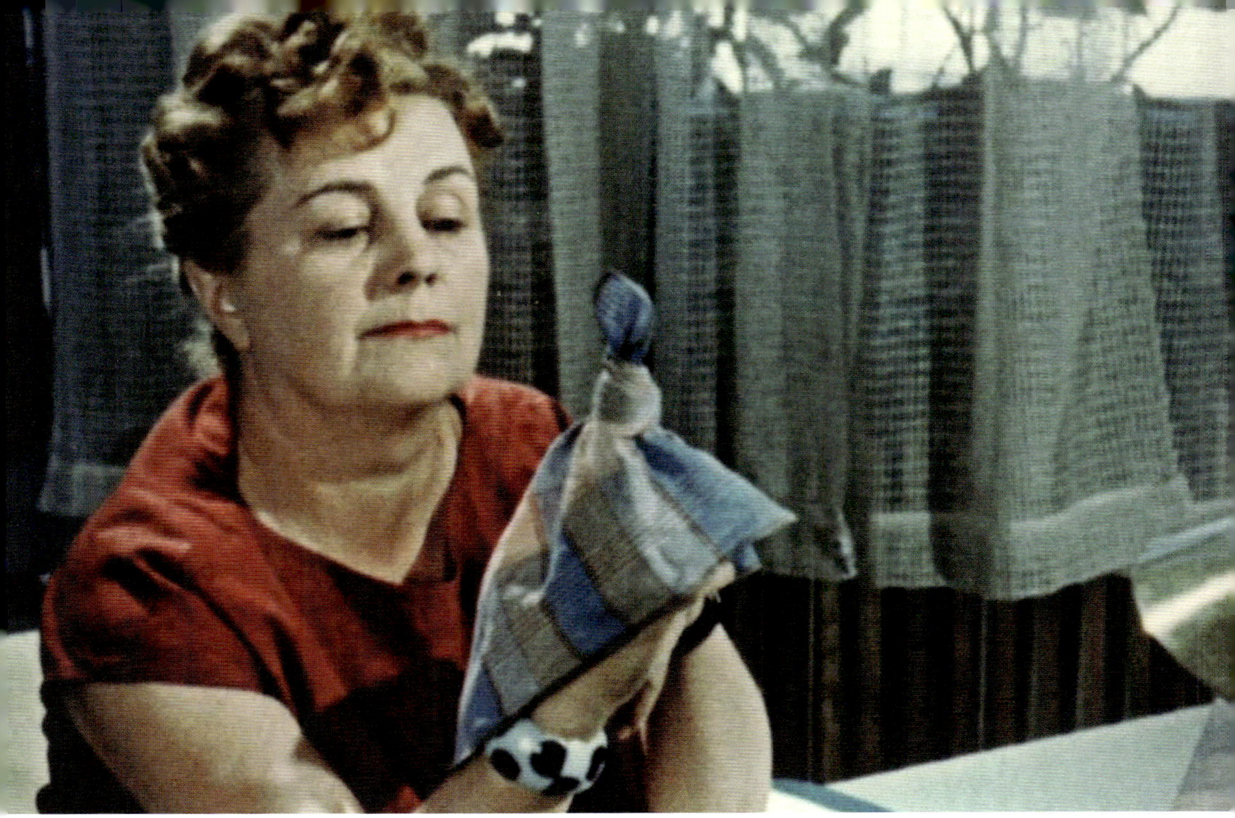

LA PRIMAVERA DE LA ANIMACIÓN: CHECOSLOVAQUIA

Checoslovaquia surgió de la unión de Chequia y Eslovaquia en 1918, como consecuencia del desmembramiento del Imperio Austro-Húngaro que reconfiguró el mapa de Europa tras la Primera Guerra Mundial. País heterogéneo, Chequia era próspera industrialmente mientras que Eslovaquia era más agraria, aglutinando multitud de etnias y lenguajes; de hecho, las poblaciones de origen alemán en zonas limítrofes (los Sudetes) motivó la anexión por parte de Alemania a comienzos de 1939, ante la pasividad del resto de países europeos, que deseaban evitar una nueva guerra. No es extraño que, finalizado el comunismo soviético, el país se transformara en la República Federal Checa y Eslovaca, para finalmente disolver su unión en 1992.

En este marco tan controvertido social y políticamente, sin embargo, tuvo lugar una eclosión creativa absolutamente remarcable, hasta tal punto que sus películas de animación, especialmente las de muñecos, se han convertido en una de las manifestaciones artísticas más famosas del país. Aunque el primer corto animado se realiza en 1919, es en 1938 cuando podemos señalar una efeméride significativa: Karel Dodal y Hermina Tyrlová producen el primer corto de animación de muñecos: *El secreto*

de la linterna (*Tajemstvi lucerny*). Hermina Tyrlová (1900-1993) siguió trabajando en solitario en su estudio, manteniendo una producción frecuente y muy extensa. Tyrlová trabajó con todo tipo de materiales para crear sus marionetas, renovando el aspecto tradicional de los títeres, y formó a muchos de los grandes animadores del país, como Karel Zeman.

En la página anterior, Hermina Tyrlová en 1958. Arriba, su filme *La hormiga Ferdy* (1944).

Pero, antes de entrar en particulares, es importante destacar una circunstancia especial que impulsó el desarrollo del medio: la creación del primer estudio nacional de animación en Praga. Su historia es sinuosa y un tanto paradójica, ya que fue fundado en 1935 con el nombre AFIT - Ateliér Filmových triků; en 1941 se amplió considerablemente bajo supervisión alemana para poder dar servicios de efectos visuales a su propia cinematografía —ya que, durante la guerra, Checoslovaquia era un territorio relativamente pacífico y era más fácil rodar allí—. Tras el fin de la guerra el estudio es denominado Bratři v Triku, bajo el mandato del presidente Eduard Benes, socialista moderado. Los animadores del estudio, entre los que se encontraba Jiří Brdečka, tomaron una decisión singular: la de otorgar la dirección del centro a un artista muy reconocido en el ámbito de las artes plásticas y del teatro de marionetas, aunque sin experiencia en el cine: un titiritero llamado Jiří Trnka.

Jiří Trnka (1912-1969) había trabajado y estudiado desde muy joven con Josef Skupa, propietario de un importante teatro de marionetas —lo que nos permite trazar el parentesco entre la animación de muñecos con la rica tradición de marionetas del país—. Trnka pasa a estudiar pintura en Praga y realiza numerosas exposiciones en las principales ciudades de Europa; como ilustrador, publica una treintena de libros, y además crea su propio teatro de marionetas. Cuando comienza a realizar filmes de muñecos, es Břetislav Pojar quien lo asiste —Pojar será muy conocido por su filme *El león y la canción* (*Lev a pisnicka*, 1959), vencedora en la primera edición del Festival de Annecy—. Su primer trabajo, *El año checo* (*Špalíček*, 1947), es un largometraje que sienta las bases de su estilo, fundamentado en una iluminación teatral y una animación de muñecos que huye del realismo: en estos personajes simplificados, hechos en madera, la expresividad no se debe tanto a sus rasgos faciales sino a su gestualidad corporal. Los rostros apenas se animan; si acaso, se intercambian cabezas con diferentes actitudes (ojos abiertos, cerrados, etc.), disimulando el cambio con sutiles fundidos de cámara. La forma de iluminar los personajes, con variaciones del color y de la intensidad de la luz, también nos dirá mucho sobre sus sentimientos. De esta manera, Trnka enriquece la puesta en escena animada elevando las cotas artísticas marcadas por sus precedentes e inspirando a seguidores de todas las latitudes, como su epígono japonés Kihachiro Kawamoto.

Durante las escasas dos décadas que duró su carrera como animador, Trnka dirigió numerosas obras maestras basadas en tradiciones del país o literatura clásica, entre las que hay que contar los largos *El ruiseñor del emperador* (*Cisaruv slavík*, 1959), *El príncipe Bayaya* (*Bajaja*, 1950), o la celebrada *El sueño de una noche de verano* (*Sen noci svatojanske*, 1959). También realizó películas de dibujos, y el filme de recortables *El alegre circo* (*Veselý Circus*, 1951). En 1951 presenta un curioso experimento: *El pececito de oro* (*O zlaté rybce*), narrado mediante una serie de dibujos estáticos, junto con las voces de los personajes y unos pocos movimientos de cámara, en un ejercicio de depuración formal que sería muy imitado.

Pero si hay un trabajo de Trnka que resume su ideario formal, sumando sus preocupaciones políticas, ese sería su último filme: *La mano* (*Ruka*, 1965), protagonizado por un pequeño artesano que recibe un encargo difícil de esquivar: una mano, símbolo del poder, desea que le

En la página anterior, *El ruiseñor del emperador* (Trnka, 1959). Abajo, *El príncipe Bayaya* (Trnka, 1950), y retrato de Jiří Trnka.

PTICA
VOGEL
BIRD
1963
GALLINA VOGELBIRDAE

haga una escultura. El escultor es acosado por la insistente mano, hasta que lo somete para que realice el trabajo, sin descanso, recluido en una jaula dorada. Se ha querido ver en este cortometraje —censurado tras la muerte de Trnka— una protesta contra las presiones para crear filmes pro-soviéticos, después de que en 1948 el país se convirtiera en "satélite" de la URSS. En cierto modo, el inconformismo de Trnka anuncia las protestas de la Primavera de Praga de 1968, que la URSS acallaría por la fuerza, invadiendo el país e imponiendo mayores restricciones.

Por su parte, Jiří Brdečka (1917-1982), originalmente ilustrador y periodista, es otra de las figuras sobresalientes de la animación checa. No solo dirigió 34 filmes animados, sino que además escribió la mayoría de las películas de Trnka. Más orientado hacia la animación con dibujo, su producción es muy ecléctica, mostrando diversas influencias que demuestran su personalidad intelectual y culta, así como su carácter abierto a las aportaciones de otros ilustradores a quienes elegía como directores de arte. Dos de sus más conocidos filmes, *Razón y emoción* (*Rozum a cit*, 1962) y *Gallina incorrectamente dibujada* (*Gallina Vogelbirdae*, 1963), con un marcado diseño geométrico de Zdeněk Seydl, plantean irónicos juegos al espectador, invitándole a reflexionar, el primero, sobre el placer del arte y la belleza a partir de la pugna entre dos personajes que parecen sacados de la Commedia dell'Arte; y el segundo, sobre cómo nos enfrentamos a lo que es nuevo, original e inesperado, empleando como pretexto el dibujo de

Página anterior, arriba: *La mano* (Jiří Trnka, 1965); abajo: *Gallina incorrectamente dibujada* (Jiří Brdecka, 1963). Bajo estas líneas, retrato de Jiří Brdecka.

un niño a quien castigan en la escuela. En *La letra M* (*Slóvce M*, 1964) se arriesga a presentar un filme sin animación, muy simbolista, a partir de una balada medieval y los etéreos dibujos de Ludmila Jiřincová, experimento que repetiría en *La canción de guardabosques* (*Do lesíčka na čekanou*, 1966) y *Había un molinero en el río* (*Jsouc na řece mlynář jeden*, 1971) —con colaboración de Eva Švankmajerová—. Cabe también destacar *Metamorpheus* (1969), donde narra la tragedia de Orfeo apropiándose del estilo visual de los frescos pompeyanos; en *Metamorpheus*, Brdečka exalta la inmortalidad del arte y de la cultura, pero también lanza un mensaje de protesta contra la represión del artista —que aquí es violentamente asesinado por las Ménades—, por lo que el filme fue censurado.

Para acabar este apartado cabe destacar a Karel Zeman (1910-1989), considerado "el Méliès checo" por su especial desarrollo de los efectos especiales para películas de ciencia-ficción y fantasía que, sin embargo, hacen un guiño al cine del mago francés por su ingenuidad e inventiva. Zeman se inicia en la animación junto a Hermina Tyrlová, con quien realiza el cortometraje *El sueño de Navidad* (*Vánoční sen,* 1943), que resultó ganador en Cannes. Entre otros cortos, también anima *Inspiración* (*Inspirace,* 1948), donde anima figuritas de cristal de Bohemia, dándole al filme el toque sobrenatural y soñador que caracterizaría toda su obra. A partir de 1950 dirigió numerosos largometrajes que combinaron acción real y animación, como *Viaje a la prehistoria* (*Cesta do pravěku*, 1955) o *Una invención diabólica* (*Vynález zkázy*, 1958), basada en una de las novelas más pesimistas de Julio Verne, donde postula la creación de la bomba atómica. La literatura de Verne tuvo una notable presencia en los trabajos de Zeman, que tienen cierto toque Steampunk, combinando la estética victoriana con el mundo de las máquinas e inventos, añadiendo una capa adicional: una textura que envuelve todo el filme, como si de un grabado animado se tratara. Esa misma sensación de irrealidad es palpable en otra de sus películas más famosas, *Las aventuras del barón de Munchhausen* (*Baron Prášil*, 1961), cuya escenografía estuvo inspirada por el ilustrador clásico Gustave Doré, creando una fuerte superposición de estilos entre los actores y los escenarios. Zeman emplea todo tipo de efectos: matte paintings, encuadres con diferentes profundidades —para simular que algo pequeño es grande, como hace con los dinosaurios de *Viaje a la Prehistoria*—, siluetas pintadas —como la chimenea del tren de

En la página anterior, cortos de Jiří Brdecka: arriba, *Razón y emoción* (1962); abajo, *Metamorpheus* (1969) y *La letra M* (1964). Sobre estas líneas, retrato de Karel Zeman, y su corto *Inspiración* (1948).

Filmes de Karel Zeman. Arriba: *Viaje a la prehistoria*; abajo, *Krabat, el aprendiz de brujo*. En la página siguiente, *Las aventuras del barón de Munchausen*, y *Una invención diabólica*.

Una invención diabólica, a la que añade humo real—, puede girar la cámara 90º para fingir que un personaje sube una pendiente, sugiere el fondo del mar filmando sus maquetas a través de un acuario, crea explosiones derramando tinta sobre agua, superpone texturas rayadas sobre los paisajes, combina animaciones dibujadas o stop-motion con los actores, etc. La mayoría de trucos son tan sencillos como asombrosos. Durante los 70 regresó a la animación tradicional para narrar cuentos e historias fantásticas, como *Krabat, el aprendiz de brujo* (*Krabat, čarodějův učeň*, 1975). La influencia de Karel Zeman en el imaginario de Terry Gilliam y otros cineastas del cine fantástico actual es más que evidente.

El estudio Bratři v Triku entró en declive tras la instauración de la democracia en el país, ya que se descentralizó la producción, surgiendo nuevos estudios y realizadores independientes. La animación checa sigue teniendo prominentes representantes, como el veterano Jan Švankmajer (1934) —a quien se le dedica un apartado en el siguiente capítulo—, el animador de marionetas Jiří Barta (1948), con una prolífica producción —destacando los largometrajes *El flautista de Hamelín* (*Krysař*, 1986), *Aventuras en*

el desván (*Na půdě aneb Kdo má dneska narozeniny?*, 2009) y el corto *El mundo perdido de los guantes* (*Zaniklý svět rukavic*, 1982)—, así como la reconocida Michaela Pavlátová (1961), cuyos cortometrajes exploran temáticas atrevidas como la sexualidad y las relaciones interpersonales —como en *Repete* (1995), *Carnaval de los animales* (*Karneval zvířat*, 2006) o *Tram* (*Tramvaj*, 2012)—, valiéndole numerosos premios.

REBELDES DENTRO DE LO QUE CABE: LA ESCUELA DE ZAGREB

Hablar de la escuela de Zagreb no solo implica conocer la animación de un país que ya no existe —la República Federal Popular de Yugoslavia—, sino comprender la importancia que tuvo el estudio más *moderno* del Este de Europa y el influjo tan poderoso que ejerció a ambos lados del Telón de Acero.

Aunque las primeras producciones de animación de Croacia datan de 1922, Zagreb Film —su nombre oficial— se funda en 1953 para realizar películas, documentales, series de televisión y contenidos educativos. Zagreb Film recibía financiación estatal, pero los artistas tenían un importante grado de libertad creativa: desde el establecimiento de la República en 1946, el sistema económico del país sería el socialismo autogestionario, muy diferente del sistema de la URSS por cuanto se aceptaba el libre comercio. Aunque en 1963 el país se convirtió en una dictadura de facto, al declarar al general Tito "Presidente de por vida", este mantuvo el distanciamiento de Moscú al declarar Yugoslavia como "país no alineado", no asociándose con la OTAN ni con el Pacto de Varsovia.

Este peculiar marco va a fomentar dos situaciones: por un lado, sin presiones para destinar una determinada cuota de producción a filmes infantiles o propagandísticos, Zagreb Films explorará el potencial de la animación para desarrollar temáticas de interés adulto; por otro lado, serán capaces de exportar sus producciones al resto del mundo, sin restricciones.

Los artistas de Zagreb Films reciben una importante influencia de dos referentes: los primeros cortometrajes de Jiří Trnka —que no fueron

Logotipo de Zagreb Film, y fotograma de *El solitario* (Vratoslav Mimica, 1958). A la derecha, *Kod fotografa* (Mimica, 1959).

de muñecos sino de dibujo, como *El regalo* (*Dárek*, 1946)—, y una película de imagen real que contenía segmentos animados por la UPA, *The Four Poster* (Irving Reis, 1952). El equipo de animadores que se habían concentrado en imitar el estilo Disney cambió de rumbo para explorar las posibilidades de la animación limitada y el diseño moderno, lo que supuso toda una revolución estilística. En este sentido, el primer experimento importante fue *El solitario* (*Samac*, Vratoslav Mimica, 1958), donde ya aparecen dos de los rasgos más frecuentes del estudio: la abstracción de la escenografía, con una estética de pintura de vanguardia, y el tratamiento de temas de la vida moderna y la gente corriente —en este caso, la alienación de un individuo en la ciudad—. *El solitario*, vencedor en el Festival de Cine de Venecia, fue un excelente arranque para Zagreb Film.

En el recorrido de Zagreb Film se reconocen dos períodos principales: el primero, de 1957 y 1964, que corresponde a la configuración del estudio —es decir, cómo una serie de artistas que procedían del mundo de la ilustración se convierten en directores de animación—; y el segundo, de 1965 a 1980, período en el que crecen las contrataciones internacionales y se abren nuevos estudios en los demás estados, llevando a una progresiva descentralización. Dušan Vukotić (1927-1988), Vlado Kristl (1923-2004) y el mencionado Vatroslav Mimica (1923-2020) serán algunos de los primeros directores, cada uno con una marcada personalidad, aunque con frecuencia concibieron el trabajo en equipo con un intercambio creativo con sus colegas, lo que hace que la filmografía de un mismo director sea muy heterogénea —por ejemplo, cuando Mimica realiza el cortometraje *Tifus* (*Tifusari,* 1963) para ilustrar un poema trágico de Jure Kastelan, cuenta con la estética de grabado en relieve propuesta por el director de arte Aleksandar Marks—. Básicamente, trabajaban como un colectivo más que como un estudio jerarquizado.

Dušan Vukotić obtuvo con *Sucedáneo* (*Ersatz*, 1961) el primer Oscar que se concedía a un cortometraje de animación no americano. La película, muy célebre, es una comedia surrealista protagonizada por un hombrecillo que fabrica sus propios enseres —e incluso compañeras sentimentales— inflando unos pequeños globos que adoptan la forma de todo cuanto necesita. Así hace y deshace a su antojo, pero no cuenta con que él mismo, y el mundo donde se mueve, son también un sucedáneo. Aunque la película puede entenderse como una caricatura de la sociedad de consumo y la deshumanización del hombre en el capitalismo, hoy en día no ha perdido su vigencia porque sigue aceptando nuevas lecturas —como crítica a las redes sociales o la distorsión de las relaciones humanas—. Su diseño moderno, con personajes muy geometrizados y que se mueven como entidades puramente planas, contribuye a que siga pareciendo un film fresco y original. Otros trabajos importantes de Vukotić son *Vengador* (*Osvetnik*, 1958) y *La vaca en la luna* (*Krava na mjesecu*, 1959). Por su parte, Vlado Kristl dirige cortos como *Don Quijote* (*Don Kihot*, 1961), con un diseño minimalista que explora la estética de los fondos texturizados o con collage.

En la página anterior, *Tifus* (Vatroslav Mimica, 1963). Abajo, Dušan Vukotić y dos de sus filmes: *Sucedáneo* (1961) y *La vaca en la luna* (1959).

Ceremonia (1965), y su realizador, Borivoj "Bordo" Dovnikovi

Entre los realizadores de la segunda generación serán más comunes la sátira y el humor negro, explorando gags cómicos con finales paradójicos. En esta línea destacó especialmente Borivoj "Bordo" Dovniković (1930), con filmes como *Ceremonia* (*Ceremonija*, 1965), en torno a un personaje que da instrucciones a un grupo de personas para disponerse de un determinado modo frente a una pared, como si posaran para una foto, aunque en realidad se trata de un fusilamiento; la simplificación formal de los personajes —al estilo de Saul Steinberg— y la reducción de puesta en escena a un plano-secuencia están deliberadamente pensados para centrarse en el chiste. Otros cortometrajes de Bordo son *Curiosidad* (*Znatizelja*, 1966) y *Escuela de caminar* (*Škola hodanja*, 1978), con idéntica depuración formal y comedia absurda. En 1989 realiza una de sus obras maestras: *La emocionante historia de amor* (*Uzbudljiva ljubavna prica*), donde explota las posibilidades de un espacio compuesto de viñetas. Por su parte, Zlatko Grgić (1931-1988) dirige trabajos tan divertidos como *El cerdo musical* (*Muzikalno prase*, 1966) o la serie *Professor Balthazar* (1967-1978), en torno a un genio despistado que dispone de una máquina mágica para solucionar los problemas de sus allegados; la serie alcanzó gran repercusión en las televisiones de Europa occidental, y en los ochenta llegó a retransmitirse en EEUU, Australia y Japón.

A su vez, el realizador Nedeljko Dragić (1936) acusa más la angustia y las atmósferas inquietantes, como una velada crítica hacia un entorno que constantemente burla las expectativas de sus personajes —el ser en relación con su entorno es el tema central de su filmografía—. Su cortometraje *Diógenes quizás* (*Mozda Diogen*, 1967) representa esa tragedia del absurdo a través de un personajillo, Diógenes, que es expulsado a un desierto imposible, destinado a contrariar sus deseos: aparece un sol que produce sombra en vez de luz, o bien el desierto se oscurece cada vez que trata de acercarse a la ciudad de la que ha sido expulsado; las leyes de la causalidad se suspenden, impidiendo cualquier avance del vagabundo cuando la gravedad se invierte —como Sísifo, empuja con impensable esfuerzo una piedra, pero *colina abajo*—. Finalmente, a través de una puerta encuentra el acceso a un paraíso, pero se le niega sistemáticamente la entrada. En una línea parecida se desarrolla su cortometraje nominado a un Oscar *Tup-Tup* (1972), como la travesía enloquecida de un hombre que intenta dormir, pero un ruidito insistente se lo impide. Su obra maestra es *Diario* (*Dnevnik*, 1974), un extraordinario filme que representa la interioridad del ser, lo animado de nuestra consciencia, siempre cambiante, presentando una amalgama de lenguajes gráficos y estéticas que hacen de *Diario* un anómalo pero gratísimo ejemplo de barroquismo dentro de Zagreb Film.

Nedeljko Dragić y su filme *Diario* (1974).

Por último, cabe destacar a Zdenko Gašparović (1937), un autor de recorrido irregular que había trabajado para diversas series en Canadá y en EEUU, aunque a su regreso firmó el cortometraje más unánimemente aplaudido de la segunda etapa de la escuela de Zagreb: *Satiemania* (1978), un ensoñador capricho en torno a diversos temas para piano de Eric Satie, con los que pinta un cuadro cómico y mordaz, pero también sensible y melancólico, de la sociedad. Los personajes marginales y extraños que desfilan por el filme remiten al imaginario del Post-impresionismo —las bebedoras de ajenjo, los cabarets, el submundo de los artistas en los cafés—, pero también a la soledad del ser humano, sus complejos e inseguridades. *Satiemania* es una obra ecléctica, con momentos grotescos —una insaciable mujer devora su sándwich hasta comerse su propia mano— pero también líricos, como la pieza dedicada a la lluvia, donde los rostros se distorsionan meciéndose sobre el agua. A los estados de ánimo melancólicos suceden los cómicos, con guiños al *slapstick*, situaciones cómicas y explosivas, y un humor decididamente negro —como el piano que devora a su pianista—, siempre al ritmo del piano de Satie. La cinta acaba con un guiño al suicidio de Van Gogh sobre el campo donde pinta la bandada de cuervos, como si la tragedia fuese lo único que queda.

Las estéticas de Zagreb Film influyeron en realizadores de todo el mundo, como el belga Raoul Servais, el italiano Bruno Bozzetto, o el mismísimo Osamu Tezuka en sus cortometrajes. Reabsorbidos dentro de Croatian Film en los ochenta, década que corresponde a la producción de los primeros largometrajes del país, los directores de Zagreb Films seguirían trabajando hasta la disolución del régimen en 1991, formando a nuevos talentos como el fascinante artista-animador Vuk Jevremovič —nominado al Oscar por su pictórico cortometraje *Panther* (1999)—. Por su parte, Zagreb sigue siendo una ciudad emblemática donde desde 1972 viene celebrándose Animafest —el festival oficial de ASIFA, la Asociación Mundial del Film de Animación—, una de las citas obligadas de la animación mundial.

Satiemania (1978), de Zdenko Gašparović. En la página siguiente, dos trabajos de Włodzimierz Haupe y Halina Bielińska: *Janosik* (1954), y *El cambio de la guardia* (1958).

ANIMADORES POLACOS: POÉTICAS DEL DESENCANTO

Polonia es un país con una historia tan convulsa como contradictoria. País alternativamente dominado por el Imperio Ruso y por el Austro-Húngaro, y foco definitivo de la Segunda Guerra Mundial, en 1945 devino República Socialista, hasta su salida del Pacto de Varsovia en 1989 —fue el primer país que lo hizo— y convertirse en el Estado que es hoy.

La animación polaca arranca en 1917, año en que Feliks Kuczkowski prepara sus primeros experimentos con imágenes fijas y objetos. Sin embargo, no hay una producción estimable hasta los años 30, con las películas de collage, objetos y pintura sobre celuloide de Stephan y Franziska Themerson y, sobre todo, con Zenon Wasilewski (1903-1966), animador stop-motion que creará el vínculo entre la producción anterior y posterior a la guerra—con películas de stop-motion tan divertidas como *El abrazo de Hitler* (*Kukiełki przed obiektywem*, 1947). Wasilewski colaboró en la fundación de una productora en Łodz —una de las pocas ciudades que habían permanecido tranquilas durante la guerra—, que con el tiempo sería la importante firma Se-Ma-For. En este estudio se realizará el primer largometraje animado de Polonia: *Janosik* (Włodzimierz Haupe y Halina Bielińska, 1954), basado en la historia de un legendario bandolero. Al dúo Haupe y Bielińska, entre otros muchos trabajos de stop-motion, también se debe un divertido cortometraje: *El cambio de la guardia* (*Zmiana warty*, 1958), protagonizado por cajillas de cerillas que desfilan militarmente; una de ellas literalmente se incendia de amor con la princesa del palacio, lo que provoca la desaparición de la guardia y la liberación del pueblo.

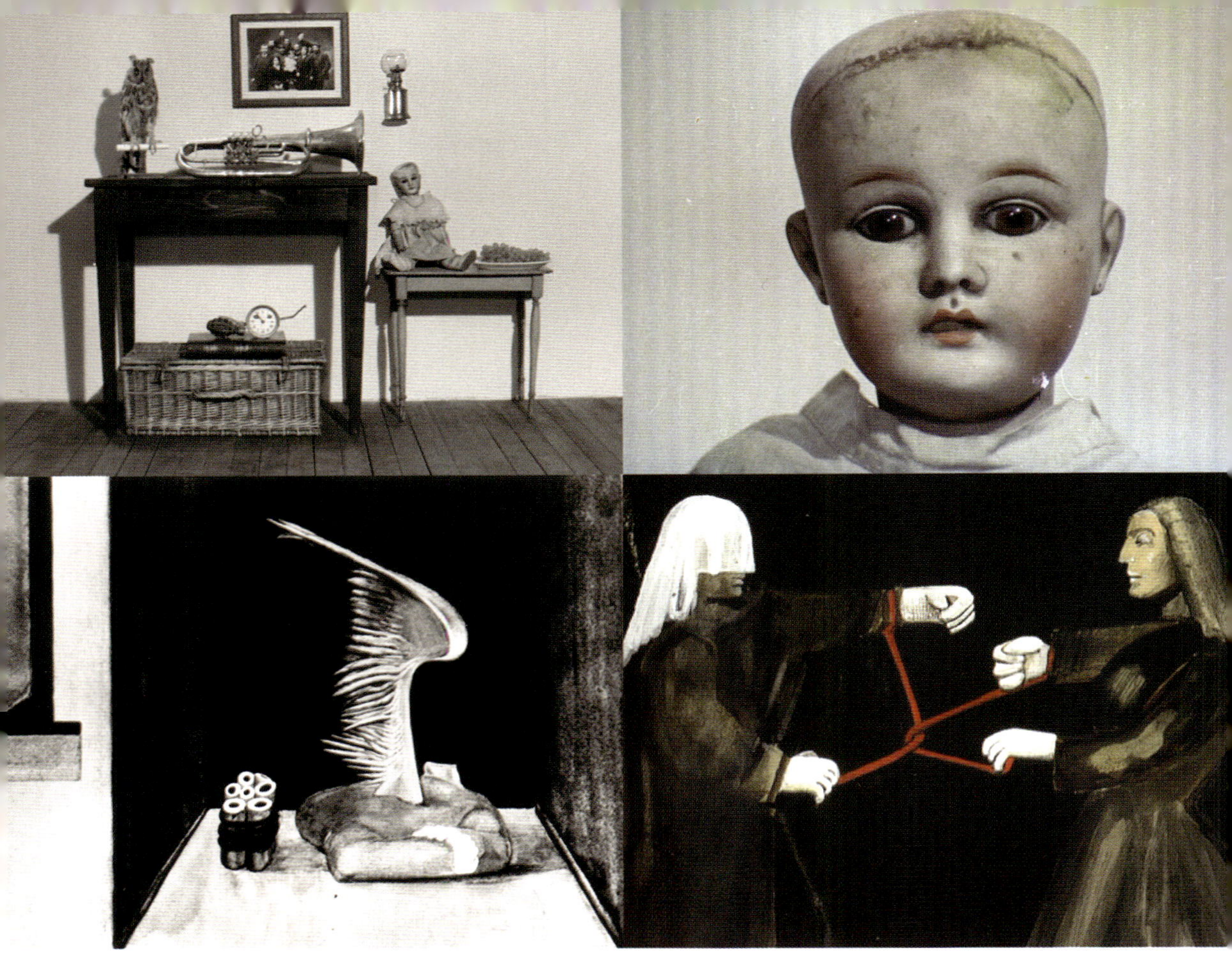

Desde 1956 aumentará la producción de películas de arte, lo que pone en el mapa a dos artistas: Jan Lenica (1928-2001) y Walerian Borowczyk (1923-2006), que comenzaron colaborando durante dos años en numerosos cortometrajes de arte y ensayo, como *Érase una vez* (*Byl sobie raz...*, 1957), *La casa* (*Dom*, 1958) y *Amor recompensado* (*Nagrodzone uczucie*, 1957); en ellos experimentan con las posibilidades de la fotografía y de la gráfica para crear movimiento animado. Ambos se separan en 1958 y emigran a Europa Occidental. Borowczyk se instala en París, donde produce su obra de madurez, de un intenso surrealismo, incluyendo *Reinassance* (1963) —la reconstrucción de una habitación destruida, en stop-motion, hasta que una explosión la destruye de nuevo—, *Les jeux d'anges* (1964), *Le dictionnaire de Joaquim* (1965) y su estrambótico largometraje *Théâtre de M. et Mme. Kabal* (1967). A partir de 1968 pasa al cine de acción real, de corte *underground*, cuando no claramente erótico.

Por su parte, Jan Lenica trabaja en Francia, Alemania y Reino Unido, realizando filmes tan personales como *Monsieur Tête* (1959), *Labirynt* (1963), *Los rinocerontes* (*Die Nashörner*, 1963) o el largometraje *Adam 2* (1968). En *Labirynt* sugiere un mundo victoriano extraído de libros de grabado antiguo, con edificios suntuosos que atraviesa el personaje principal, un caballero con bombín que vuela mediante unas alas mecánicas. En la ciudad encontrará, entre otros fenómenos, un hombre-morsa con sombrero de copa, un cocodrilo de dos patas y un hombre-pájaro que es devorado por una *femme fatale*. Finalmente, unos depredadores alados los persiguen hasta morir. Con una estética más personal, *Los rinocerontes* es una alegoría críptica, con personajes que se mueven en un mundo resonancias burguesas, donde el individuo solo puede perderse a sí mismo.

Y es que las películas polacas rara vez son divertidas —si lo son, su humor es sumamente negro—. La animación polaca materializa la desesperanza, la vida cotidiana es un drama existencial, distorsionado por las contradicciones de su mundo. Desde los años 60, gracias al patrocinio estatal, se llegaron a producir en Polonia 120 filmes por año, pudiendo

En la página anterior, dos trabajos de Walerian Borowczyk: *Reinassance*, 1963 (fila superior), y *Les jeux d'anges*, 1964 (fila inferior). Abajo, *Labirynt* (1963) de Jan Lenica.

ser hasta un 20% de los mismos obras experimentales, lo que fomentó un escenario privilegiado para la animación, pudiendo trabajar temas diferentes al realismo socialista. Sin embargo, la censura seguía presente y era posible que boicotease el estreno de determinados filmes.

En el panorama de la animación polaca aparecen o se consolidan sólidas compañías, como el mencionado Studio Małych Form Filmowych *Se-Ma-For* (desde 1947) en Łodz, Studio Miniatur Filmowych de Varsovia (desde 1958) o MSW en Cracovia. Esta descentralización favorecerá que surjan muchas personalidades independientes, como Witold Giersz, Miroslaw Kijowicz, Stefan Schabenbeck, Ewa Bibanska o Ryzsard Czekała. Aquí veremos a unos pocos de ellos.

Witold Giersz (1927) ha realizado vibrantes trabajos pintados a mano, como la divertida *Rojo y negro* (*Czerwone i czarne*, 1963), en la que un torero —realmente un gesto de pincel, casi un ideograma en color rojo— y un toro —una mancha negra— luchan entre sí desafiando las expectativas del espectador, saliéndose del papel de la animación; finalmente, el animador los guarda en sendos tarros de pintura. Por su parte, *Caballo* (*Koń*, 1967) es un bello ejercicio visual, pintado enteramente al óleo bajo cámara, en el que un cazador persigue a un caballo. Con una línea estética semejante, *Fuego* (*Pożar*, 1975), sobre un incendio en un bosque, es también un trabajo visualmente muy atractivo.

Stefan Schabenbeck (1940) crea piezas tragicómicas sobre la condición humana. En sus cortos, de fuerte vena filosófica, propone alegorías sobre el autoritarismo o la burocracia; sin embargo, su crítica sigue vigente hoy en día, pudiéndose aplicar a la nueva dictadura de la tecnología —como decía aquel personaje de la serie *Little Britain*, "Computer Says No..."—. En su primer cortometraje, realizado con recortables, *Todo es un número* (*Wszystko jest liczbą*, 1967), un hombre intenta sobrevivir en un mundo de números y formas geométricas, hasta que es clonado y finalmente se transforma en un simple número uno. Su obra maestra, *Escaleras* (*Schody*, 1968), realizado en stop-motion, presenta a un pequeño personaje que camina incansablemente por un laberinto de peldaños que no parecen ir a ningún sitio; finalmente, llega al escalón más alto y muere sobre él... convirtiéndose en un nuevo escalón. Se trata de un filme trágico y solemne sobre la vida, pero también sobre la futilidad del esfuerzo.

Ryzsard Czekała (1941-2010) destaca por su uso de los recortables, pintados en tonos degradados de blanco y negro, para crear atmósferas opresivas que resaltan lo peor del ser humano. *El hijo* (*Syn*, 1970) habla de la incomunicación entre generaciones, cuando un hijo regresa a la granja de sus padres, pero ni siquiera se hablan —el cuadro de Goya *Viejos comiendo sopas* parece muy presente en algunos de sus planos—. Mucho más ominosa, *La orden* (*Apel*, 1970) refleja un momento de desobediencia en un campo de concentración alemán, y cómo ésta es reprimida brutalmente.

Por último, veremos dos de las figuras más importantes que surgen desde los años ochenta: Zbigniew Rybczyński y Piotr Dumała, ambos en extremos artísticamente opuestos —el primero opta por la tecnología, mientras que el segundo produce obras muy artesanales—. Zbigniew Rybczyński (1949) se ha especializado en el uso de la copiadora óptica para sugerir mundos imposibles a partir del nuestro, que reconfigura libremente en su laboratorio de postproducción. Las narrativas múltiples serán su fór-

En la página anterior, *Caballo* (Witold Giersz, 1967).Abajo, dos filmes de Ryzsard Czekała de 1970: *La orden*, y *El hijo*.

mula preferida: en 1975 realizó *Nuevo libro* (*Nowa książka*), una historia de misterio que se desarrolla en una pantalla dividida en nueve viñetas. *Tango* (1980), ganador de un Oscar en 1983, se desarrolla como un plano-secuencia, presentando una habitación por la que desfilan docenas de individuos enfrascados en sus quehaceres y sin interactuar con los demás. Rybczyński desarrollaría una intensa actividad como videoartista en Estados Unidos en los ochenta, produciendo videoclips para canciones de Mick Jagger, The Alan Parson Project, Supertramp, Simple Minds, e incluso el videoclip para *Imagine* (1986) de John Lennon. *Steps* (1987), a partir de *El acorazado Potemkin*, es una de sus piezas de videoarte más famosas.

Piotr Dumała (1956) debuta con el corto humorístico *Caperucita Negra* (*Czarny kapturek*, 1983), dibujado bajo cámara con una estética muy simplificada. En sus siguientes trabajos daría un giro de 180º, proponiendo filmes mucho más dramáticos y existencialistas, e implementando una técnica de su invención: el grabado sobre escayola tintada. De esta manera se acerca a los mundos inquietantes de Dostoyevsky —*Dócil* (*Łagodna*, 1985), *Crimen y castigo* (***Zbrodnia i kara***, 2000)—, y Kafka —*Franz Kafka* (1991)—, o crea sus propias historias oníricas —*Paredes* (*Sciany*, 1987)—. La animación sobre escayola tintada tiene un aspecto "destructivo", ya que requiere la degradación del mismo soporte en el que se van dibujando sucesivamente las poses del movimiento, a golpe de cuchilla o buril, retirando suavemente una capa de tinte. El resultado semeja un grabado de punta seca, pero con movimiento. Sin embargo, como sucedía con la pantalla de agujas de Parker y Alexeïeff, se trata de una técnica mucho más apta para animar transformaciones que movimientos de personajes sobre un fondo, ya que el escenario debe redibujarse cuando el personaje pasa por encima. En general, los filmes de Dumała se construyen con momentos de calmada tensión, con personajes que miran

Tango (Zbigniew Rybczyński, 1980) y su rodaje. En la página siguiente, tres cortometrajes de Piotr Dumała: *Franz Kafka* (1991), *Crimen y castigo* y *Paredes* (1987).

en una dirección u otra, con el reloj marcando las horas; sin embargo, también tiene momentos de vértigo, como el elaborado movimiento de cámara subjetivo en *Dócil*, cuando la joven esposa corre por la casa para evitar consumar su matrimonio forzoso. Para Dumała, un filme debe ser siempre como un sueño vívido.

Para concluir, la animación polaca sigue siendo prolífica y bullente. Maestros como Witold Giersz o Piotr Dumała siguen en activo, surgen nuevos talentos, se celebran numerosos festivales de animación de prestigio mundial (Animator, On Art, Warsaw AFF, Etiuda & Anima), y Polonia es el escenario deseado para muchas producciones internacionales, como la oscarizada *Peter and the Wolf* de Suzie Templeton (2006) —rodada en Se-Ma-For— o el más reciente largometraje *Loving Vincent* (Dorota Kobiela, Hugh Welchman, 2017), el primero producido íntegramente pintando con óleo bajo cámara, con un deslumbrante resultado. *Koniec.*

REPÚBLICA DEL PUEBLO DE CHINA: LA ESCUELA DE SHANGHÁI

China no pudo comenzar el siglo XX de forma más turbulenta. Padeció intervenciones coloniales por parte de países europeos, una guerra civil extendida durante dos décadas, y una cruenta invasión japonesa a la que siguió la proclamación de una República de corte estalinista. Realmente, nada habría hecho augurar los giros del destino que han convertido a China en una de las principales potencias económicas de hoy. En este apartado examinaremos principalmente las animaciones de la llamada "Escuela de Shanghái", que marcó la pauta de la animación china entre los años cincuenta y los ochenta, presentando algunos antecedentes.

El primer estudio de animación de China data de 1900, cuando los hermanos Wan —inicialmente cuatro hermanos, de los que quedarían los gemelos Laiming Wan (1900-1997) y Guchan Wan (1900-1995)— comienzan a realizar películas publicitarias. Ese año producen *Escándalo en el estudio artístico* (*Dà nào huashì*, 1926), una animación deudora del estilo Fleischer. En 1935 los Wan se introducen en el sonoro con *La danza del camello* (*Luòtuó xiàn wŭ*), pero no existe un estilo autóctono sino una mezcla de influencias americana, rusa y alemana. A partir de la invasión japonesa de Shanghái y la caída de Nankin (1937), China pone en marcha la producción de animaciones con temas patrióticos, culminando con la producción del primer largometraje del país —y de toda Asia—, *La princesa Abanico de Hierro* (*Tienshan Gongzhu*, Laiming y Guchan Wan, 1941). El argumento, basado en un segmento del romance *Viaje al Oeste*, presenta las aventuras del Rey Mono y su compañero el Hombre Cerdo para llevar las escrituras budistas de la India a China; en el trayecto pedirán la ayuda de la Princesa Abanico de Hierro para que apague las llamas de la Montaña de Fuego. A pesar de las dificultades del contexto, en pleno conflicto bélico, la película triunfó gracias a su discurso patriótico y a su esmerada animación, que se produjo estudiando el movimiento de actores reales.

En los años siguientes, los hermanos Wan se centraron en reflejar problemas del momento, casi en forma documental, como la invasión japonesa o la lastimosa adicción al opio de gran parte de la población. En esta línea también trabajará la primera animadora del país, Chen Bo'er (1907-1951), una figura singular —actriz, directora, escritora, miembro entusiasta del Kuomintang (Partido Comunista de China), feminista y… especialista en stop-motion—, que dirigirá *El sueño del emperador* (*Huángdì mèng*, 1947) empleando la afectación y estilismo de la animación con muñecos para denunciar la corrupción dentro de su propio partido.

En la página anterior, arriba, Laiming Wan; abajo, *La princesa Abanico de Hierro* (Laiming y Guchan Wan, 1941). Bajo estas líneas, *El sueño del emperador* (1947) y su realizadora, Chen Bo'er.

En 1949, tras proclamarse la República del Pueblo de China, el gobierno crea los estudios nacionales de animación en Shanghái para encomendarles la labor de educar a la infancia en el comunismo, mediante películas divertidas y con carácter nacional. Sin embargo, la eclosión artística de la escuela de Shanghái no se da hasta 1956, año en que el presidente Mao Zedong pronuncia el *Discurso de las 100 flores*, despegándose de la política soviética e incitando a la recuperación de los temas autóctonos en la cultura. Si bien los hermanos Wan aún crearían una última obra maestra —el largometraje *Caos en el cielo* (*Danao tiangong*, 1964), también basado en la historia del Rey Mono de *Viaje al Oeste*—, Te Wei (en realidad llamado Sheng Song, 1915-2010) tomaría el relevo generacional, dirigiendo trabajos como el corto *El general engreído* (*Jiao ao de jiang jun*, 1956), en la línea gráfica del realismo socialista, aunque logrando una atractiva estilización de los personajes. Simultáneamente, Xi Jin dirigió el primer largometraje de animación stop-motion de los estudios de Shanghái, *El pincel mágico* (*Shen bi*, 1955).

En los estudios de Shanghai se produjeron indistintamente películas de acetatos, de recortables y de marionetas. El principal director, Te Wei, desarrolla un estilo muy personal y, al mismo tiempo, que abraza la pintura tradicional con tinta y agua, utilizando pincel y aerógrafo sobre acetato para animar filmes tan delicados como *¿Dónde está mamá?* (*Xiao ke dou zhao ma ma*, 1960), *La flauta del boyero* (*Mu di*, con Qian Jiajun, 1963) y la más tardía *Sensaciones de las montañas y el agua* (*Shan shui qing*, 1988) —en breve entenderemos el porqué de ese paréntesis temporal—. Concretamente *¿Dónde está mamá?*, que narra las peripecias de unos renacuajos que buscan a su madre se convirtió en un clásico mundial, siendo la película china que más premios ha ganado en festivales de todo el mundo. Te Wei logró una animación de carácter indiscutiblemente autóctono, en lo que se ha dado en llamar "la edad de oro de la animación china".

A la izquierda, *Caos en el cielo* (Laiming y Guchan Wan, 1964); a la derecha, *El general engreído* (Te Wei, 1956). En la página siguiente, *La flauta del boyero* (Te Wei, Qian Jiajun, 1963).

Sin embargo, este cénit creativo se vio bruscamente truncado por la Revolución Cultural (1966-1976), un movimiento popular contra los dirigentes moderados del Partido que en ese momento estaban relevando de sus cometidos a Mao Zedong, y que resultó en terribles purgas contra artistas, intelectuales y profesores universitarios, que serían "reeducados" en campos de labor —llamados "laogai", "reformar mediante el trabajo"— durante largos años. Se prohibió la producción de filmes tradicionalistas y la obra *de autor*, porque "no sirven al pueblo"; fue como si el movimiento artístico *de las 100 flores* jamás hubiera existido. Te Wei fue vilipendiado por la exquisita *La flauta del boyero*; se le encarceló y torturó durante un año, y después fue enviado a trabajar a una granja hasta 1973, no pudiendo retomar su antigua posición de director en el estudio hasta 1976. En este lapso de tiempo, en la animación del país se impondrían películas propagandísticas como *Las hermanas heroicas de la pradera* (*Cǎoyuán yīngxióng xiǎo jiěmèi*, Qian Yunda, Tang Cheng, 1964) o *El joven trompeta* (*Xiǎo hào shǒu*, Wang Shuzhen, Yan Ding Xian, 1973).

En 1976, tras la muerte de Mao Zedong, los estudios de animación retoman los temas tradicionales, dando lugar a una segunda edad dorada en la que brillarían nuevos directores, como A Da (Xu Jingda, 1934-1987), ganador del Oso de Oro en Berlín por su cortometraje *Los tres monjes* (*Sān gè héshàng,* 1980), un ejemplo de estilización formal y de animación expresiva. La película parte de un refrán ("Un monje cargará dos cubos de agua al hombro, dos monjes compartirán la carga, pero añade un tercero y nadie querrá ir a buscar agua"), para desarrollar, sin diálogos y con una marcada mímica, una alegoría de la importancia del trabajo en grupo. Simultáneamente, también destacarán películas de recortables como la preciosista *Los monos pescan la luna* (*Houzi lao yue,* Zhou Keqin, 1981) y las obras de Hu Jinqing (1936-1919), que adaptan fielmente el estilo de los recortables chinos a la animación, como *La lucha de la becadina y de la almeja* (*Yù Bàng Xiāng Zhēng,* 1983), Oso de Plata en Berlín, y la afamada serie *Los hermanos ca-*

labaza (*Húlu Xiōngdì*, Hu Jinqing, Ge Guiyun, Zhou Keqin, 1986-1987). En este período también debe destacarse el largometraje *Nezha conquista al Rey Dragón* (*Nǎ zhā nào hǎi*, Wang Shuchen, Yan Dingxian, Xu Jingda, 1979), presentado fuera de competición en Cannes en 1980. Ya a finales de los ochenta, Te Wei firma su testamento artístico: *Sensaciones de las montañas y el agua*, continuación estética de su trabajo de los años 60, empleando silencios, espacios en blanco, manejando emociones como la humildad y el asombro en una historia de amistad entre un maestro de música y su aprendiz. Nada tan simple, y nada tan complejo.

En los años 80, los estudios de Shanghái alcanzaron los 500 empleados, aunque trabajaban con una minuciosidad muy distante de la de sus competidores de Japón y Taiwán. El aperturismo económico del país bajo el mando de Den Xiaoping y sus sucesores, estableciendo un libre mercado, contrariaba el estilo de producción que habían seguido hasta entonces; por otro lado, los mejores talentos fueron atraídos hacia compañías extranjeras, lo que provocó un estancamiento temporal en la industria del país. Hoy en día, aunque la animación china es un mercado pujante, se caracteriza más por la imitación de fórmulas del *anime* que por la exploración de otros lenguajes o de su cultura autóctona.

En la página anterior, arriba, *Las hermanas heroicas de la pradera* (Qian Yunda, Tang Cheng, 1964); abajo, *Los tres monjes* (A Da, 1980). Bajo estas líneas, *Nezha conquista al Rey Dragón* (Wang Shuchen, Yan Dingxian, Xu Jingda, 1979).

CÓMO SER CUBANO Y NO MORIR EN EL INTENTO: EL ICAIC DE LA HABANA

Decir "animación cubana" es referirse a un estudio icónico de Latinoamérica: el Instituto Cubano de Arte e Industria Cinematográficos – ICAIC, creado en 1959 gracias a una serie de planes estatales surgidos de la Revolución Cubana. Sin embargo, es conveniente mencionar algunos hitos en el desarrollo del cine de animación isleño.

El primer cortometraje de animación cubano fue *Napoleón, el faraón de los sinsabores* (Manuel Alonso, 1937), una breve cinta inspirada en personajes de tira de prensa del mismo autor. Más adelante se forma un grupo alrededor de César Cruz Barrios, en Santiago de Cuba, para producir películas artísticas, documentales y noticieros. El cortometraje *El hijo de la ciencia* (1947) sería su primer filme animado en color. Ya en la década de los 50, la pujanza del mercado televisivo propició la formación de nuevos talentos para la realización de anuncios. Se trató, sin embargo, de una década convulsa, con la transformación de Cuba en dictadura en 1952 —cuando Fulgencio Batista pasó de ser presidente electo a dictador—, y su eventual derrocamiento en 1959, año en que el Ejército Rebelde toma el poder e instaura un nuevo régimen autoritario, de corte estalinista, con Fidel Castro al frente durante casi medio siglo —hasta su relevo en 2008, sin redundar en cambio político alguno.

Napoleón, el faraón de los sinsabores (Manuel Alonso, 1937).

Los animadores cubanos se integran en el ICAIC, donde realizarían películas de carácter artístico, como *Los indocubanos* (Modesto García, 1964), con un elaborado dibujo y un estilo de animación selectiva, o la original *El cowboy* (1962), de Jesús de Armas —fundador y director del estudio hasta 1967—, cuyo atrevido carácter gráfico remite a la Escuela de Zagreb. Algunos nombres de obligada mención en aquella primera etapa son Tulio Raggi, Mario Rivas, Hernán Henríquez, así como el productor Paco Prats (1944-2020), figura clave en la organización del estudio. En los años 60 predominaría la producción de cortometrajes muy breves pero que reflejaban, de un modo entretenido y didáctico, las transformaciones de la sociedad derivadas del movimiento revolucionario, como la campaña de alfabetización o la participación social en la agricultura. Como comenta Tulio Raggi (Salazar, 2008): "Se quería hacer un cine de arte, o sea, el reflejo de la cultura cubana en las pantallas de cine. Ese propósito fue básico en la existencia del Departamento. Se produjeron un conjunto de obras muy bellas, pero todas puramente "de arte", incluso de carácter político."

Sobre estas líneas, en la fila superior, fotogramas de *El cowboy* (Jesús de Armas, 1962); fila inferior, izquierda: *Tabey* (Juan Padrón, 1975); derecha: *Aborígenes* (Modesto García, 1986).

Comienza a forjarse así un cine de animación típicamente cubano, que reflexiona sobre su historia, abordando la perspectiva de los indígenas en filmes como *Tabey* (Juan Padrón, 1975), *El bohío* (Mario Rivas, 1984) o *Aborígenes* (1986), en la preciosista línea de dibujo de Modesto García, siendo uno de los trabajos de animación que mejor han descrito una cultura precolombina. La trata de esclavos se verá también reflejada en el cortometraje *El ferrocarril* (Modesto García, 1987) y en la serie para TV *El negrito cimarrón* (Tulio Raggi, 1975). Otro de los trabajos más celebrados de Raggi sería *El alma trémula y sola* (1983): inspirado en el poema *La bailarina española* de José Martí (fundador del Partido Revolucionario Cubano), el cortometraje recrea toda una época, ambientes y sucesos ocurridos durante el exilio de Martí en Nueva York y su encuentro con La Bella Otero.

También predominarían las animaciones con temas infantiles, educativos e inspirados en cuentos, como *El pececito sin color* (Mario Rivas, 1976), *Historia del fuego* (1975) y *El animalito torpe* (1976) —ambas de Hernán Henríquez—, o los cortometrajes de Tulio Raggi *La gamita ciega* (1986) y *El paso del Yabebirí* (1987), basados en la literatura de Horacio Quiroga. La formación en valores es un importante tema, como en el corto *Viva papi* (Juan Padrón, 1982), en el que un niño aprende que un padre que fabrica tuercas es tan importante o más que un maquinista, un piloto de avión o un caballero.

Pero, en un contexto político necesitado de justificar el movimiento revolucionario, así como de explicarse como nación, hay un personaje y un artista que definen la animación cubana para el mundo: ellos son Elpidio Valdés y su creador, Juan Padrón (1947-2020). Surgido a la par que el primer Congreso de Educación y Cultura —que fomentaba la exaltación de las glorias del pasado como una alegoría de las actuales—, el personaje de Elpidio Valdés, nacido en las tiras cómicas de Padrón (publicadas en la revista *Pionero* desde 1970), proporcionaba ese gusto por la trama histórica belicista, no otra que la Guerra de Cuba contra los españoles —reflejo irónico de la insumisión de la isla al bloqueo estadounidense desde 1962—, con un tono satírico y, hasta cierto punto, burlón con lo establecido. La saga animada de Elpidio Valdés se prolonga desde 1974 con su primera entrega, *Elpidio Valdés contra el tren militar*, hasta 2015. Como dice Dean Luis Reyes (2020), "Elpidio Valdés ofrece a los cubanos un espejo donde asomar sus ideales, les entrega un héroe hecho con retazos de su psicología, y a la par, ratifica los principios del socialismo como doctrina oficial."

En la página anterior, cartel de *El bohío* (Mario Rivas, 1984) y dibujos de producción de *El negrito cimarrón* (Tulio Raggi, 1975). Abajo, *El paso del Yabebirí* (Tulio Raggi, 1987).

ELPIDIO VALDÉS
juan padrón

¡HAN TIRAO UN TUBITO!
¡¡AL ATAQUE!!

Así pues, Juan Padrón firma el primer largometraje de animación en la historia del cine cubano, *Elpidio Valdés* (1979). Después surge la serie para adultos *Filminutos* (1980-2006) —con numerosas colaboraciones de Tulio Raggi y Mario Rivas—, a la que siguió *Quinoscopios* (1986-1987), a partir de las ingeniosas ilustraciones de Quino —amigo de Padrón, que también le encomendó el relanzamiento de *Mafalda* (1994)—. El largometraje *¡Vampiros en La Habana!* (1985), coproducido con Televisión Española, es un título de culto en el género de animación para adultos, que encontró continuación en 2003 con *¡Más vampiros en La Habana!*

Con un estilo de humor inconfundible y un intenso ritmo narrativo, Juan Padrón siguió siendo el principal director del estudio en la época de la crisis, cuando el colapso de la URSS significó la pérdida del 85% de las exportaciones cubanas y el mercado tuvo que reinventarse. Padrón realizó para TeleMadrid la serie *Más se perdió en Cuba* (1996), así como *Cineclips* (1998) para Canal +, en colaboración con Iskra (Madrid). A finales del siglo, en el ICAIC aún se trabajaba de manera artesanal, con materiales especializados (acetatos, pintura de gouache acrílico) que el bloqueo convirtió en imposibles de importar, lo que llevó a poner en marcha en 2004 un plan de modernización para introducir las nuevas tecnologías y remodelar profundamente el estudio.

El de Cuba es un cine de animación con un ritmo intenso y una fuerte idiosincrasia, con variedad de registros gráficos y técnicos, continuados por sus jóvenes talentos, como Paul Chaviano, Ernesto Viña o Bárbaro Joel Ortiz —autor del corto tragicómico *20 años* (2009)—, o el dúo compuesto por Adanoe Lima y Yemelí Cruz (*La luna en el jardín*, 2012; *Los dos príncipes*, 2017). Por añadidura, la progresiva digitalización ha facilitado que surjan en la isla realizadores por cuenta propia, lo que garantiza la continuidad del cine de animación cubano al margen de los medios oficiales. Como habría brindado Padrón, "Salud, que belleza sobra"…

En la página anterior, arriba, imagen de *Elpidio Valdés*, por Juan Padrón; abajo, retrato del maestro. Bajo estas líneas, dos *Filminutos: La indecisión del vampiro* (Juan Padrón) y *Proposición deshonesta* (Tulio Raggi).

7. Gigantes de la animación

En este capítulo se prestará especial atención a los que han sido los animadores más influyentes de la segunda mitad del siglo XX, hasta los años 90: John Halas y Joy Batchelor, cuya trabajo pionero en la animación de Reino Unido se prolongó durante numerosas décadas, llegando a abrazar la televisión, nuevos formatos como el videoclip y la emergente animación por ordenador; Osamu Tezuka, figura imprescindible en el desarrollo de la animación en Japón y en la configuración del lenguaje del *anime*; Ralph Bakshi, icono de la animación *underground*, cuyo enorme legado de largometrajes y series televisivas ha reflejado con ojo crítico la realidad de su época; Frédéric Back, probablemente el representante más importante de la animación de autor, además de Jan Švankmajer, una de las figuras más originales de la animación europea; y Richard Williams, un fascinante director que, si bien no siempre logró sus objetivos, sí mantuvo incólume su independencia creativa.

Es cierto que, por las limitaciones de extensión de este libro, quedan fuera otras figuras muy relevantes que trabajan en período similar, como Raoul Servais, George Dunning, Caroline Leaf, los Estudios Moro, la compañía Aardman, Studio Ghibli, Bruno Bozzetto, Gianini y Luzzati, Børge Ring, Ishu Patel, Pierre Hébert, René Laloux, Jean-François Laguionie, Paul Driessen, Alison De Vere, Suzan Pitt, Faith Hubley, Kihachiro Kawamoto, Jimmy Murakami, Will Vinton, y más posteriormente, los hermanos Quay, Alexander Petrov, Priit Pärn, Joanna Quinn, Michel Ocelot, Georges Schwizgebel, Michaël Dudok de Wit, Barry Purves, Isabel Herguera, Pablo Llorens, Paul Bush, Abi Feijó, Regina Pessoa y un largo etcétera que también comprendería a maestros de la animación televisiva desde los noventa. Sin embargo, dedicarles la atención que merecen no solo habría requerido un libro completo, sino toda una serie de monografías especializadas en sus respectivos ámbitos.

En la doble página anterior, *Alice* (*Neco z Alenky*, 1988), de Jan Švankmajer. Sobre estas líneas, *Charley* (1945-47), de John Halas y Joy Batchelor, retratados en la página siguiente.

HALAS & BATCHELOR: EL MAYOR ESTUDIO DE REINO UNIDO

John Halas y Joy Batchelor formaron una de las parejas más activas de la animación europea del siglo XX, produciendo todo tipo de trabajos publicitarios, videoclips, series de televisión e incluso cortometrajes artísticos. Fundadores del estudio británico Halas & Batchelor, con una dilatadísima trayectoria (entre 1940 y 1995), y mundialmente conocidos por el largometraje *Rebelión en la granja* (*Animal Farm*, 1954), fueron también pioneros en el uso de gráficos digitales desde finales de los años 60.

John Halas (1912-1995), nacido János Halász en Hungría, se inició en la animación junto a George Pal en la productora de cine Hunnia Film, donde permaneció hasta la marcha de Pal a Alemania. Más adelante se convirtió en ayudante del fotógrafo y pintor László Moholy-Nagy en la llamada "Bauhaus húngara", un estudio-escuela que reunió a importantes representantes de las Vanguardias —como Victor Vasarely o Gyorgy Nemes—, y que sería su influencia artística más importante. En 1932 Halas fundó con Gyula Macskássy el primer estudio de animación de Hungría, Colortron, aunque en 1936 Halas se trasladó a Reino Unido, requerido por la compañía British Colour Cartoons para la producción de comerciales. Durante las pruebas que realizó para contratar a animadores, quien demostró tener mejores aptitudes fue una joven llamada Joy Batchelor.

Joy Batchelor (1914-1991) era una reconocida ilustradora británica que había publicado dibujos en revistas como *Vogue* y *Harper's,* y también había pasado por varios estudios de animación. Halas y Batchelor fueron enviados a Budapest por British Colour Cartoons para realizar el cortometraje *The Music Man* (1937), y fue en este proceso cuando se convirtieron en un tándem inseparable. Regresaron a Londres en 1940.

Sin embargo, Halas, extranjero en Reino Unido en tiempo de guerra, fue amenazado con ser recluido en la Isla de Man, por lo que el matrimonio le permitió acceder a la nacionalidad británica. Ese mismo año, a sugerencia de George Pal, fundaron su estudio, Halas & Batchelor, como unidad independiente de la agencia de publicidad JWT (J. Walter Thompson Advertising Agency) para producir películas para el Ministerio de Información, de las que realizaron más de 70 en tiempo de guerra —la serie *Abu* (1943-1945), destinada a Oriente Medio—. En 1941, sin embargo, una bomba alcanzó el domicilio de la pareja, encontrándose dentro Joy, que quedó enterrada en escombros hasta el cuello, origen de los problemas de salud físicos y psicológicos que padeció de por vida.

A pesar de ello, Halas y Batchelor funcionaron como una pareja creativa en toda regla. Trabajaban juntos la producción, los guiones y la puesta en escena. La principal ocupación de John estaba en la parte conceptual, mientras que a Joy le preocupaban la claridad del guion y del storyboard, realizando también los diseños y, con frecuencia, la dirección de animación.

El estudio destacó internacionalmente por la producción de numerosas películas de encargo y series televisivas, con un lenguaje visual muy funcional y simplificado que con frecuencia se anticipó a las soluciones visuales de la UPA, sin desmerecer la calidad de una animación siempre fluida y dinámica, con un aspecto muy plástico tanto en personajes como

Foo Foo (1959-60) y *Dodo, the Kid from Outer Space* (1964).

en efectos atmosféricos. En este sentido destaca la serie propagandística *Charley* (1945-47), cuyos capítulos presentan al público británico las reformas adoptadas tras la guerra. De carácter más infantil, también produjeron la atrevida *Foo Foo* (1959-60) —donde implementaron el sistema HABA Cellgraph para dibujar la animación directamente sobre el acetato— y *Dodo, the Kid from Outer Space* (1964) —destinada a la televisión de EEUU—. Otra de sus series más originales fue S*nip Snap* (1960), realizada con personajes de papiroflexia sobre escenarios en volumen. Su capacidad para adaptarse a diferentes lenguajes gráficos también destacó en la serie *Tales from Hoffnung* (1965), a partir de las ilustraciones humorísticas de Gerard Hoffnung sobre la música de orquesta. Sus dos últimos trabajos seriados fueron *The Great Masters* (1985-86), en torno a tres grandes artistas (Botticelli, Toulouse-Lautrec y Leonardo Da Vinci), con dirección artística de Janos Kaas; y *Know Your Europeans* (1995), un ambicioso y divertido proyecto que quedó inconcluso.

Dos series de Halas y Batchelor: *Tales from Hoffnung* (1965) y *Know Your Europeans* (1995).

Asimismo, el estudio también destacó por la realización de largometrajes, siendo los dos primeros películas de entrenamiento destinadas a la Armada y al cuerpo de bomberos: *Handling Ships* (1945) —animada con dibujo y stop-motion, tratándose del primer largo de animación británico— y *Water for Firefighting* (1948). El encargo de *Rebelión en la granja* llegó en 1951, de mano del americano Louis de Rochemont, productor de los noticiarios *The March of Time* y representante encubierto de la CIA, agencia que deseaba financiar un filme sobre el demoledor libro de George Orwell; la película fue estrenada en 1954, con notable éxito, aunque la clave alegórica de la narración, así como su final diferente al del libro —los animales se rebelan y derrocan a los nuevos opresores, de alguna forma anticipándose varias décadas a la realidad— refuerzan la idea de la necesidad de libertad. En este período de tiempo el estudio creció, pasando de ser una pequeña unidad ubicada en el Soho londinense a crear sedes en diferentes localidades. Una década después realizaron el primer largometraje animado basado en una ópera: *Ruddigore* (1967), a partir del libreto cómico de Arthur Sullivan y W.S. Gilbert de 1887. La película contó con la especial implicación de Joy Batchelor en su concepto y dirección, siendo uno de sus últimos trabajos antes de su retiro en 1970.

Arriba, *Rebelión en la granja* (1954); abajo, *Ruddigore* (1967).

Cortometrajes de Halas y Batchelor: *Dilemma* (1981) y *The Owl and the Pussycat* (1952); en la página siguiente, *History of the Cinema* (1957) y *Hamilton* (1961).

Los cortometrajes del equipo destacan igualmente por la variedad de lenguajes y estilos a lo largo de las décadas. A veces pueden calificarse como películas de arte y ensayo, como *The Magic Canvas* (1948), la cinta más experimental de John Halas donde, a pesar de emplear animación cartoon (el dibujo sobre acetato), disuelve la idea de figuración y continuidad narrativa a favor de una constante transformación de la entidad principal, un personaje que parece encarnar un espíritu humano inconformista. Entre esta producción y *Dilemma* (1981), la otra gran obra personal de John Halas, ya realizada con las últimas tecnologías (con gráficos 2D y efectos de tridimensionalidad), pasan más de treinta años, y las reflexiones pasan de lo intimista y personal, comprometido con el arte, a una preocupación por la Humanidad en su conjunto.

La mayor parte de cortometrajes de Halas y Batchelor se produjeron en animación cartoon, aunque explorando sus diferentes facetas, desde la más formalista *The Owl and the Pussycat* (1952) —corto pionero en la animación estereoscópica europea— hasta la cómica y enternecedora *Hamilton* (1961) —sobre un elefante de circo que solo desea ser músico— o la interesante *The Five* (1970), dirigido por Batchelor para una asociación médica, mostrando el mundo desde la perspectiva de unos doloridos dedos de un pie. *History of the Cinema* (1957) describe la trayectoria cíclica entre la prehistoria cinematográfica y el cine del futuro, y en cierta forma no se equivoca al predecir las consecuencias del llamado "cine de las atracciones" de hoy en día, donde lo sensorial predomina sobre la lógica narrativa.

La productora también realizó la cinta satírica *Automania 2000* (1963), nominada a un Oscar, dibujada en un estilo informal, sin líneas de contornos y con siluetas geometrizadas, para mayor libertad de la animación. Asimismo, en *The Question* (1967), un personaje con un signo de interrogación pregunta a diferentes autoridades (religiosas, políticas, científicas) sobre algo que desconocemos, pero intuimos que es el sentido de la vida. En estos dos trabajos, como en la mencionada *Dilemma*, la pregunta que subyace es, ¿llevará el progreso a la destrucción del ser humano? Aún no lo sabemos. En cualquier caso, la carrera animada de Halas y Batchelor culmina con una revolución traída por la tecnología digital, como también se observa en el documental que John Halas dedica a su mentor en *A Memory of Moholy-Nagy* (1990), incluyendo tres escenas de abstracción geométrica tituladas *Constructions*, *Circus*, y *Epilogue*. Mención aparte merecen sus pioneros vídeos musicales, realizados en una época en que aún no era frecuente recurrir a la animación para promocionar la música: si bien el videoclip *Love Is All* (1976) para Roger Glover, a partir de las ilustraciones de Alan Aldridge (creador de icónicas publicaciones para The Beatles), es de un formalismo casi disneyano, en cambio, el vídeo *Autobahn* (1979) para Kraftwerk destaca por su imaginería renovadora, en un trabajo de 11 minutos producido específicamente para el sistema Videodisc (un antecedente del Laser Disc).

El estudio Halas & Batchelor mantendría una trayectoria independiente hasta comienzos de los años setenta, cuando fue absorbido por Tyne Tees Television, si bien al cabo de unos años la pareja recompró su estudio y lo mantuvieron activo hasta la muerte de Halas en 1995.

Con el tiempo, John Halas ha sido definido esencialmente como un maestro, el guía de la siguiente generación de animadores en Reino Unido (Alison De Vere, Jimmy Murakamy, Harold Witaker, Clarie Kitson) y Hungría (György Matolcsy, Gezá M. Toth), y también como un hombre de negocios. Tanto John Halas como Joy Batchelor se dedicaron no solo a la producción, sino también a la docencia, dejando un impresionante legado de publicaciones de referencia tanto para estudiosos como para profesionales del medio: *Timing for Animation*, *The Contemporary Animator*, *Graphics in Motion*, *How to Cartoon for Amateur Films*, *Masters of Animation*, etc. Su corpus de obra común traza un incomparable recorrido desde las vanguardias europeas hasta los nuevos lenguajes de animación televisiva y por ordenador, a través de más de 2.000 títulos que actualmente forman parte de The Halas and Batchelor Collection (British Film Institute).

Dos imágenes de *Automania 2000* (1963). Abajo, el videoclip *Autobahn* (1979), para Kraftwerk.

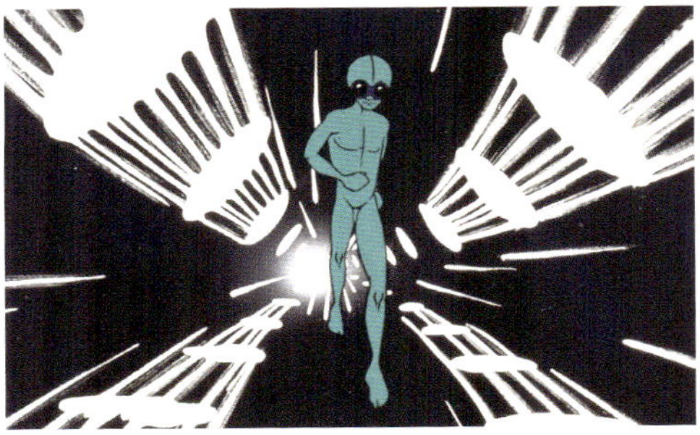

OSAMU TEZUKA, EL DIOS DEL ANIME

Osamu Tezuka, conocido como *Dios del manga* o "Manga No Kamisama", nació en Japón en 1928 y murió en 1989. Tezuka no inventó el *manga* (palabra que designa la narrativa gráfica japonesa desde el s. XIX), pero sí transformó su concepto aportándole un mayor dinamismo que aprendió de las técnicas cinematográficas de Walt Disney y los hermanos Fleischer, hasta tal punto que sus cómics. Asimismo, sus animaciones tuvieron una profunda influencia en la sociedad japonesa de postguerra. Pero, antes de conocer el papel fundamental que Osamu Tezuka jugó en la renovación del *manga* y en su evolución como *anime*, trazaremos una pequeña memoria del pasado.

En Japón existía una larguísima tradición relacionada con la caricatura, que puede datarse desde la era Asuka, siglo VI d.C. Sin embargo, es con la popularización de las estampas Ukiyo-E, durante el período Edo, a finales del s. XVIII, cuando aparecen libros ilustrados llamados Kusazoshi, que abordan diferentes temas y anuncian el futuro formato de los *manga*. Pero el término *manga*, que viene a significar "capricho" o "garabato", no surge hasta 1814, cuando Hokusai publica una serie de 15 volúmenes con rápidos bocetos de la realidad, titulados *Hokusai Manga*.

Por otro lado, desde la era Meiji, ya en pleno siglo XIX, la apertura del país a Occidente trajo como resultado la llegada de una serie de juguetes ópticos que se volverían muy populares, como los Peep-box o cajas para mirar, la Linterna Mágica o el Zootropo, que proporcionarían a los japoneses una primera noción de imágenes secuenciales en movimiento. Existe constancia de producción de cine en Japón desde 1897, prácticamente desde que se importa la primera cámara de cine en el país. Curiosamente, la primera animación que se conoce data de una fecha temprana, 1907, bautizada tras su descubrimiento como *Fragmento Matsumoto* (*Katsudō Shashin*), debida a un autor desconocido que realizó con tampografía sobre celuloide unos dibujos de un marinerito. El resultado es semejante a las películas de Linterna Mágica alemanas que se conservan, por lo que pudo realizarse a imitación de aquellas.

La animación cinematográfica japonesa tiene un origen duro y convulso. Entre 1910 y 1920 se desarrolla una pequeña industria que con frecuencia emula la animación americana, desarrollando historias cómicas que empleaban caricaturas recortadas en papel y, menos frecuentemente, los carísimos acetatos que había que importar de EEUU. Lamentablemente, la mayor parte de la producción de este período se perdió con el aparatoso terremoto de Tokyo en 1923.

Por desgracia, en 1937 Japón se embarca en un largo período bélico, comenzando por la Guerra Chino-Japonesa (1937-1945) y que finalizaría con la derrota en la Segunda Guerra Mundial (1941-1945); en consecuencia, desde 1939, el grueso de la producción japonesa se concentra en la realización de películas propagandísticas, como el largometraje *Momotaro, dios de las olas* (*Momotarō - Umi no Shinpei,* Mitsuyo Seo, 1944), que alcanzó enorme difusión en el país y en los terrenos ocupados.

En la página anterior, Osamu Tezuka en los años 60. Bajo estas líneas, el largometraje *Momotaro, dios de las olas* (Mitsuyo Seo, 1944).

Sin embargo, tras la derrota de Japón en 1945, una nueva ley de censura se dedicó a revisar toda la producción cinematográfica del país, se forma que se eliminaron sistemáticamente todas las películas del período anterior que fuesen de tema político. Desde entonces, durante aproximadamente 10 años no hubo gran interés en producir animación en Japón, ya que en general se asociaba con el cine propagandístico y, por añadidura, era muy caro. A pesar de ello, siguieron trabajando algunos animadores del período anterior y, finalmente, se produjo el primer largometraje animado japonés en colores, *Panda y la serpiente mágica* (*Hakujaden,* Taiji Yabushita, 1958), que tendría una gran influencia en los jóvenes del país.

Osamu Tezuka realiza sus primeras animaciones muy poco después, en 1961; sin embargo, ya era un aclamado *mangaka* desde 1947, cuando publicó *La nueva isla del tesoro* (*Shin Takarajima*) a la edad de 19 años. Y es que Tezuka dibujaba desde niño: los horrores de la Segunda Guerra Mundial marcaron su sensibilidad y desde el primer momento procuró transmitir con sus dibujos mensajes optimistas, humanitarios y ambientales. Con el mismo espíritu, Tezuka se licenció en Medicina en 1952 e incluso obtuvo el Doctorado. Si lo pensáis un poco, en un período de tan solo tres años, Tezuka defendió su tesis doctoral (1961), produjo su primer cortometraje importante (*Historias de la esquina de la calle*, *Aru machi kado no monogatari,* 1962) y lanzó a televisión su primera y revolucionaria serie, *Astroboy* (*Tetsuwan Atom*, 1963), que sentó las bases de la llamada "animación limitada" japonesa. ¿No es extraordinario?

Panda y la serpiente mágica (Taiji Yabushita, 1958). A la derecha, la serie de Tezuka *Astroboy* (1963).

Lo era. Osamu Tezuka fue un autor, director y empresario con una fuerte personalidad. Fundó su primera empresa de animación, Mushi Productions, en 1962, a partir de un desencuentro con Toei Doga —le habían propuesto dirigir para cine una adaptación de *Viaje al Oeste*, pero la empresa no aceptaba el final triste que Tezuka quería dar a la historia—. Autosuficiente artística y económicamente —Tezuka ganaba una fortuna con sus *manga*—, en Mushi Pro se dedica principalmente a llevar a la pantalla muchos de los *manga* que había dibujado en la década anterior, como el mencionado *Astroboy*, *Kimba, el león blanco* (*Janguru Taitei*, convertido en serie en 1965), y el no menos famoso *La princesa caballero* (*Ribbon No Kishi*, emitida en 1967). Sin embargo, Tezuka no conocía bien los costes de la industria, lo que le hizo cometer el error inicial de fijar precios de venta demasiado baratos para sus series. Por un lado, los precios exageradamente asequibles de estas series facilitaron su entrada masiva en el mercado japonés y también el occidental, pero también condicionó que fuesen de muy bajo presupuesto, tomando ejemplo de lo estaban haciendo en Hanna-Barbera. Estilísticamente, Tezuka también se apropia de los diseños de las series americanas que admiraba desde su niñez, especialmente las de Disney y de los hermanos Fleischer; precisamente a partir de los Fleischer, Tezuka fundamenta el estilo de facciones geométricas y de grandes ojos que suele caracterizar a los personajes de *anime* —y que solemos identificar como "japoneses".

Desde *Astroboy*, en las décadas siguientes se ha desplegado un gran número de géneros destinados a diferentes consumidores, como el *Kodomo* (para niños), *Shonen* (para chicos adolescentes), *Shojo* (para jovencitas), *Josei* (mujeres jóvenes y adultas), o con diversificación temática, como los *Mecha* (historias de robots), *Spokon* (historias deportivas), *Maho Shojo* (chicas con poderes mágicos), *Yaoi* (romance homosexual), *Hentai* (pornografía), postapocalíptico, etc. Por otro lado, Tezuka no tuvo reparos en tratar temas controvertidos en sus *manga*, como la corrupción política o la homosexualidad. De hecho, entre 1969 y 1973 produjo una trilogía de largometrajes de animación para adultos, llamada *Animerama,* que englobó los títulos *Las mil y una noches* (*Sen'ya ichi-ya monogatari,* 1969), *Cleopatra* (*Kureopatora,* 1970) y *Belladona of Sadness* (*Kanamisi no Belladonna*, 1973), dirigidos por Eiichi Yamamoto y escritos por el propio Tezuka; si bien fueron logros artísticos reconocidos, no tuvieron gran recaudación en cines.

Mushi Pro pasó de tener 30 empleados a fichar a más de 400 para poder satisfacer la enorme demanda del mercado. Sin embargo, las animaciones de sus *manga* no siempre tenían éxito, por lo que los patrocinadores impusieron la producción de series a partir de personajes foráneos, como los *Moomins*, de la noruega Tove Jansson, con irregulares resultados. En 1973, Tezuka se declaró en bancarrota, si bien el buen karma vino en su ayuda: a principios de los sesenta, Tezuka había hecho un favor a su amigo Kenzō Kasai, permitiendo que su padre utilizara la imagen publicitaria de *Astroboy* para no perder su empresa familiar; en correspondencia, Kasai pagó a Tezuka por los derechos de explotación de todas sus obras, de forma que Tezuka pudo reflotar su negocio como Tezuka Productions.

A pesar de la tendencia al estereotipo en sus animaciones comerciales, Tezuka mantuvo una vía creativa en paralelo, de carácter más plástico y experimental, y que muchas veces se asemejaría a los resultados de la Escuela de Zagreb. Estos trabajos, entre los que se encuentra la mencionada *Historias de la esquina de una calle*, *Recuerdos* (*Memory*, 1964), *Sirena* (*Ningyo*, 1964), *La gota* (*Shizuku*, 1965), o *Cuadros de una exposición* (*Tenrankai no e*, 1966), justificarían por sí mismos la inclusión de Tezuka entre los grandes genios de la historia de la animación.

En la página anterior, fila superior, izquierda: *La princesa caballero* (1967). A su derecha, *Belladona of Sadness* (1973), y abajo, *Cleopatra* (1970) dirigidas por Eiichi Yamamoto. Bajo estas líneas, *Historias de la esquina de la calle* (1962).

Con frecuencia, las historias de Tezuka giran en torno a la dualidad entre naturaleza y tecnología en la que se resuelve la vida humana, como puede verse en *Astroboy* —así como en su obra "póstuma" de animación, *Metrópolis* (2001), dirigida por Rintarō y Katsuhiro Ōtomo en homenaje al manga del maestro—. También estuvo obsesionado con una serie de ciclos que rigen la vida, que él identificaba como *construcción*, *destrucción* y *reconstrucción*, como puede verse en la poética *Historias de la esquina de una calle*, un relato histórico de la vida en Japón antes de la guerra a través de una serie de objetos intrascendentes que cobran vida: los carteles de un callejón, testigos mudos de la progresiva militarización del país, de los desastres de la guerra y, finalmente, el dificultoso renacer de la vida.

Sus últimos trabajos personales de animación fueron *Una película estropeada* (*Onboro Firumu*, 1985), *Pulsar* (*Pusshu*, 1987), *Muramasa* (*Muramasa*, 1987), y la inacabada *La leyenda del bosque* (*Mori no densetsu*, 1987), donde reflexiona sobre la relación del ser humano con la naturaleza y, al mismo tiempo, sobre los hitos más importantes que han dado forma a la historia de la animación, construyendo un filme

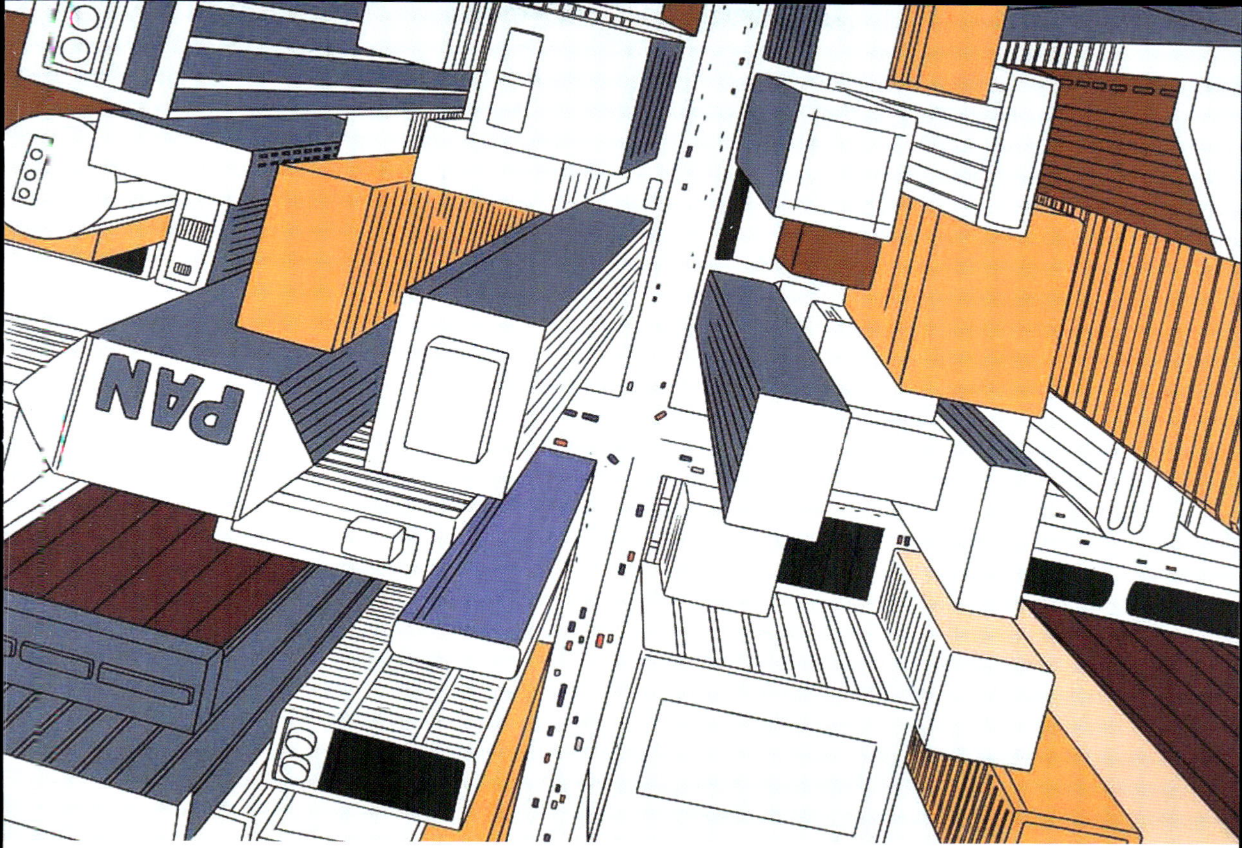

metalingüístico. Quizá la mejor película de esta época tardía sea la intrigante *Saltando* (*Janpingu,* 1984), contada en cámara subjetiva, a través de un personaje desconocido, quizá la Humanidad, que salta cada vez más alto, con consecuencias cada vez peores. En palabras de Tezuka, "Cuando seas mayor, no te olvides de mirar a la Tierra y a la humanidad de manera objetiva. Y pensar siempre en lo que significa ser humano." (Horno López, 2015).

Cuando Tezuka murió a los 61 años, había publicado unos 400 mangas, dibujado más de 150 000 páginas y realizó más de 60 películas en 35 años. Tezuka revolucionó el *manga* incorporando un gran dinamismo a la narración, multiplicando los puntos de vista e introduciendo un lenguaje propio del mundo del cine. Pero, además, le preocuparon temas trascendentes, como el lugar del hombre en la naturaleza —muy presente en las producciones de Studio Ghibli—, y que abrieron la puerta a las reflexiones existencialistas y cercanas al budismo que suelen presentarse en la obra de autores como Mamoru Oshii, Katsuhiro Ōtomo o Satoshi Kon, protagonistas de la segunda explosión del *manganime* a partir de los años 90 del pasado siglo.

En la página anterior, *Metrópolis* (Rintarō, Katsuhiro Ōtomo, 2001), a partir del cómic de Tezuka. Sobre estas líneas, *Saltando* (1984).

APAGANDO FUEGOS CON GASOLINA: RALPH BAKSHI

Un conocido meme que circula en las redes, llamado "Ralph Bakshi Movie Starter Pack", acierta al reunir muchos de los rasgos de identidad de este controvertido pero imprescindible director de animación del siglo XX: desde el "joven protagonista que trata de encontrar su lugar en el mundo" hasta la afluencia de personajes judíos, suburbanos, policías despreciables, desnudez y sexo, drag queens y, sobre todo, el empleo generoso de la rotoscopia. Pero, bajo todo este exceso, lo que subyace es una insaciable actitud creadora que ha superado todos los límites, convirtiéndose en uno de los más conocidos iconos de la cultura *underground*.

Ralph Bakshi nace en 1938 en Haifa (Mandato Británico de Palestina), en el seno de una familia de origen judío ruso. Un año después su familia se traslada a Nueva York, al populoso barrio de Brownsville, en

Brooklyn. Sus vivencias en aquel sector urbano lo marcarían de por vida, condicionando su interés hacia la cultura afroamericana —en el colegio llegó a ser el único niño blanco de su clase— y, en general, su fascinación hacia lo marginal, sin excluir la violencia. De niño demuestra un denodado amor por el dibujo y la caricatura; creció viendo los cartoons de Tex Avery y Bob Clampett, y de adolescente llegó a sustraer de la biblioteca el libro de Gene Byrnes *The Complete Guide to Cartooning*, su principal fuente de aprendizaje. Se matricula en el Manhattan School of Industrial Art, donde se gradúa en 1956, ganando una medalla en ilustración.

En su primera etapa, Ralph Bakshi se curte en el mundo de las series de animación, hasta que en 1970 dará un giro hacia un cine más personal y adulto. Comenzó trabajando en el histórico estudio Terry Toons, desde abajo: lavando acetatos. Desde ahí recorre todos los estadios de la producción: colorista, entintador, intercalador, animador de personajes. Colabora en las series *Super Ratón* (*Mighty Mouse*), *Heckle and Jeckle*, *Sad Cat*, *James Hound* y *The Deputy Wang*, entre otras, y aprende de los maestros del estudio: Jim Tyer (su principal mentor) y Connie Rasinski, creador de *Super Ratón*. A la edad de 25 años promociona a director de animación y crea la

En la página anterior, Ralph Bakshi en los años 70. Abajo, su serie *The Mighty Heroes* (1966-67).

serie *The Mighty Heroes* (1966-67). Al cabo de 10 años en Terry Toons, en 1966, desbanca a Gene Deitch como director creativo del estudio, aunque fue entonces cuando se dio cuenta de que el verdadero control sobre las producciones lo tenía el departamento de guion.

En 1967 acepta la oferta de ingresar como productor y director en Paramount Cartoon Studios (también conocidos como Famous Studios, anteriormente Fleischer Studios), donde es responsable de cuatro series que aún estaban destinadas a salas de cine. Durante este período, breve pero efervescente —solo duró 8 meses—, Bakshi se preocupó de que el estudio diera el paso hacia la televisión, estableciendo relaciones con artistas de cómic para proponer docenas de nuevos proyectos. Lamentablemente, Paramount los descartó sin mucho miramiento, concienciados como estaban del cierre de la compañía, lo que enfureció a Bakshi, que pasa a Krantz Film. Tras ocuparse de dirigir varias series y algunos anuncios para Fanta, Bakshi lanza al productor Steve Krantz la idea de realizar un largometraje a partir del cómic *El gato Fritz* (1965-1972) de Robert Crumb. Aunque el propio Crumb se negaba a confiar en una adaptación de su personaje, su esposa y dueña a partes iguales de

los derechos de sus obras estuvo encantada de ceder los derechos. Crumb se vengó matando a su personaje en las tiras cómicas…

La película *El gato caliente* (*Fritz the Cat*, 1972) trata sobre un felino antropomórfico que explora los ideales del hedonismo y la consciencia política en medio de las revoluciones sociales (y sexuales) de finales de los sesenta. Aunque es un filme profundamente neoyorquino, con sonido grabado en las calles, la animación se produjo en Los Ángeles, donde se instaló el nuevo estudio de Krantz Film. La nueva localización trajo además la posibilidad de fichar a los talentos más experimentados de los viejos estudios, como Virgil Ross o Rod Scribner. Aunque *Fritz the Cat* fue la primera película animada en recibir una calificación "X" por sus escenas de sexo y violencia, tuvo un éxito instantáneo, seleccionada en Cannes y elegida por el Museo de Arte Moderno de Nueva York para su exhibición y preservación. De hecho, la calificación X sirvió para alimentar más las expectativas hacia la película que, si bien costó un millón de dólares, llegó a recaudar 100 veces más. ¿Quién habló de la mala publicidad?

En la página anterior, hoja modelo de personaje para *El gato caliente* (*Fritz the Cat*, 1972). Sobre estas líneas, fotogramas del filme.

Bakshi adquirió fama, aunque no dinero, ya que el productor Steve Krantz escamoteó las ganancias proporcionales que le correspondían, por lo que Bakshi puso en marcha su plan B al mismo tiempo que trabaja en el largometraje *Heavy Traffic* (1973) para Krantz: Bakshi había conocido al prestigioso Al Ruddy, productor de *El padrino*, y juntos proyectaron el primer largo de animación protagonizado por afroamericanos: *Coonskin*. Pero cuando Krantz supo de los planes de Bakshi, cambió la llave del estudio y lo despidió fulminantemente… para volver a buscarlo desesperadamente dos semanas después, tras ver que los inversores retiraban sus aportaciones a *Heavy Traffic,* al faltar Bakshi. *Heavy Traffic* fue su mayor éxito comercial y artístico, a pesar de recibir también la calificación "X"; la película explora las fantasías surrealistas de un joven dibujante de cómics que proviene de una familia disfuncional, y que utiliza el juego del Pin Ball como metáfora del azar que rige el mundo y el limitado control que tenemos sobre él. Con *Heavy Traffic*, Bakshi alcanzó la misma consideración que los directores de su generación, como Coppola, Lucas o Scorsese.

Funda Ralph Bakshi Productions para acometer su proyecto con Al Ruddy, *Coonskin* (1975). La historia, protagonizada por un conejo, un oso y un zorro afroamericanos involucrados en la red del crimen organizado en Harlem, evocaba numerosos elementos de la cultura afroamericana, desde los cuentos del *Tío Remus* hasta las caricaturas de George Herriman. Sin embargo, estrenada justo después del pico de popularidad del género Blaxploitation, la película fue considerada *incendiaria* por las asociaciones afroamericanas y tuvo problemas de distribución; paradójicamente, el público más supremacista alabó a Bakshi porque tampoco captaron su tono crítico hacia el racismo.

En la página anterior, imágenes de *Heavy Traffic* (1973), incluyendo en la fila inferior una comparativa con la filmación con actores. Bajo estas líneas, *Coonskin* (1975).

Wizards (1977). En la página siguiente, *El señor de los anillos* (1978).

Estilísticamente, tanto *Heavy Traffic* como *Coonskin* son películas de realización clásica, aunque en ellas Bakshi comienza a grabar a actores como inspiración para los animadores. De alguna forma, la mezcla de animación e imagen real fue siempre una obsesión. A partir de su siguiente producción, la técnica de la rotoscopia se convirtió en la tónica: *Wizards* (1977) presenta una trama postapocalíptica en un mundo amenazado por los magos nazis, ¡y que emplea metraje de acción real mostrando a Hitler! Quién iba a estar en contra del *villano definitivo*... El tipo de rotoscopia que sería característica de la estética Bakshi se debió al lanzamiento por IBM de una fotocopiadora industrial que permitía hacer reproducciones baratas, de alto contraste, a partir de fotogramas de película. Estas copias en papel se recortaban y ajustaban de posición, para volver a ser fotocopiadas sobre acetato y pintadas por detrás, ya a la manera del cartoon tradicional.

Wizards dio a conocer a Bakshi mundialmente, lo que dio pie a la adaptación de una de las lecturas favoritas de Bakshi: *El señor de los anillos* (*The Lord of the Rings*, 1978), por encargo del productor Saul Zaentz. Sin embargo, todos sabemos cómo acaba esa película: en pleno *cliffhanger*, con Gandalf trayendo las tropas al cerco de Rohan; los hobbits nunca llegan a deshacerse del anillo en el Monte del Destino... Aunque en principio iba a ser una versión del monumental libro en dos entregas cinematográficas, tras repetidas discusiones en torno al presupuesto, la producción de la segunda mitad se suspendió. Con todo, *El señor de los anillos* de Bakshi es una obra de obligada referencia a la hora de configurar cinematográficamente el imaginario de Tolkien, con una acertada banda sonora y un uso extensivo de la rotoscopia, con la que se crearon escenas tan espeluznantes como las de los Nazgûl. Como nota curiosa, España fue el escenario de la Tierra Media cuando se rodó el metraje de acción real con que se preparó la animación.

En 1981, Bakshi regresa a los temas urbanos, realizando *American Pop*, una original obra en torno a cinco generaciones de una familia de origen judío ruso dotada para la música, lo que permite recorrer la música norteamericana del s. XX como en una especie de videoclip narrativo. Se trata de una de las cimas artísticas de Bakshi, con secuencias de psicodélica belleza y gran acierto en la elección de las canciones, cuya compra de derechos, sin embargo, resultó enormemente gravosa. *American Pop*, junto con *Heavy Metal* (Gerald Potterton, 1981) y *Rock & Rule* (Clive A. Smith, 1983), forman la "trilogía del rock" de la historia de la animación.

Asimismo, Bakshi finaliza y estrena un viejo proyecto dedicado a los años 50: *Hey Good Lookin´* (1982). Desde su concepción en 1974 se había propuesto como un proyecto que combinase metraje de acción real con personajes animados, pero Warner Bros saboteó esta iniciativa argumentando que "el público nunca aceptaría una unión entre personajes reales y animados". Al exigir que la película fuese enteramente de animación, los gastos se elevaron y Warner no quiso asumirlos; en consecuencia, *Hey Good Looking* tardó seis años en poder realizarse de manera independiente, aunque con magra recaudación.

En la fila superior, *American Pop* (1981); en la inferior, *Hey Good Lookin´* (1982). En la página siguiente, *Tygra: Hielo y Fuego* (1983).

En 1983, Bakshi y Frank Frazetta trabajan en la realización de *Tygra: Hielo y Fuego* (*Tygra: Fire and Ice)*, una sensual película de aventuras en la que colaboraron talentos como la artista Louise Zingarelli o el joven Peter Chung (futuro creador de la serie *Æon Flux*). Por desgracia, la película tampoco cuaja en taquilla. Bakshi tiene 44 años y empieza a resentirse del peso de su carrera. Se da un tiempo sabático en el que dedica a pintar, aunque no puede evitar involucrarse en el videoclip *Harlem Shuffle* (1986) para la banda The Rolling Stones, que realiza con el joven John Kricfalusi (padre de *The Ren & Stimpy Show*). También dirigirá un corto de acción real protagonizado por Harvey Keytel y que será alabado por la crítica: *This Ain't Bebop* (1989).

Bakshi regresa a la televisión en 1987, empeñado en relanzar el clásico personaje Super Ratón: *The New Adventures of Mighty Mouse*, una serie de "sábado por la mañana" (el horario infantil por excelencia), aunque lo bastante *cool* para poder ser vista un sábado por la noche. Por desgracia, a raíz de una secuencia en la que Super Ratón parece haber esnifado droga, el reverendo Donald E. Wildom comienza una campaña en su contra y la cadena CBS la cancela. Desde entonces, Bakshi dirige algunos pilotos de serie y un especial televisivo a partir de un relato de Dr Seuss: *The Butter Battle Book* (1989). Poco después comienza el proyecto de *Cool*

Cool World: una rubia entre dos mundos (*Cool World*, 1992).

World: una rubia entre dos mundos (*Cool World*, 1992), protagonizada por Kim Bassinger, Gabriel Byrne y un todavía desconocido Brad Pitt. Fue quizá un filme fuera de su momento, más propio del cine de fantasía de los ochenta, con el desgarre de las fronteras entre lo real y lo fantástico y las ominosas consecuencias que se desprenden de esta disrupción.

Ralph Bakshi resucita su actividad poniendo en marcha varias series para Hanna-Barbera y HBO, entre las que destacamos *Malcolm and Melvin* (1997) y *Spicy City* (1997). Aunque actualmente se mantiene apartado del circuito, ha realizado en solitario un corto, *Last Days of Connie Island* (2015), una muy personal fusión de su imaginería como pintor y su arte como animador, de una increíble vitalidad.

Siempre polémico y creativo, aunque buen seleccionador de talentos que colaboraron con entusiasmo, Bakshi abrió el camino para que la animación perdiera el estigma de ser un arte para niños, buscando públicos de inquietudes más sofisticadas y tratando todo tipo de temas sociales, políticos o históricos, de modo humorístico o abiertamente corrosivo, incorporando además una dirección artística de incuestionable personalidad.

FRÉDÉRIC BACK, EL HOMBRE QUE PLANTÓ ESPERANZA

En este libro hemos visto con frecuencia cómo la animación ha servido a fines comerciales, educativos o políticos. Pero, ¿qué pasa cuando hay que servir… al planeta?

La respuesta a esta pregunta la encontramos en la obra de Frédéric Back (1924-2013). Ciudadano del mundo, pero, sobre todo, habitante del planeta Tierra, nace en el seno de una familia alsaciana en una región de Alemania, el Sarre, administrada por la Sociedad de Naciones desde el final de la Primera Guerra Mundial. Cuando en 1935 Alemania presiona para controlarla, la familia de Back huye a Francia. Back estudia música en Estrasburgo y arte en París y Rennes, pero, por su condición de prófugo, durante la Ocupación necesitó ayuda para ocultarse —un sacerdote, Alphonse Morin, lo protegió, y, en agradecimiento, Back realizó unas pinturas en la Iglesia Saint-Mélaine, en Bretaña.

Una de las personas que más le influyen es su profesor de arte Mathurin Méheut, que le impulsó a desarrollar su individualidad y a fijarse en todo momento en la naturaleza. Back se traslada a Canadá en 1948, y en 1952, año en que la televisión llega a la región, Back entrará en la Societé Radio-Canada, interesada en sus cualidades como artista gráfico. Back pasa años trabajando como maquetista, creador de efectos visuales y escenógrafo, haciéndose popular gracias a sus colaboraciones en el programa divulgativo *Le nez de Cléopâtre*, donde realiza dibujos en directo para contar historias. Este período fue importante porque le ayudó a desarrollar técnicas para presentar en movimiento sus dibujos. También trabajará por su cuenta ilustrando libros y pintando falsos vitrales de tamaño monumental.

El animador Frédéric Back; abajo a la izquierda, su ilustración para el especial de Societé Radio Canada *Samuel de Champlain*; a la derecha, su vitral para la estación Place-des-Arts del metro de Montreal.

En 1967 Societé Radio-Canada abre su unidad de animación, donde Back comienza a realizar filmes para niños —muchas veces, protagonizados *por niños*— en los que revela su talante preocupado por el medio ambiente. El primero fue *Abracadabra* (1970), con un dibujo marcadamente naïf, empleando la clásica animación con acetatos, mientras que en *La creación de los pájaros* (*La création des oiseaux*, 1972) experimenta con la animación de recortables pintados. Esta segunda película, al igual que la siguiente, *Inon* (*Inon ou la conquête du feu*, 1972), se basarán en mitos y leyendas de los nativos americanos. En *¿Ilusión?* (*Illusion?,* 1975), comienza a mostrar un estilo de dibujo con líneas abiertas y fondos que respiran, que se irá convirtiendo en su marca personal. Su filme de 1977 *Taratata* le dio notoriedad al ganar el primer premio del Ciné-Festival de Lausanne, y su siguiente trabajo, *Todo nada* (*Tout-rien*, 1978) le sirve para perfeccionar su técnica de dibujo con lápices grasos (Prismacolor) sobre acetato esmerilado (o "frosted cels"), con los que se atrevió a dibujar la animación a la vez que la coloreaba.

Todo nada supuso para Back su primera nominación a un Oscar. A su llamativa estética se suma una potente narrativa en torno al ser humano y su deseo de poseer todo lo que le rodea —en este caso, unos indómitos Adán y Eva que se apropian de las pieles de los mamíferos, las plumas de los pájaros y del mundo de los peces—, provocando un crecimiento industrial desmedido. Este egoísmo contra sus semejantes, los animales, entristece a Dios, otro de los personajes principales. Lo cierto es que no será la única vez que veamos en la obra de Back un sesgo religioso ligado al amor por la naturaleza.

Crac! (1980), su primer filme ganador del Oscar, combina el mensaje ecologista con todo un himno a la cultura y tradición de Québec, relatando la historia de una familia a través de un objeto cotidiano: una sencilla mecedora de madera que se convierte en testigo privilegiado de los principales momentos de sus vidas —la crianza de los hijos, sus juegos, sus celebraciones—. La mecedora tallada a mano vincula el mundo natural con la vida humana, y como tal, está destinada a vernos pasar: mil veces reparada, abandonada en un vertedero, atónita ante el crecimiento de la ciudad, ante las protestas contra la apertura de una planta nuclear, la silla "regresa" a la vida cuando va a parar a un museo, donde rememora sus días felices de danzas al son de melodías populares. El lenguaje visual del filme se estiliza, recordando en ocasiones a los pintores históricos del Canadá francés, haciéndonos olvidar que estamos ante un simple filme para comprender que se trata de una obra de arte.

20.000 dibujos y cinco años de trabajo después, Frédérick Back presenta su opus magnum: *El hombre que plantó árboles* (*L'homme qui plantait des arbres*, 1987), a partir del relato homónimo de Jean Giono, que descubrió casualmente en la misma época en que el propio Back se dedicaba a plantar grandes extensiones de árboles en su finca. La historia gira

En la página anterior, de izqda. a dcha. y de arriba abajo: *La création des oiseaux* (1972), *Inon ou la conquête du feu* (1972), *Illusion?* (1975) y *Taratata* (1977). Sobre estas líneas, *Tout-rien* (1978) y *Crac!* (1980).

El hombre que plantó árboles (1987). A la derecha, estudio de Frédéric Back de 1964.

en torno a un personaje de ficción emblemático: Elzéard Bouffier, un héroe anónimo que, desde un desértico rincón de la Provenza francesa, se dedica a plantar miles de robles para devolver el equilibrio al paisaje. Su gesta, lenta pero constante, es narrada por un personaje que da voz a aquel ermitaño que, de tanto evitar la presencia de los hombres, ya casi había olvidado el lenguaje. Bouffier, testigo de la degradación de la región ante la progresiva pérdida de la vegetación y del agua —mostrada en la película mediante escenas de impactante expresionismo—, es un "atleta de Dios" en la imaginación de Giono: un profeta silencioso que devuelve la esperanza repoblando de árboles y vida aquel paisaje, con tonos dignos de un cuadro de Renoir. Toda una lección para nuestra época de contaminación y calentamiento global, que amenaza con transformar, para mal, el planeta.

El hombre que plantó árboles supuso el segundo Oscar para Back, y aún sería nominado una vez más por *El río de las grandes aguas* (*Le fleuve aux grandes eaux*, 1993), un documental animado en torno a la historia del río San Lorenzo y el impacto de la explotación humana sobre él.

La única forma de celebrar el medio ambiente es mostrar su belleza tal y como es, y en eso Frédéric Back fue un verdadero San Francisco de Asís, un cantor de la naturaleza en todos sus pormenores, atento al detalle de las formas de los árboles, la silueta de sus hojas, las plumas de los pájaros o las manchas en la piel de un león marino. En sus innumerables cuadernos de bocetos también estudiaba con rigor los ropajes típicos de los colonos canadienses, los atuendos de los nativos o sus utillajes. Nada escapaba a su único ojo bueno, el izquierdo, puesto que perdió la visión del derecho accidentalmente, al recibir una ráfaga de fijador para dibujo mientras trabajaba en *Crac!*

Predicando con el ejemplo, vegetariano y activista de toda la vida, Back plantó unos 10.000 árboles en su finca cerca de Montreal. Fue miembro fundador de la Sociedad de Québec para la Defensa de los Animales (SQDA) y de la Sociedad para Superar la Contaminación, así como miembro de la Société d'Eau Secours!, dedicada a la protección de los recursos hídricos.

La obra animada de Frédéric Back en verdad se reduce a 10 cortometrajes producidos en un período de 25 años, en los que Back trabajó de manera incansable, volcando en ellos su talento y siendo dueño de su discurso, hablándonos a través de las emociones: de ser humano a ser humano. Isao Takahata y Hayao Miyazaki lo han reconocido como una de sus mayores influencias, pues comparten idénticas preocupaciones en torno a la naturaleza y al ser humano. En vida, Frédéric Back fue reconocido por ASIFA con el *Winsor McCay Award for Lifetime Achievement in Animation* de los Annie Awards. En 1989, fue nombrado Caballero de la Orden Nacional de Québec, y en 2011, el prestigioso Museo de Arte Contemporáneo de Tokio presentó la mayor retrospectiva de su obra en el mundo; hasta esa fecha, solo otro animador había sido honrado de tal forma: Walt Disney.

JAN ŠVANKMAJER, EL ANIMISTA INSUMISO

La obra de Jan Švankmajer, nacido en 1934, es una de las más subversivas, amplias e influyentes que pueden encontrarse en la historia de la animación del siglo XX y parte del XXI; porque, sí señores, con 86 años cumplidos, el llamado "alquimista de Praga", el "chamán del inconsciente", sigue en activo y más visionario que nunca.

Jan Švankmajer, formado en el teatro de marionetas y fundador de varios espectáculos, como el Teatro de Máscaras de Praga, colabora con el Teatro Negro y realiza su primer filme en 1964: *El último truco* (*Poslední trik pana Schwarcewalldea a pana Edgara*). A partir de 1970 se une al Grupo Surrealista Checoslovaco, lo que da un giro a su trayectoria.

Teatro de títeres en *La lección Fausto* (Jan Švankmajer, 1994). En la página siguiente, una de las esculturas del Kunstkammern (gabinete de maravillas) de Švankmajer, y retrato del autor.

Es básicamente imposible catalogar a Jan Švankmajer con una sola etiqueta porque, como él mismo defiende en su famoso *Decálogo* (1999), la poesía es lo contrario a la especialización profesional: "la poesía es solo una". Švankmajer es tan conocido como cineasta como por su bullente actividad como artista plástico, produciendo incontables esculturas, *objects trouvés* y collages; e incluso, dentro de su filmografía, la variedad de enfoques, temas y técnicas empleadas conforman un catálogo inabordable.

Švankmajer es un surrealista. Es un mago que reanima los objetos. Es un coleccionista obsesionado con los gabinetes de curiosidades. Es un admirador de Arcimboldo. Es un niño que no quiere comer. Es un fetichista. Es un lector inagotable. Es un observador del mundo. Es un

dios que da cuerpo y forma a lo que imagina. Es, como se define en su *Autorretrato* (1999), "una mano con seis dedos palmeados. En lugar de uñas tengo pequeñas lenguas puntiagudas y glotonas con las que lamo el mundo" (citado en Castro y Lacalle, 2012).

Pero, si hay algo que nos sugieren todas sus películas, es cierto aire de pesadilla. Y de humor. Hay mucho humor en Švankmajer, *pero negro*, porque lo sufren otros. Si empatizamos con los personajes, es cuando padecemos. En uno de sus primeros cortos, *El piso* (*Byt*, 1968), un hombre despierta en un extraño apartamento donde no puede satisfacer ninguna de sus necesidades, porque los objetos se le revelan: dispone de un plato de sopa, pero la cuchara se le llena de agujeros; el huevo que quiere comer está tan duro que atraviesa la pared de enlucido; la silla se hunde en el suelo, evitando que se siente en ella; ni siquiera puede tumbarse en su cubil porque se desintegra en virutas. Como es de esperar, el afligido personaje no conseguirá escapar de esa celda.

La infancia es otro de los temas clave de Švankmajer, indisociable del animismo, la reanimación de los objetos con los que la imaginación infantil establece relaciones privilegiadas. Partiendo de un absurdo poema de Lewis Carroll, Švankmajer retrata el universo de los niños en *Jabberwocky* (*Zvahlav aneb Saticky Slameného Huberta*, 1971) mediante una colección de juguetes y objetos que *recobran* la vida: un traje de marinerito guardado en un armario vuela a través de una habitación donde se agolpan

Alice (1988). A la derecha, *Dimensiones del diálogo* (1982). Abajo, *Oscuridad, luz, oscuridad* (1989).

muñecas, cochecitos, caballos de cartón… El cuarto de juegos es un universo inestable que se llena de maleza, flores, frutos que caen de maduros al suelo y se agusanan; muñecos cocinan a otros muñecos en una olla hirviente. Se acumulan los soldaditos de plomo, los rompecabezas, los laberintos. Pero estos simulacros no detienen el paso del tiempo, que se hace evidente cuando el traje de marinerito yace arrugado en el suelo del armario, mientras un traje negro, de imponente gravedad, espera para introducirnos en la insoportable edad adulta. El romance de Švankmajer con Carroll culmina en 1988 con su largometraje *Alice* (*Neco z Alenky*), que reinterpreta el original literario como un verdadero sueño despierto de la protagonista —quien, cada vez que ingiere un alimento que la vuelve pequeña, como en el libro, se convierte en una muñequita animada—. El conejo blanco que vehicula el deseo de Alicia, al que persigue incansablemente, es un animalito disecado que vuelve a la vida y que salta de mundo en mundo. Finalmente, Alicia despierta y descubre en una misma habitación el origen de todas sus visiones oníricas.

Pero un artista tan libertario y crítico es lo que menos querían las autoridades del momento, especialmente tras la "Primavera de Praga",

de forma que, tras realizar *El diario de Leonardo* (*Leonarduv denik*, 1974), donde mezcla imágenes de los estudios de Leonardo Da Vinci con escenas de la vida cotidiana en el país, Švankmajer padece las consecuencias de una feroz censura y se le prohíbe hacer cine por un período de siete años. Su regreso al cine se dio bajo la condición de adaptar "a los clásicos", fuentes menos subversivas para la autoridad, aunque para Švankmajer estos *clásicos* son Beckett, Kafka, Edgar Allan Poe, Guy de Maupassant, Marqués de Sade, etc. Así ofrece sus propias lecturas de *El castillo de Otranto* (*Otrantský zámek*, 1977), *La caída de la casa Usher* (*Zánik domu Usherú*, 1982) y *El pozo, el péndulo y la esperanza* (*Kyvadlo, jáma a nadeje*, 1984), entre otras.

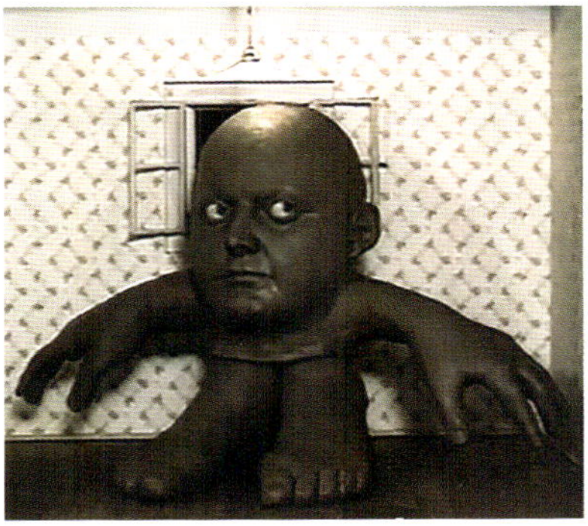

Švankmajer ha realizado una treintena de cortos y siete largometrajes, siendo probablemente el más representativo *Dimensiones del diálogo* (*Možnosti dialogu*, 1982), un tríptico de escenas surrealistas que comienza con unos bustos arcimboldescos que se devoran mutuamente, como en un juego de piedra-papel-tijera;

las posibilidades más extremas de *diálogo* con la materia, cabezas que se fagocitan unas a otras por el mero gusto de destruir. Los objetos cotidianos y, sobre todo, la arcilla, son los protagonistas de esta película, que tampoco escamotea complementos como ojos prostéticos de cristal o lenguas de carne para los bustos hiperrealistas, como golems de barro, que compiten entre sí en el último cuadro de la película. En *Oscuridad, luz, oscuridad* (*Tma/Svetlo/Tma*, 1989), así como en *La muerte del estalinismo en Bohemia* (*Konec stalinismu v Cechách*, 1991), reflexiona sobre un entorno que oprime al individuo, que le permite crecer, pero no manifestarse. Y es espeluznante el bebé de barro, que se metamorfosea en esqueleto parlante, en *La lección Fausto* (*Lekce Faust*, 1994).

En la página anterior, de arriba abajo, objetos del cortometraje *La muerte del estalinismo en Bohemia* (1991); *La lección Fausto* (1994); y *Los conspiradores del placer* (1996). En esta página, Jan y Eva Švankmajerová en 1970.

Toda la filmografía de Švankmajer confronta la libertad contra la represión —no solo la represión política, sino la pérdida de la capacidad de juego y el desprejuicio que tenemos de niños—, pero si hay un largometraje donde brilla singularmente esta búsqueda de la libertad es en *Los conspiradores del placer* (*Spiklenci slasti*, 1996), donde un micro-universo de personajes expresa sus particulares filias y deseos a través del uso perverso de la materia: desde la presentadora de televisión que alcanza el éxtasis bañando sus pies en un barreño con peces, hasta su marido que disfruta acariciándose con un peine de púas, o los quiméricos vecinos que se encuentran en el mundo más allá del misterioso armario, donde aparecen semiconvertidos en gallinas, elevando una oda al tactilismo y la sinestesia.

Casado con Eva Švankmajerová desde que la conoce en el Grupo Surrealista, trabajan juntos durante un período de 35 años. Eva, pintora, ceramista y escritora, se ocupa con frecuencia de la dirección artística —y es la autora de todos sus carteles publicitarios—, siendo probablemente el filme donde destaca más su aportación el largometraje *Otesánek* (2000), una fantasía animista en la que una mujer proyecta su deseo de ser madre sobre un leño vagamente antropomórfico —al cabo de nueve meses de fingir un embarazo, como si fuera un ritual mágico, el bebé de madera despierta—. La pareja colabora hasta la muerte de Eva en 2005, año en que terminan *Locura* (*Šílení*), a partir del Marqués de Sade. Desde entonces, Jan Švankmajer ha completado dos largometrajes que dan fe de su capacidad de recuperación y de cambio: *Sobrevivir a la vida* (teoría y práctica) (*Prezít svuj zivot (teorie a praxe)*, 2010), análisis psicoanalítico de un personaje que se enamora de una mujer, está filmado con actores reales de una original forma: fotografiándolos y animándolos como recortables —argumenta Švankmajer que el sistema es más barato que pagar cáterings—; y, más recientemente, a partir de una exitosa campaña de micromecenazgo, *Insect* (*Hmyz*, 2018), adaptación de la obra de teatro de Carel y Josef Kapel, donde una compañía teatral interpreta un mundo de insectos, y los insectos se comportan como seres humanos, desdibujando maléficamente las fronteras entre realidad y ficción.

Autor rabiosamente de culto, y uno de los artistas contemporáneos más reconocidos, los filmes de Švankmajer no necesitan ser interpretados sino, simplemente, vividos. Referente imprescindible para generaciones de cineastas, Švankmajer continúa con la tradición del teatro de marionetas, pero, con su insumisión, rompe con los presupuestos del cine estatal checoslovaco. Švankmajer devuelve la animación stop-motion a su estado de nacimiento, el de los efectos mágicos que nos sorprenden con la reanimación de lo inerte. El cine de Švankmajer es a veces oscuro, pero siempre gozoso, porque está plenamente consagrado a lo imaginario.

El último largometraje de Švankmajer, *Insect* (2018).

RICHARD WILLIAMS, O CÓMO LO CLÁSICO NUNCA MUERE

A mediados de los noventa, el nombre de Richard Williams (1933-2019) era apenas familiar a los aficionados a la animación, aunque las campanillas sonaban de inmediato si se mencionaba a continuación: "el creador de Roger Rabbit". Hoy en día no hay animador que no lo conozca. A ello ha contribuído la publicación de su libro *The Animator's Survival Kit* en 2001: un manual que ha superado a todos sus precedentes, incluso a los fundamentales *Timing for Animation* de John Halas y *Cartoon Animation* de Preston Blair —el animador que dejó a Disney por Tex Avery—, porque en él recoge orgánicamente todas las enseñanzas recibidas de primera mano de los grandes maestros de la animación clásica. En pocas palabras: caminando a hombros de gigantes, y gracias a su constancia y determinación, Richard Williams nos ha enseñado a animar a todos.

Richard Williams en 1966; abajo: *The Little Island* (1958).

Richard Williams nace en Toronto. Su madre era ilustradora y su padrastro, que lo adoptó, publicista. Se inicia en la animación en el estudio de George Dunning en Montreal, aunque llega a un punto en que pierde el interés en la animación. En 1955 viaja a España para estudiar y pintar, instalándose en Ibiza, donde atraviesa una fase bohemia y retrata sobre todo a artistas de circo, hasta que decide realizar un filme a partir de una idea propia, para lo que viaja al país anglófono más cercano (Reino

Unido). Allí dedica tres años de trabajo a *The Little Island* (1958), una discusión filosófica sin palabras, con una duración de 30 minutos, en la que tres esquemáticos personajes, que simbolizan la Verdad, la Belleza y la Bondad, pugnan entre ellos y amenazan con destruir el mundo. Con un estilo visual cercano a la UPA, primando las formas geométricas, las tintas planas y un estilo de animación muy simplificado, su muy personal debut se alzó con un premio Bafta.

Funda una productora, Richard Williams Animation Film, en la que realiza los cortometrajes *Love me, Love Me, Love Me* (1962), *A Lecture on Man* (1962), *The Sailor and the Devil* (1967) y numerosos filmes publicitarios (produjo más de 2.000 en su carrera) y títulos de crédito para filmes hollywoodienses, como *What's Up Pussicat?*, *La carga de la Brigada Ligera*, o *La pantera rosa*. Sin embargo, en 1968 asiste con su equipo a una proyección de *El libro de la selva* y se descubre a sí mismo lamentando lo lejos que estaba de aquello… Comprende que alcanzar tal grade de expresividad con un personaje animado solo podía estar al alcance de los animadores de Disney. Con esta preocupación, escribió una emocionada carta al director de animación Milt Kahl y, sorprendentemente, Kahl respondió a su carta afirmando que conocía su trabajo y le invitaba a ir a conocerlos al estudio.

Si lo pensamos, lo que ocurre en la mente de Williams es como si el mismísimo Picasso, en el cénit de su carrera, hubiese decidido regresar a la academia para pintar… ¡como Velázquez! Pues eso hizo: Williams viajó repetidas veces a EEUU para establecer contacto con los grandes del estudio, como Kahl, Frank Thomas, Ollie Johnston y Ken Anderson; asimismo, también visita a Ken Harris (de Warner) y Grim Natwick (de Fleischer Studios, ya octogenario), y los invita a impartir seminarios en su estudio de Londres, a los que se sumaría el legendario Art Babbit. A través de estas experiencias se preocupa por la anatomía del dibujo *y su importancia para la animación*. Las consecuencias de este giro no se harían esperar: en 1971 producen el especial televisivo *A Christmas Carol* (bajo la supervisión de Chuck Jones y Ken Harris); tal es su éxito que se lanza a cines y finalmente obtiene el primer Oscar de los tres que Williams ganaría —los otros dos serían por *Quién engañó a Roger Rabbit*—. No solo los personajes eran creíbles, sino que los escenarios eran mostrados tridimensionalmente gracias a la animación de las perspectivas, mediante giros de cámara sobre el escenario que parecían reproducir la física del cine de acción real.

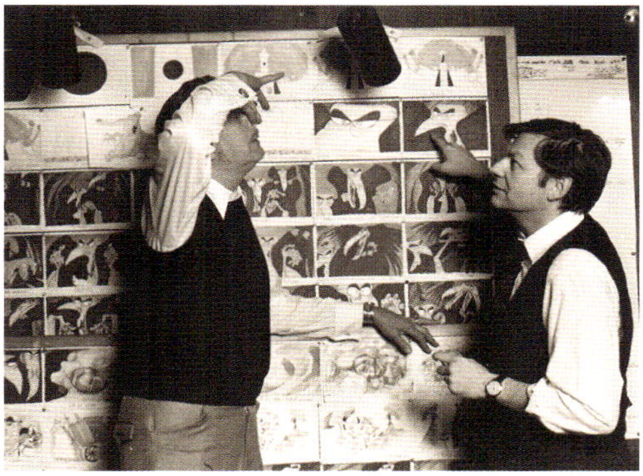

En la página anterior, *The Little Island* (1958). Arriba, Richard Williams con Vincent Price. Abajo, fotogramas de *A Christmas Carol* (1971).

Por el estudio de Williams pasan animadores de la talla de Andreas Deja, Richard Purdum, Eric Goldberg, Børge Ring, etc., que se convertirán en leyendas por derecho propio. Richard Williams, dueño ya de una capacidad de animación comparable a Disney, pero gozando de total libertad y autonomía, decide abordar un proyecto de extraordinaria envergadura, que terminará siendo su famosa película inacabada *El zapatero y la princesa* (*The Thief and the Cobbler*, 1968-1995). Su realización se extendería durante 27 años, en los que pasa de ser una adaptación de los cuentos del mítico Mullah Nasrudín, a una historia totalmente reescrita por Williams.

Todo comenzó en 1961, cuando Williams realiza ilustraciones para una publicación de las historias de Nasrudín, compiladas en el s. XX por Idries Shah. Retoma la idea en 1968, pensando más bien en una serie de cortos orientados para adultos, aunque finalmente planteó un largometraje con la intención de financiarlo él mismo. Se incorporan grandes talentos al proyecto, como Art Babbit y Ken Harris, pero, hacia 1973, Williams pierde los derechos de la historia por un revés con la familia de Idries Sha. Williams se ve obligado a transformar la historia, creando dos nuevos personajes principales, el zapatero y el ladrón, totalmente mudos, inspirados respectivamente en Charles Chaplin y en Buster Keaton. En 1978 el proyecto capta la atención del príncipe saudí Faisal, que financia la escena de la batalla final, una de las más magníficas que se habían visto hasta la época; sin embargo, Faisal se retira tras los reiterados retrasos de producción y los excesos del presupuesto. En los años ochenta, la realización avanzó lentamente gracias a la entrada de dinero que supuso el trabajo en *Roger Rabbit*. En 1990 la Warner se ofrece a pagar la película, pero propone 1991 como plazo de entrega, que Williams no cumple a falta de 15 minutos de metraje. Warner deriva la finalización del filme a su compañía subsidiaria Completion Bond —en Corea del Sur, dirigida por Fred Calvert—, aunque, ante el inminente estreno de *Aladdin* de Disney

Concepts y fotogramas definitivos del largometraje *El zapatero y la princesa* (*The Thief and the Cobbler*, 1968-1995).

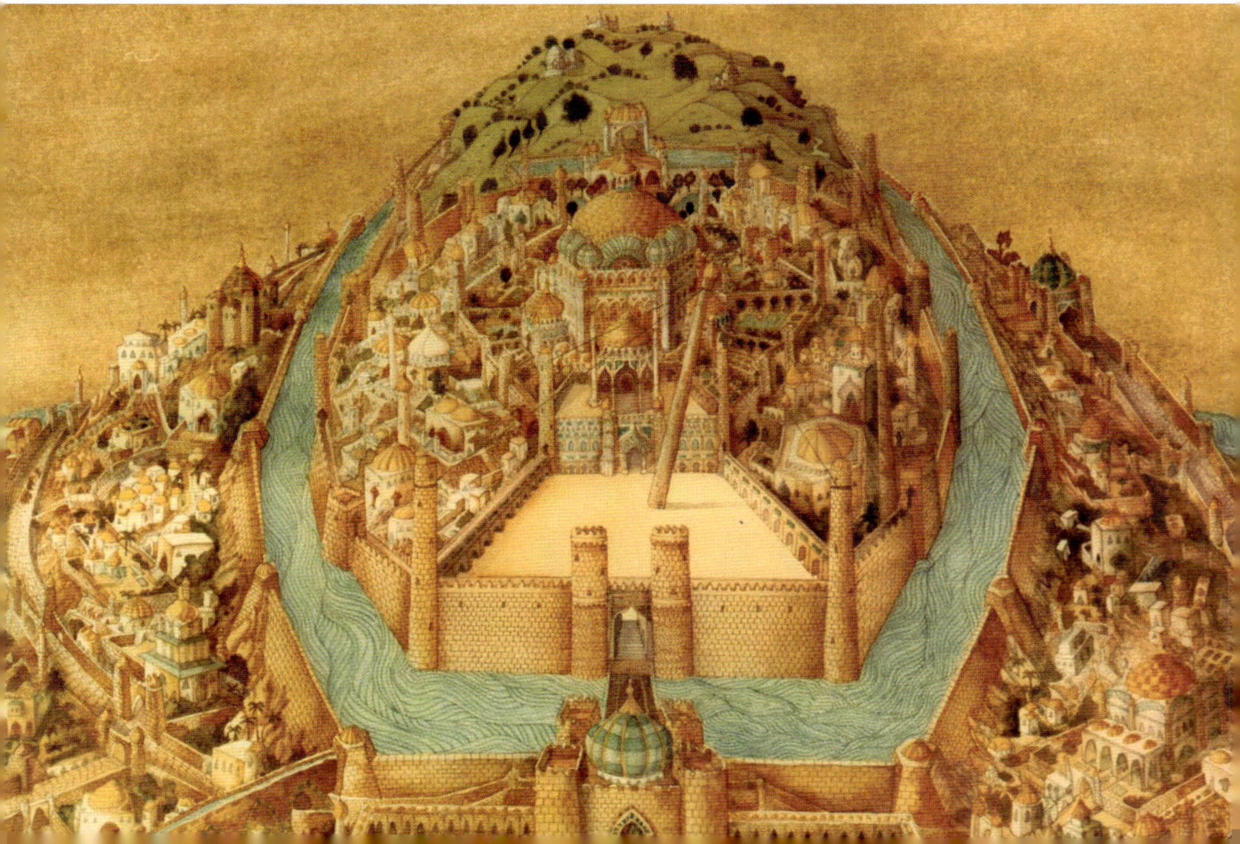

Quién engañó a Roger Rabbit (1988). En la página siguiente, fotogramas de *Prologue* (2015).

en 1992, Warner retrasa el estreno hasta 1994, bajo el título *The Princess and the Cobbler,* con escasos resultados. La película pasa entonces a manos de Miramax, que *infantiliza* el filme, cortando escenas de tono adulto y añadiendo canciones, para relanzarla como *Arabian Knight* en 1995.

A pesar de todos estos vaivenes, el producto terminado no deja de ser una de las películas más espectaculares jamás realizadas, con numerosos movimientos de cámara dibujados, juegos visuales que emulan la imaginación de M.C. Escher y una riqueza de *acting* y movimiento rara vez igualada en la animación moderna. En 2006, un fan de Williams, Garrett Gilchrist, crea *The Recobbled Cut*, un montaje que reconstruye el proyecto incluyendo partes sin finalizar, dibujos y storyboards, y que, incluso en su aspecto fragmentario e inacabado, nos transmite la gozosa sensación de estar asomándonos al cerebro de un animador brillante.

Realizada simultáneamente, *Quién engañó a Roger Rabbit* (*Who Framed Roger Rabbit*, 1988) fue resultado de la colaboración de Disney con Steven Spielberg y Robert Zemeckis para la recién fundada Touchstone Pictures, en la producción de una película épica en la que Williams jugó un papel esencial como director de animación. La película no solo evoca la atmósfera de los años 40, con un subtexto narrativo hermano del *Chinatown* de Polanski, sino que también recupera los más memorables personajes animados de la época. La integración entre personajes reales y animados requirió un exigente trabajo de mímica —con los actores interpretando el *peso* de los personajes animados con los que interactúan, manteniendo su raccord de mirada, etc.—, además de una elaborada postproducción para dar apariencia de volumen, luz y sombras a los "dibus". Por si fuera poco, se buscaban retos deliberadamente, como la animación de la luz en escenas con fuentes lumínicas en movimiento —la escena del foco colgando en un sótano, por ejemplo, que daría pie a la expresión "bumping the lamp", aún hoy grito de guerra de los animadores cuando buscan el *más difícil todavía*.

Tras los sinsabores de *El zapatero y la princesa*, Williams se centró en la docencia, impartiendo seminarios en todo el mundo, de los que acabaría surgiendo su libro, verdaderamente "un curso de anatomía de la animación", según sus palabras. En 2008 comienza a trabajar en una oficina dentro de Aardman Animations, en Bristol, para dedicarse a sus propios proyectos, siendo el primero de ellos el poético cortometraje *Circus Drawings* (2009), con el que rescata el arte que produjo en Ibiza a partir del mundo del circo, cinco décadas antes. Ya octogenario, en 2015 estrena su cortometraje *Prologue*, enteramente dibujado a mano por él mismo, que se ha convertido en el vestigio de su último gran proyecto inacabado: un largometraje basado en la obra de Aristófanes *Lisístrata. Prologue* se desarrolla como un plano-secuencia con el que describe la brutal batalla entre los cuatro protagonistas; su extraordinaria fluidez y precisión en el movimiento nos hace creer que Williams no solo recogió la tradición del dibujo animado clásico y la trajo al presente: es que la llevó *mucho más allá*, demostrando que, en animación, solo uno mismo puede ponerse límites.

La vida y obra de Richard Williams solo pueden ser descritas como una gesta apasionante en la búsqueda del conocimiento, manteniendo siempre su libertad artística. Si lo que él logró junto a todos sus colaboradores puede parecernos inalcanzable, no hay más que recordar cómo veían ellos su trabajo: animar consiste en hacer un montón de cosas sencillas, pero solo *una* por vez, en un orden sensato.

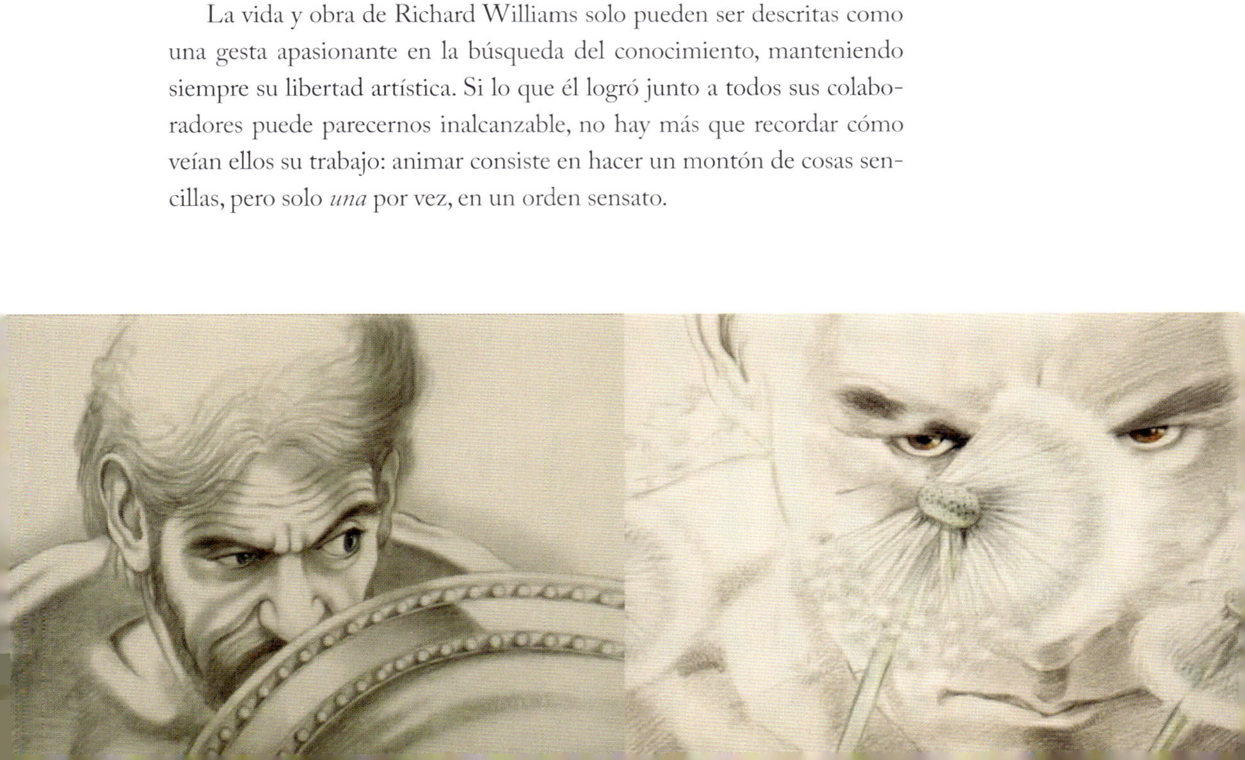

8. Orígenes de la animación por ordenador

Intentar resumir aquí la historia de la computación sería tentador, aunque no es el objetivo. Se puede hablar de computación desde el siglo XVII, cuando se crean las primeras máquinas para realizar cálculos (la *Pascalina* de Blaise Pascal). En verdad, el camino recorrido hasta la creación de ordenadores como el *Colossus* —con el que Reino Unido trataba de descifrar los mensajes de la máquina Enigma— es también el de los autómatas, el de las tarjetas perforadas para los telares, el de las máquinas diferenciales y el de la inteligencia artificial en general. Sin embargo, este capítulo traza estrictamente una breve historia de la animación por ordenador, desde que surgen los primeros gráficos digitales hasta la producción de *Toy Story* (John Lasseter, 1995), que marca un hito significativo: el estreno de la primera película enteramente digital coincidió con el primer centenario del cine.

Por su parte, la historia de los gráficos digitales, al igual que la prehistoria del cine, no sigue una línea recta, sino que es el resultado de muchas investigaciones que se desarrollan simultáneamente, como la investigación académica, la corporativa, la militar, los efectos especiales para películas, los videojuegos, los animadores de vanguardia, o la animación publicitaria. Estas líneas independientes se entrecruzan en momentos decisivos, como veremos.

Aunque con frecuencia la animación digital ha sido vista como motivo de crisis para la animación tradicional, en realidad de lo que debemos hablar es de revolución: no hay que olvidar que la animación es esencialmente un arte de base tecnológica, por lo que los nuevos medios sirven para replantear viejos procesos e impulsar el arte más allá de donde creíamos que podía llegar.

GUERRA, INVESTIGACIÓN Y... PSICODELIA

La idea de crear arte con máquinas no es nueva. Por citar solo unos precedentes, en 1919 el norteamericano Thomas Wilfred (1889-1968) crea el Clavilux u *órgano de luz*, un artilugio parecido a un sintetizador, pero silencioso, que servía para proyectar imágenes abstractas que podían ser acompañadas por música en directo. Hacia 1940 Oskar Fischinger construye un instrumento semejante, el Lumígrafo, que producía imágenes presionando contra una pantalla de goma para que pudiera sobresalir en un haz estrecho de luz coloreada. De alguna forma, los experimentos de los animadores de vanguardia anuncian algunos de los primeros usos de las imágenes sintéticas: por ejemplo, la artista estadounidense Mary Ellen Bute (1906-1983) incorporó en sus filmes imágenes generadas por oscilómetros (radares), que combinaba con otros medios como animación dibujada y siluetas geométricas para crear sinfonías visuales de carácter abstracto, como *Synchromy no. 4* (1938) o *Spook Sport* (1940).

La Segunda Guerra Mundial es el punto de inflexión para el desarrollo de la computación, aunque ya en la década de 1930 se producen hitos fundamentales: el matemático Kurt Gödel publica sus análisis de los lenguajes formales basados en operaciones aritméticas, así como también Alan Turing formaliza el concepto de algoritmo. A finales de la década, en 1938, se fija el origen de la primera generación de ordenadores, que sería la de los tubos de vacío, cuyo uso se extendería hasta 1958. La salida de datos de estas máquinas sería una cinta de texto impreso semejante a un teletipo, ya que los ordenadores no incorporarían la pantalla como forma de *output* hasta 1951. A partir de 1958, con la segunda generación de computadoras que emplean circuitos transistorizados, y con la generalización de ordenadores *digitales* —que usan el lenguaje binario—, el escenario cambia drásticamente. En 1964 la aparición del IBM 360 marca el comienzo de la tercera generación de computadoras, con placas de circuitos integrados. La cuarta generación, que comienza en 1971, traerá el uso de los microprocesadores que bien conocemos.

Aunque se pueden señalar algunos antecedentes en la animación con imágenes sintéticas, como Ben Laposky o la propia Mary Ellen

En la doble página anterior, el videoclip *Money for Nothing* (Steve Barron, 1985) para Dire Straits. Abajo, Mary Ellen Bute con su oscilómetro (circa 1940). A la derecha, su cortometraje *Synchromy n. 4* (1938).

Bute, el que está considerado como "padre" de los gráficos por ordenador es el artista *beatnik* John Withney (1917-1995). John y su hermano James se habían dedicado a la producción de películas no narrativas y habían entablado amistad con Oskar Fischinger, con quien compartieron exposiciones, meditación y reflexiones sobre el arte. Lo hermanos obtuvieron una primera beca Guggenheim para estudiar la relación entre música e imagen, dando lugar a varias películas. Hacia 1955, John Withney pasó a trabajar en televisión para la UPA, dirigiendo escenas de *The Gerald McBoing Boing Show*. En 1958 comienza a utilizar un antiguo ordenador analógico: *tuneó* una máquina que monitorizaba aviones durante la guerra, agregándole un dispositivo rotatorio y una cámara con la que registraba las posiciones sucesivas del disco, permitiéndole crear imágenes abstractas en movimiento, como formas circulares trazadas con puntos. A raíz de estos trabajos, el diseñador Saul Bass se interesa en llevar sus imágenes a los títulos de crédito de *Vértigo* (Alfred Hitchcock, 1958).

Con la intención de producir publicidad, en 1961 John Withney crea su propia compañía, Motion Graphics Inc., y condensa sus trabajos en una *reel* a la que llama *Catalog* (1961). En 1966 la empresa IBM le ofrece su primera beca como "artista en residencia": con los nuevos equipamientos de IBM y la ayuda en programación de Larry Cuba (1950) creó películas como *Arabesque* (1975), considerada su obra maestra.

Simultáneamente, el gobierno de EEUU fue un importante propulsor de la informática en plena guerra fría, patrocinando investigaciones del MIT. En este contexto Ivan Sutherland inventa la tableta gráfica en 1962, lo que facilita a los artistas digitales el paso de la *computación* a la *interactividad*. Esta innovación impulsó el desarrollo de técnicas que implicaban el uso de "poses clave" entre las que el ordenador interpolaba las poses intermedias, como una especie de transformación (*Morphing*). De esta forma, el artista húngaro Peter Foldes (1924-1977) realiza para la NFB de Canadá el filme *Hambre* (*Hunger*, 1974), cuyo éxito fue decisivo.

En el ámbito académico, serán las universidades de Pasadena en California, Salt Lake City en Utah, o el New York Institute of Technology (NYIT) los centros que encabezarán las nuevas investigaciones. Uno de los hitos más famosos, la animación del dibujo de un colibrí (*Hummingbird*, Charles Csuri, 1968), se llevará a cabo en la Ohio State University, considerándose la primera aproximación del arte digital a una forma orgánica. También comienzan a crearse modelados y animaciones de lo humano, como cabezas y manos. En 1972 Ed Catmull (nacido en 1945, futuro fundador de Pixar y todavía hoy uno de sus miembros más representativos) presenta su investigación doctoral en la Universidad de Utah, con la intención de solucionar los problemas de mapeado de superficies que se derivan de mover una forma orgánica 3D —en este caso, su mano izquierda—. El resultado, de visionarias aplicaciones para la animación de personajes, se recogió en el breve filme *A Computer Animated Hand* (1972) y aparecería más adelante en una secuencia de la película *Futureworld* (1976).

Dos trabajos de John Withney: *Matrix III* (1972) y *Arabesque* (1975). A la derecha, John Withney con un ordenador IBM en 1968; abajo, la secuencia de créditos de *Vértigo* (Alfred Hitchcock, 1958).

En 1977, los gráficos diseñados por Larry Cuba también aparecerían en la primera entrega de *La guerra de las galaxias* (*Star Wars*). Y es que la animación digital deberá un importante desarrollo a los programas de investigación militar y de la NASA, como los simuladores de vuelo, y, sobre

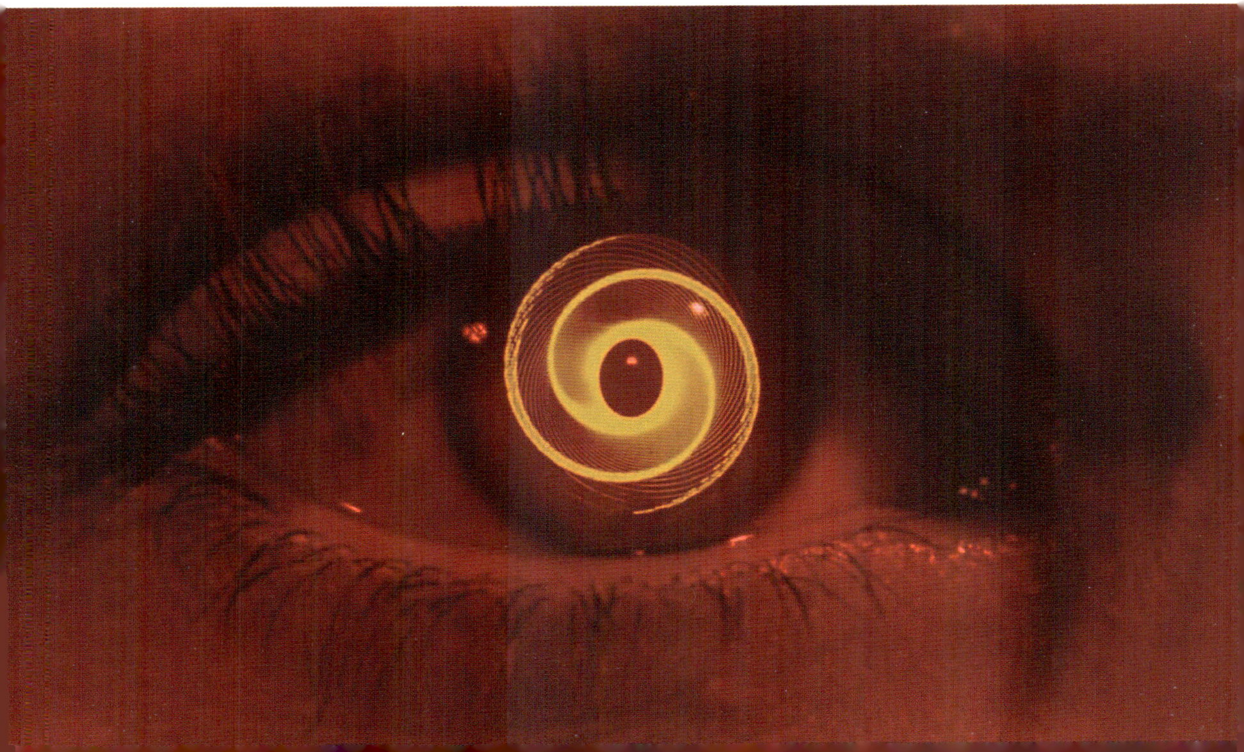

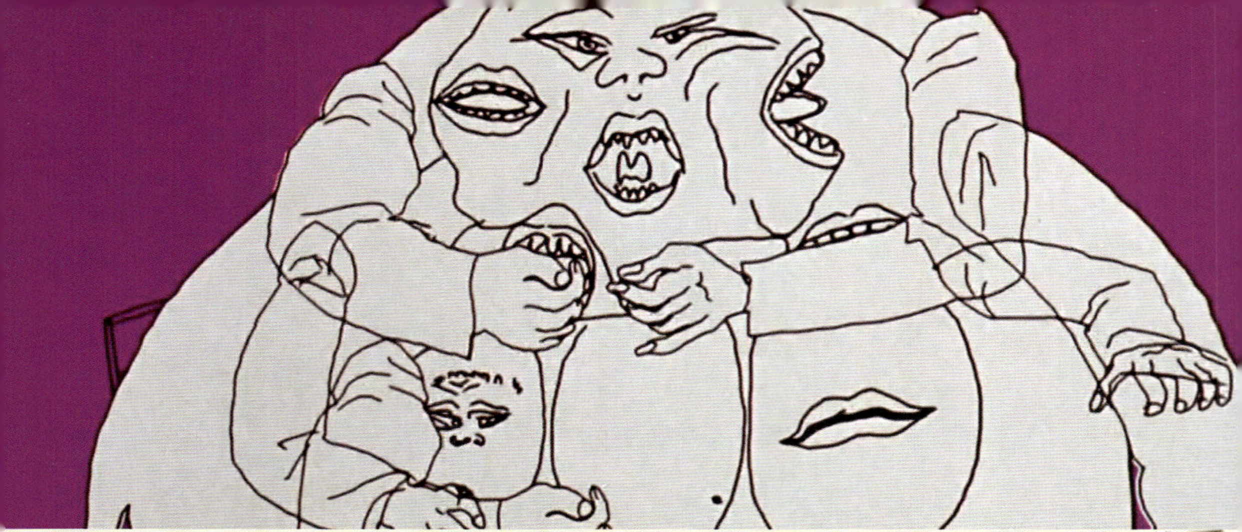

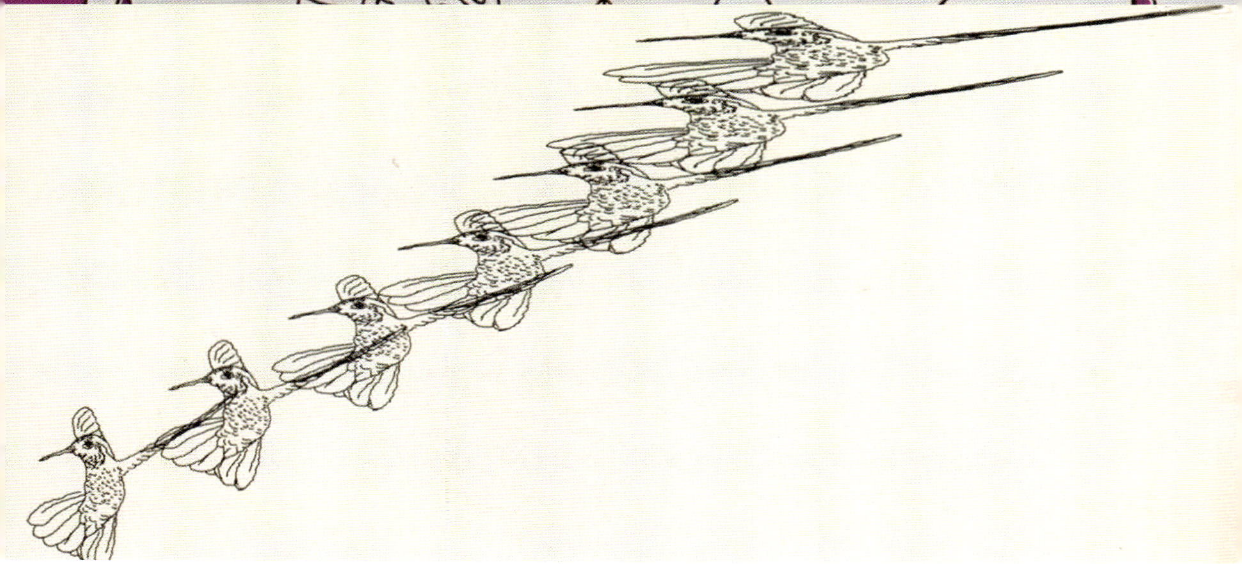

todo, a la necesidad de previsualizar máquinas costosas antes de comenzar su construcción. En este contexto trabajará Jim Blinn (1949), antiguo compañero de Ed Catmull en el NYTI, y que desarrollará los sistemas de mapeado de superficies para la NASA, creando simulaciones del viaje de la sonda Voyager que serían utilizadas en el programa televisivo de Carl Sagan *Cosmos* (1980). Este *show* se convirtió auténtica lanzadera de nuevas tecnologías de la imagen, con las que el público se sentirá cada vez más familiarizado, como las escenas de *chroma* electrónico en las que el propio Sagan aparece andando en la Gran Biblioteca de Alejandría; o la famosa secuencia de la Evolución, animada mediante un dibujo lineal que muta representando las sucesivas especies.

Aunque su historia merecería un estudio aparte, es necesario mencionar la aportación de los videojuegos al desarrollo del imaginario digital. Los primeros videojuegos se crearon para probar las capacidades de los ordenadores en desarrollo: ya en 1948 Alan Turing trabajó en la programación de un juego de ajedrez para su ordenador analógico ACE (Automatic Computing Engine), aunque el primer videojuego funcional vino en 1952 de mano de A. S. Douglas, el *OXO* o juego del tres en raya, con el que se pretendía estudiar la interactividad entre el humano y la máquina. El primer videojuego comercial fue *Spacewar!* del MIT (1962); más adelante, la primera consola doméstica fue la Magnavox Odyssey de 1972, de Ralph Baer. Las consolas tuvieron un importante papel en la popularización de los gráficos digitales porque entraron en los hogares mucho antes que los ordenadores personales, aunque su precio extremadamente caro, y su jugabilidad, limitada. Por esta razón, fueron los juegos de arcade, como *Computer Space* (1971) o *Pong* (1972), lanzados por Nolan Bushnell (1943) para Atari, los primeros videojuegos que impactaron al público: particularmente *Pong*, un juego sencillo y disfrutable, se hizo muy popular porque podía jugarse con una mano, mientras se sujetaba una cerveza con la otra… La edad dorada de los videojuegos para salas recreativas duraría hasta 1983.

En la página anterior, arriba: *Hunger* (Peter Foldes, 1974); abajo: *Hummingbird*, (Charles Csuri, 1968). Bajo estas líneas, los gráficos digitales de Larry Cuba en la primera entrega de *La guerra de las galaxias* (1977).

Por su parte, la gran convención anual SIGGRAPH (Special Interest Group on Graphics and Interactive Techniques), nacida de los encuentros anuales que tenían lugar entre universidades, catalizó el desarrollo de los gráficos digitales desde 1974. En 1979 se puso en marcha el primer intento serio de producir un largometraje animado enteramente en 3D, *The Works*, dirigido por Louis Schure en el NYIT; aunque se presentó un prometedor tráiler en 1982, ni el desarrollo de la técnica ni las preocupaciones por crear una narrativa cinematográfica estaban a la altura de las circunstancias, por lo que el proyecto quedó inconcluso. Sin embargo, sí fue posible realizar interesantes aportaciones al campo de los videoclips, publicidad y televisión, donde destacó Rebecca Allen (1954), ingeniera del MIT e investigadora puntera en imagen digital desde los años setenta; uno de sus trabajos más conocidos es el videoclip *Musique Non Stop* para el álbum de Kraftwerk *Electric Cafe*, de 1983 (aunque no se estrenó hasta 1986), la primera animación 3D de personajes humanos donde se aplicaba el *lip synch* o sincronización labial con un diálogo.

En 1981, Philippe Bergeron (1959) y Daniel Langlois (1957), dos estudiantes de la Universidad de Montreal visitaron la conferencia SIGGRAPH, y regresaron con la inspiración necesaria para producir el primer cortometraje protagonizado por un personaje 3D humano: *Tony de Peltrie* (1985). El personaje principal —un pianista que recuerda melancólicamente sus días de gloria— tenía un diseño más cercano a la caricatura que al realismo, lo que facilitó que tuviera un *acting* expresivo, creíble dentro de sus posibilidades. Se estrenó en la noche de clausura

Ingenieros del MIT jugando a *Spacewar!* (1962); al lado, la primera máquina de *Pong* (Atari, 1972).

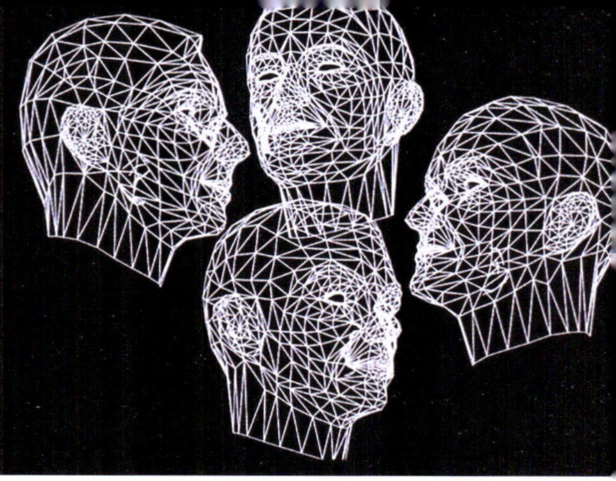

Gráficos digitales de Rebecca Allen para el grupo musical Kraftwerk (1983); abajo: Allen y su modelo en volumen.

de SIGGRAPH 1985 junto con dos obras del incipiente equipo Pixar, *André & Wally B.* y *Luxo Jr* (de los que se hablará más adelante); sin embargo, el corto canadiense cosechó la mejor ovación. Bergeron se convirtió en actor de Hollywood, mientras que Langlois fundó en 1997 la empresa Softimage.

En los ochenta, tanto los ordenadores como los programas dejaron de ser exclusividad de laboratorios y centros de investigación, introduciéndose en los programas de estudios de muchas universidades e institutos artísticos. El California Institute of the Arts (Cal Arts), una de las primeras instituciones en enseñar animación en EEUU, incorporó los estudios en gráficos digitales dentro de su programa de Animación Experimental, con la artista gráfica Vibeke Sorensen como profesora. Pronto surgirían otros centros de estudio especializados en animación digital: Supinfocom en Francia, Bournemouth en Reino Unido, etc.

Como aprecia Tom Sito (2013), la primera época de los gráficos digitales fue impulsada por artistas de la generación *beatnik* y *hippies* y, al igual que ocurría con la fascinación por los alucinógenos en la época, la animación por ordenador sirvió también para expandir las posibilidades de la mente, incluso a menudo representando algunas de las sensaciones psicodélicas que se experimentaban al consumir sustancias. Como ya se intuía en las primeras reuniones de SIGGRAPH, la animación por ordenador se convertiría en la *droga* de los noventa.

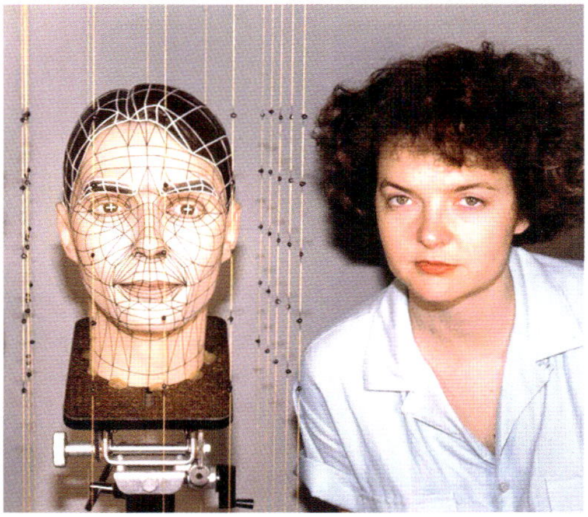

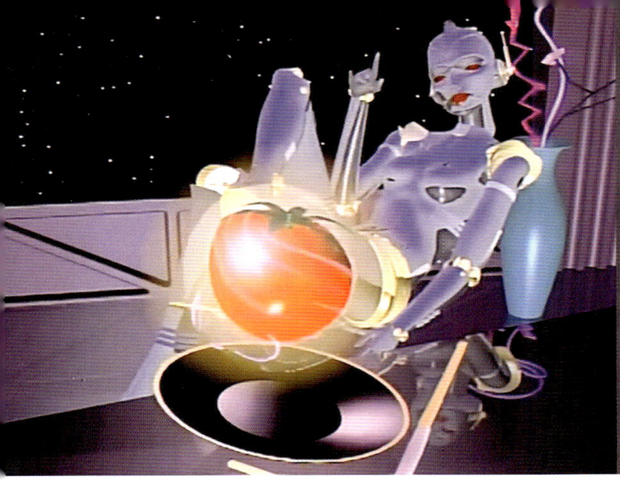

DESARROLLANDO MUNDOS DE FANTASÍA

En los ochenta, las innovaciones en el campo de los gráficos digitales irían desplazándose desde gigantes corporativos como IBM o Xerox hacia nuevas compañías como Adobe o Pixar. Desde entonces, si una empresa necesitaba programas, las corporaciones cooperarían de inmediato, lo que permitió un espectacular avance en la animación por ordenador.

La publicidad será una de las principales ventanas de la animación CGI. Uno de los más famosos hitos sería el spot *Brilliance* (Robert Abel, 1984), retransmitido durante la final de la Super Bowl americana de 1985: para este anuncio se animó un seductor robot femenino cuya finalidad era… vender comida enlatada. La convincente animación fue producto de un detallado estudio de cámara realizado sobre una actriz, a la que se dibujaron marcas en puntos clave de su cuerpo para poder reproducir sus poses con el personaje virtual.

El mundo del videoclip, en efervescencia tras la creación de la cadena MTV, también sirvió de escaparate para las nuevas tecnologías. Aparte del mencionado vídeo de Rebecca Allen para Kraftwerk, otros ejemplos importantes vinieron de mano del director Steve Barron, que en 1985 presentó el vídeo para Dire Straits *Money for Nothing*, en el que se movían con personajes de baja resolución que, sin embargo, le ganaron el premio MTV al mejor clip del año. Igualmente, el vídeo para Mick Jagger *Hard Woman* (1985), animado por John Withney hijo, Gary Demos y Bill Kroyer, fue una de las producciones más caras de la época por su alta tecnología.

En el ámbito del largometraje, *Tron* (Steven Lidsberger, 1982) fue el primer intento de Disney de engancharse al tren de las tecnologías en los ochenta. Aunque el argumento gira en torno a los videojuegos y gran parte de la historia tiene lugar en un entorno virtual, el de la máquina, en realidad la película solo contenía 15 minutos de animación por ordenador que no se produjeron en la propia compañía, sino que se subcontrataron a las cuatro empresas que poseían los equipamientos más potentes del momento. La película mezclaba así a los actores reales con la animación de objetos 3D como las motos y sus mortíferas estelas, las naves guardianas, el avatar poliédrico que acompaña al protagonista o el rostro de la conciencia maligna de la máquina. *Tron* fue un filme adelantado a su tiempo, fantasioso y estilizado, que contó con los diseños de Moebius y Syd Mead; sin embargo, no convenció al público, lo que disuadió a los ejecutivos de Disney de producir las películas por ordenador que tenían planeadas.

Con todo, los gráficos 3D se introdujeron gradualmente en el cine de los 80, siempre y cuando la tecnología y los mundos virtuales formaran parte del argumento, como en *Sueños eléctricos* (*Electric Dreams*, Steve Barron, 1984) o *Juegos de guerra* (*WarGames*, John Badham, 1987), mostrando el ordenador en la diégesis del filme. Ya en los 90, el desarrollo de la animación 3D permitió la realización de escenas especiales para películas como *El cortador de césped* (*The Lawnmover Man*, Brett Leonard, 1992) y *Acoso* (*Disclosure*, Barry Levinson, 1994). Asimismo, en las secuencias de créditos se harán cada vez más comunes los efectos digitales, como en los títulos de *Dentro del laberinto* (*Labyrinth*, Jim Henson, 1986), donde aparece una animación 3D de una lechuza porque quedaba más realista que si se hacía con una marioneta.

Sin embargo, para que la animación 3D jugara un papel relevante en el cine fue necesario el perfeccionamiento de los *render*, los procesos de texturización e iluminación que permitirían introducir elementos imaginarios junto a los actores reales. Asimismo, también era necesario crear programas *de animación*, ya que hasta mediados de los ochenta las animaciones se producían meramente desplazando y rotando los objetos en el espacio, pero no se pensaba en las posibilidades de estructuras articuladas. Llega el momento, pues, de hablar de la importancia que tuvo la creación

En la página anterior, izquierda: spot *Brilliance* (Robert Abel, 1984); derecha: videoclip *Hard Woman* (Withney Jr, Demos, Kroyer 1985) para Mick Jagger. Bajo estas líneas, *Tron* (Steven Lidsberger, 1982).

en 1979 de una división de la empresa de George Lucas Industrial Light & Magic (ILM), que inicialmente se llamó The Lucasfilm Graphics Group y que, bajo la batuta de Ed Catmull, reclutó algunos de los mejores programadores visuales del mundo. Con todo, durante los primeros años el equipo funcionó por debajo de sus posibilidades, dado que George Lucas solo veía en el ordenador ventajas para los procesos de postproducción. No fue hasta 1981 cuando el grupo tuvo su oportunidad al crear los efectos visuales para *Star Trek II: La ira de Khan* (*Star Trek II: The Wrath of Khan,* Nicholas Meyer, 1982), realizando la escena de la "terraformación", en la que invirtieron todo su potencial, implementando animación de partículas, mapeados de texturas y espectaculares movimientos de cámara, que hicieron de la película un éxito.

De esta manera, ILM se mantuvo a la cabeza de los efectos visuales de la industria, aunque dando pasos muy discretos en lo que concernía a animación 3D. Cuando recibieron el encargo de Steven Spielberg de animar una escena de *El secreto de la pirámide* (*Young Sherlock Holmes*, Barry Levinson, 1985), en la que un caballero medieval salta de una vidriera y ataca a un sacerdote, aplicaron el software Pixar para procurar la correcta integración del personaje en la escena. Sin embargo, el cine de efectos especiales pasó por una crisis temporal que obligó a Lucas a deshacerse de su unidad de efectos digitales, vendiéndosela a Steve Jobs. A partir de ese momento la empresa se renombraría como Pixar, aunque contaremos esta historia en la siguiente sección de este capítulo.

El cine de efectos especiales repuntó a finales de la década, con filmes como *The Abyss* (1989), de James Cameron, un visionario director que siempre ha querido impulsar sus producciones mediante la tecnología. La película es recordada por la escena del alienígena 3D, un personaje metamórfico con un interesante aspecto acuático.

Durante los años noventa, el 3D fotorrealista avanza a pasos agigantados. La técnica Morphing evolucionará hasta dar paso a complejas trans-

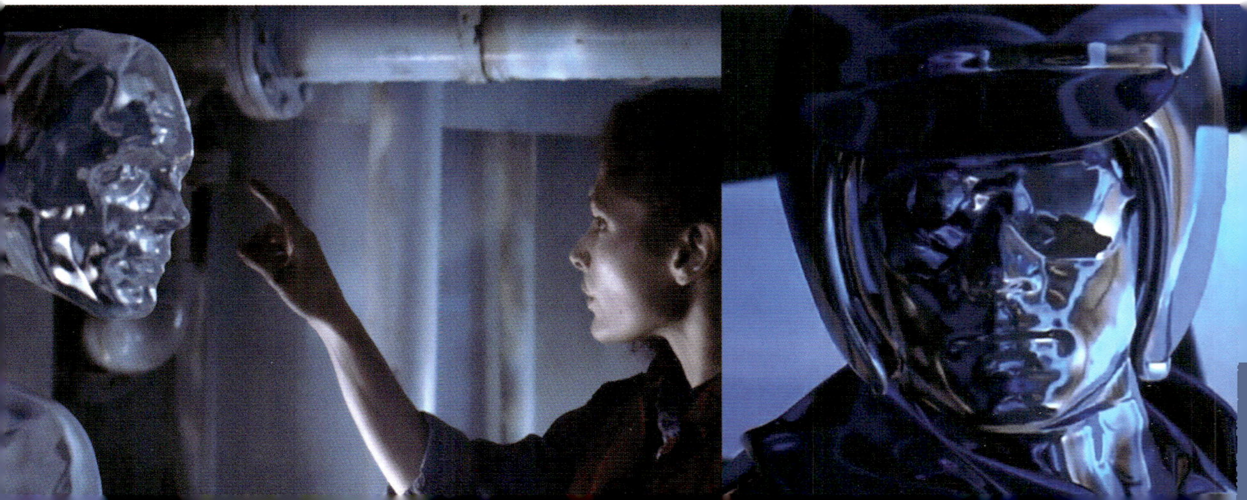

Efectos visuales en dos filmes de James Cameron: *The Abyss* (1989), y *Terminator 2: El Juicio Final* (1991).

Andy Serkis ataviado con un traje para Mocap; a la derecha, *The Catherine Wheel* (Rebecca Allen, 1981).

formaciones, en videoclips como *Black or White* (John Landis, 1992) o *Remember the Time* (John Singleton, 1992), ambos para Michael Jackson. En *Terminator 2: El Juicio Final* (*Terminator 2: Judgment Day,* James Cameron, 1991), siguiendo los pasos de *The Abyss*, veremos la animación de robot T1000 con textura metálica y comportamiento líquido. Poco después, la imaginería digital permitiría resucitar a los dinosaurios en *Jurassic Park* (Steven Spielberg, 1993), un filme que aún combinaba maquetas y animatrónicos con criaturas de gráficos digitales, creados gracias al sistema RenderMan de Pixar, ideal para el renderizado de texturas complejas y luces fotométricas. A finales del siglo, *La amenaza fantasma* (*The Phantom Menace* George Lucas, 1999), fue la primera película donde personajes 3D, como Jar Jar Binks, llegaban a interactuar con actores humanos en primer plano.

Pero es en *The Matrix* (1999), de las hermanas Wachowski, donde la tecnología digital permite "imaginar" lo que podría ser un entorno virtual. Tomando una premisa comparable a la de *Tron*, *The Matrix* sugiere la idea de un universo con reglas propias. Para el filme se perfeccionó el llamado "efecto bala", una secuencia de fotografías que permiten reconstruir digitalmente un cuerpo tridimensional, y que invitan a cuestionar nuestro entendimiento del tiempo y de la acción dentro de la pantalla. Irónicamente, la creación de estas imágenes recuerda a las fotografías secuenciales de Eadweard Muybridge, que prepararon el nacimiento del cine en el s. XIX.

Por último, una de las grandes aportaciones en el camino de la animación hiperrealista es el empleo de la Mocap o Motion Capture, una técnica de captura del movimiento real que hunde sus raíces en los experimentos cronofotográficos de Ettiene Jules Marey de finales del XIX: la técnica consiste en grabar a actores en un set rodeados de cámaras; estas cámaras localizan la posición de un complejo sistema de puntos que describen la anatomía del actor. De esta manera, los movimientos

del actor se registran a tiempo real en el ordenador, pudiéndose aplicar a cualquier personaje 3D, con independencia del parecido entre modelo y personaje. Rebecca Allen realizó un primer filme empleando un sistema análogo a la Mocap, *The Catherine Wheel* (1981), aunque se considera que el primer personaje realizado propiamente con esta técnica fue "Waldo C. Graphic", una marioneta virtual capaz de interactuar en televisión a tiempo real, producida en 1989 a demanda de Jim Henson para su programa televisivo. La Mocap alcanzó gran popularidad gracias al personaje de Gollum —interpretado por Andy Serkis y animado por la empresa neozelandesa Weta Digital— en *El señor de los anillos* (*The Lord of the Rings*, Peter Jackson, 2001-2003). Con todo, sigue existiendo cierta controversia en torno al uso —o abuso— de esta técnica, cuyos resultados no han sido tan memorables en otros filmes.

Resulta, como poco, paradójico, que dos de los más famosos ejemplos de aplicación de alta tecnología en el cine beban conceptualmente de precursores victorianos del cine. Asimismo, la animación digital ha conseguido conectar con el público al convertirse en cartoon en 3D, desde el momento en que se simplifican los diseños y priman más la expresividad que el realismo, como en la excelente primera serie de animación 3D *Las fábulas geométricas* (*Les Fables geometriques*, 1989-91), de la compañía francesa Fantôme de Georges Lacroix.

En la próxima sección, y última de este libro, veremos hasta qué punto los principios clásicos de la animación han sido determinantes para que la animación 3D calase en el imaginario colectivo como algo más que un efecto, siendo Pixar el caso paradigmático: para ello resultó crucial la implicación de artistas con la tecnología, superando la fase inicial de *mover objetos* para pasar a la de *animarlos*, es decir, *dotarlos de alma*.

CÓMO PIXAR REINVENTÓ LA ANIMACIÓN TRADICIONAL

Si hay una compañía cuyo nombre es sinónimo de animación digital, ésa es Pixar. Bajo la dirección de John Lasseter, en 1995 estrenarían *Toy Story*, el primer largometraje realizado enteramente en 3D. Desde su origen, la compañía se distinguió por sus producciones con personajes carismáticos e historias emocionantes. Sin embargo, como hemos visto al describir su paso por Industrial Light & Magic, nada parecía anunciar que Pixar fuera a convertirse en una compañía de referencia mundial.

Todo empezó con un despido. John Lasseter (1957), formado en el programa de animación tradicional de Cal Arts (la cantera de Disney), y que había colaborado en la animación de *Tod y Toby* (*The Fox and the Hound*, 1981), presentó en verano de 1983 un *pitch* al entonces presidente de la empresa, Ron Miller. Lasseter había pasado varios meses en la empresa produciendo un atractivo material junto a Glen Keane: la animación de una escena correspondiente al proyecto *Where the Wild Things Are*, que combinaba la animación de personajes por Keane —el niño persiguiendo a su perro escaleras abajo— con un movimiento de cámara a través de un entorno 3D, la casa realizada por Lasseter. Lasseter había trabajado junto al productor Tom Wilhite, con quien planeaba la realización del primer largometraje enteramente en 3D, *The Brave Little Toaster*, aplicando los métodos y principios que antes habían visto en *Tron*. Sin embargo, la presentación de su innovadora escena fracasó: Ron Miller le comunicó ásperamente que si la animación 3D no era más rápida ni más barata que el dibujo, no tenían ningún interés en producirla. Al cabo de unos minutos, John Lasseter recibía su finiquito.

En la página anterior, la marioneta virtual "Waldo C. Graphic" (1989); a la derecha, *Las fábulas geométricas* (Fantôme, 1989-91). Abajo, test de animación por John Lasseter y Glen Keane (*Where the Wild Things Are*, 1983).

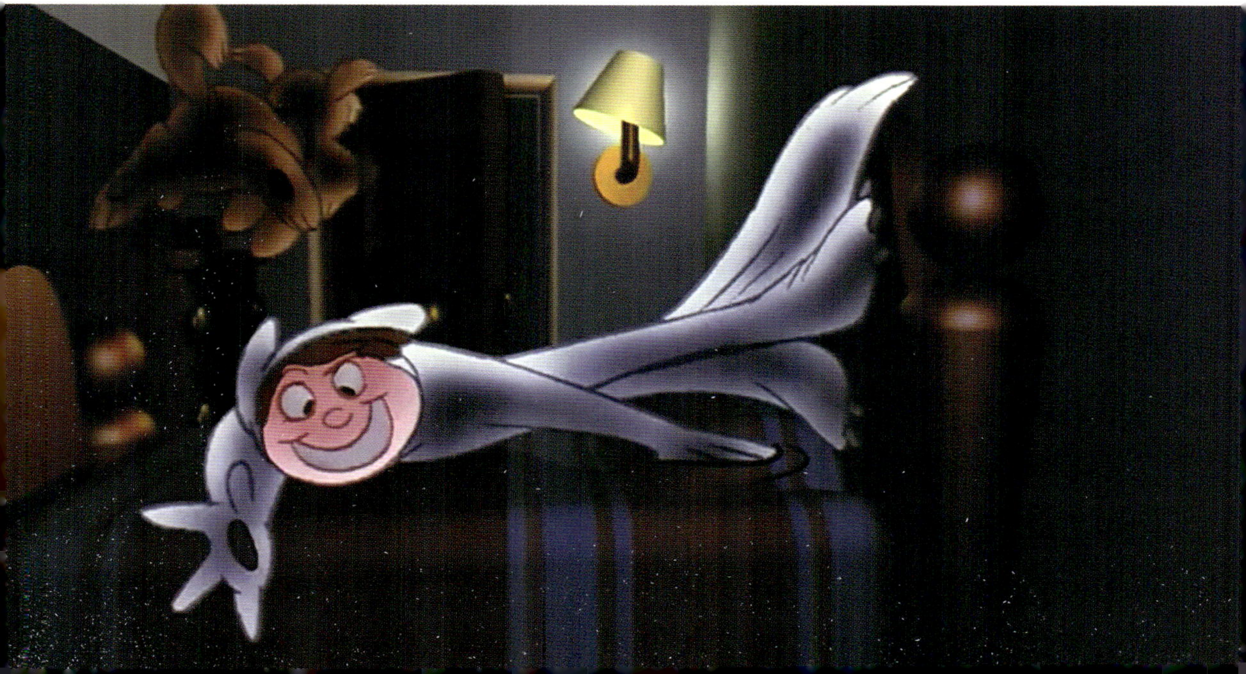

No deja de sorprender tamaña ceguera del estudio a la hora de evaluar las ventajas del medio, sobre todo teniendo en cuenta lo importante que fue para Walt Disney abrazar todas las innovaciones posibles. Sin embargo, lo cierto es que en aquella época los principales ingresos de la compañía provenían de los parques temáticos. Con una plantilla de animadores muy reducida, escasa liquidez y quemados por la irregular recaudación de *Tron*, el estudio no estaba por asumir los riesgos que entrañaban la investigación y la renovación de equipamiento.

Lasseter, sin embargo, se presentó en SIGGRAPH, donde encontró a un viejo conocido, Ed Catmull, que le invitó a incorporarse a The Graphics Group. Su primera animación en Lucasfilm fue en un corto con personajes animados por ordenador: *The Adventures of André & Wally B.* (Alvy Ray Smith, 1984), con personajes muy geométricos pero muy expresivos. También fue suya la escena del caballero de cristal en *El secreto de la pirámide*.

El grupo de Ed Catmull desarrolló la Computadora de Imágenes Pixar (*Pixar Image Computer*), un potente ordenador de gráficos que transformaba imágenes en simulaciones 3D, usado primeramente con fines médicos y militares. Sin embargo, Lucas perdió interés en que su compañía vendiera software, y tampoco podía financiar los sueños de estos creativos que querían hacer películas. Por esta razón, cuando Steve Jobs visitó ILM en 1986 —tras su marcha forzada de Apple—, Catmull planteó sus intenciones a Jobs, quien decidió invertir 10 millones de dólares para que la compañía se

De izquierda a derecha: "wireframe" y personaje renderizado de *The Adventures of André & Wally B.* (1984); John Lasseter en sus años de formación en Cal Arts (años 70).

independizara: Jobs pagó 5 millones de dólares a George Lucas, e invirtió otros 5 millones en instalarlos en Emeryville (cerca de San Francisco).

Sus primeros cortos plantean una serie de características que les diferenciaron del resto de compañías de animación 3D. En Pixar asumieron retos sencillos que fueron conquistando paulatinamente en sus cortometrajes. La carta de presentación de la compañía fue *Luxo Jr.* (John Lasseter, 1986), un singular ejercicio de *acting* y puesta en escena, que sería nominado a un Oscar. El secreto de su éxito fue su verosimilitud, a pesar de presentar objetos vivientes: seguimos creyendo que son objetos porque, a pesar de aplicarles la exageración propia de la animación clásica, estos efectos nunca deben desvirtúan las propiedades reales del objeto, su solidez. El pequeño Luxo Jr. salta de felicidad estirando todas sus articulaciones, o bien se recoge sobre sí mismo cuando siente tristeza, porque su cuerpo se adhiere a una línea de acción clara y concisa, un eje que lo recorre como si fuera la columna vertebral, pero nunca se distorsiona de manera artificiosa. La transmisión de emociones, de aquello que está pensando el personaje —el *acting*—, fue la principal baza para demostrar que la animación generada por ordenador podía ser tan conmovedora y *natural* como la animación clásica.

En su siguiente cortometraje, *Red's Dream* (John Lasseter, 1987), el tema seguía siendo la animación de objetos, buscando la creación de atmósferas y expresiones, así como en la divertida historia *Tin Toy* (John

Lasseter, 1988), donde un soldadito de latón evitaba a un voraz bebé; a pesar del contraste entre el realismo del juguete y el aspecto del bebé humano, que evidenciaba las limitaciones del medio, *Tin Toy* se hizo con el Oscar. Llegaron nuevos trabajos y se incorporaron nuevos animadores procedentes de Cal Arts, como Andrew Stanton, Pete Docter y Lee Unkrich, que no habían tocado nunca un ordenador.

Desde finales de los 80, Pixar empezó a colaborar con Disney, bajo el liderazgo de Michael Eisner, Frank Wells, Jeffrey Katzenberg y Roy Disney. Ya en *Basil, el ratón superdetective* (*The Great Mouse Detective*, Ron Clements, 1986) habían tratado de automatizar algunos procesos relativos a la animación de cuerpos sólidos, como el mecanismo del Big Ben, que requirió la animación 3D de los modelos para después imprimir cada fotograma sobre acetato. Resultó evidente, pues, que debían empezar a prescindir de los acetatos, pasando al coloreado digital. En 1989 Pixar coopera con Disney en la creación del sistema CAPS (Computer Animation Production System), que implementaron en la última secuencia de *La sirenita* (*The Little Mermaid*, Ron Clements, Ron Musker, 1989), cuando Úrsula se convierte en gigante y emerge de las olas, creando un remolino, hasta que es atravesada por la proa de un barco.

Dos cortometrajes de John Lasseter: bajo estas líneas, "wireframe" de los personajes de *Luxo Jr.* (1986); en la página siguiente, *Tin Toy* (1988).

A principios de los noventa, Steve Jobs propone a Pixar la realización de un especial navideño para TV, basado en el cortometraje *Tin Toy*. Pero Pixar perdía dinero, por lo que necesitaban un socio comercial. En 1991 llegan a un acuerdo para que Disney financie dos largometrajes —contrato que más adelante extenderían por cuatro más—, compartiendo gastos y beneficios, aunque Pixar no sería dueña comercial de sus obras.

La primera de estas películas fue *Toy Story*: impulsados por Jeffrey Katzenberg, se propusieron hacer algo muy *agudo* y dirigido a adultos, aunque el primero borrador del proyecto fue un fracaso, principalmente porque Woody aparecía como un personaje grosero y odioso —aún no eran los tiempos de *Shrek*...—. Disney concedió apenas unas semanas para reescribir totalmente el proyecto, imponiendo la inclusión de dos canciones, aunque se mantenían situaciones satíricas —los celos entre los juguetes—, e incluso siniestras —como el secuestro de Woody y Buzz en el cuarto del maléfico Syd—. Vista hoy en día, su aspecto técnico parece rudimentario, pero su narrativa es impecable: el 3D ya no es un efecto, es *cine*. Clásico instantáneo, la película fue la más taquillera de 1995, recaudando 350 millo-

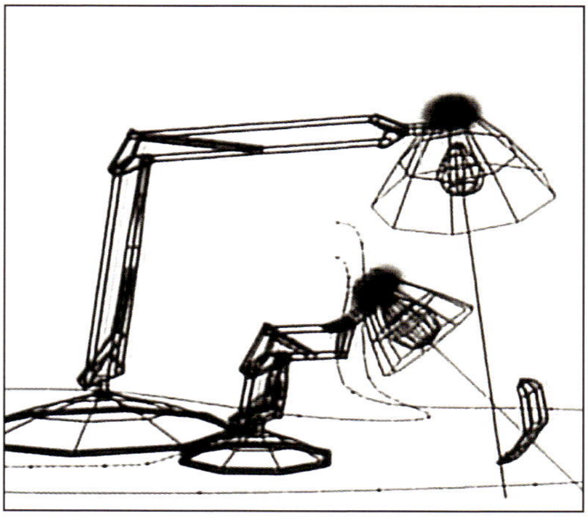

nes de dólares y ganando un Oscar especial en 1996 como la primera película animada por ordenador de la historia.

Por cerrar el ciclo de Pixar en este libro: con la realización de *Cars* en 2004 se acercaba el fin del contrato entre Pixar y Disney. Cuando se descubrió que Disney estaba preparando salidas en vídeo de secuelas de filmes como *Toy Story*, sin contar con Pixar, Jobs empezó a tantear otros posibles socios. Sin embargo, un relevo generacional en Disney cambió el rumbo de los acontecimientos: en 2005, el directivo Bob Iger, consciente de que los mayores activos económicos de la compañía eran precisamente las creaciones de Pixar, quiso restablecer relaciones. A comienzos de 2006 Pixar fue absorbida por The Walt Disney Company al comprar todas las acciones por 7400 millones de dólares, un trato que convirtió a Steve Jobs en el mayor accionista de Disney, y a Ed Catmull y a Lasseter como principales ejecutivos —hasta el deceso de Jobs en 2011, y la marcha de Lasseter en 2018.

En sus 40 años de andadura, los estudios Pixar han escrito un capítulo imprescindible de la historia de la animación. El signo de su éxito es, precisamente, que hayan surgido a su paso grandes competidores como Dreamworks, Illumination o Sony Pictures, así como incontables estudios de animación 3D en todo el mundo. Efectivamente, como temía el ejecutivo de Disney, la animación por ordenador no es más barata, ni más rápida… precisamente porque permite llegar *más lejos*. Y esa es la clase de retos con que sueñan los animadores.

Bibliografía

ABRAHAM, Adam (2012), *When Magoo Flew. The Rise and Fall of Animation Studio*, Middletown: Wesleyan University Press.

ALISON, Frank (2015), "Wild horses: Witold Giersz and the art of animation", en *British Film Institute* (*Bfi.org.uk*).

ÁLVAREZ ARRAT, Sara (ed.) (2012). *Jan Švankmajer. La otra escena*, Madrid, Valencia: Centro Checo, IVC, Editorial UPV.

AMIDI, Amid (2006), *Cartoon Modern. Style and Design in Fifties Animation*, San Francisco: Chronicle Books.

BAKSHI STUDIO (2021), *Bakshi Studios Film* (*Bakshistudio.com*).

BARRIER, Michael (1999), *Hollywood Cartoons: American Animation in Its Golden Age*, Oxford: Oxford University Press.

BEAUJEAN, Stéphane, AKYÜZ, Gaëtan (2020), *Osamu Tezuka. El dios del manga*, Barcelona: Ficomic.

BENDAZZI, Giannalberto (2001). *Alexeieff: Itinerary of a Master*, París: Re:Voir

BENDAZZI, Giannalberto (2003), *110 años de cine de animación*, Madrid: Ocho y medio.

BONDARENKO, Aleksandra (2014), "Entrevista con Yuri Norshtéin, creador ruso de dibujos animados", en *RT.*

BOULTON, Jamie (2012), *King-Size Comedy: Tex Avery and the Looney Tunes Revolution* (documental), EEUU: Constantine Nasr.

BRDEČKOVÁ, Tereza, BRDEČKA, Jiří, BENDAZZI, Giannalberto, KUBÍČEK Jiří (2015), *Jiří Brdečka. Life. Animation. Magic*, Praga: Limonadovy Joe.

BUCHET, Alex (1911), "Strange Windows: A Master at the Dawn", en *Hoodedutilitarian.com*

CABRERA, Iria, OCAÑA, Alejandro (2020), "La ilustración animada como espectáculo. Películas de *dibujos relámpago*", en *Con A de animación*, nº 10, pp. 24-37.

CANEMAKER, John (1996), *Tex Avery: The MGM Years, 1942-1955*, Nashville: Turner Publishing.

CANEMAKER, John (1997), *Before the Animation Begins: The Art and Lives of Disney Inspirational Artists*, Nueva York: Hyperion.

CANEMAKER, John (2005). *Winsor McCay: His Life and Art*, Nueva York: Abbeville Press.

CARANDE, Adrián (2015), "Entrevista con Richard Williams", en *Animac Magazine* (*Animac.cat*).

CASTRO, Eugenio, LACALLE, Julián (eds.) (2012), *Para ver, cierra los ojos. Jan Švankmajer*, Logroño: Pepitas de Calabaza.

CCCB (eds.) (2014), *Metamorfosis. Visiones fantásticas de Starewitch, Svankmajer y los hermanos Quay*, Barcelona: CCCB.

CHINA CULTURE (2017), "Chinese Animation: Splendid Past, Bitter Present", en *ChinaCulture.org*

CHOLODENKO, Alan (2007), "(The) Death (of) the Animator, or: the Felicity of Felix, part II", Vol. 2 (*Journal.animationstudies.org*).

CHONG, Andrew (2010), *Animación digital*, Barcelona: Blume.

CINE PARA GOURMETS (2010), "Charley Bowers, el gran olvidado", en *Soloparagourmets.blogspot.com*

COSTA, Jordi (2010), *Películas clave del cine de animación*, Barcelona: Ma Non Troppo.

CRAFTON, Donald (1982), *Before Mickey: The Animated Film (1898-1928)*, Chicago y Londres: The University of Chicago Press.

CYR, André (2016) "Frédéric Back, entrevue avec l'Homme qui plantait des arbres", en *Jeunesnaturalistes.org*

DEJA, Andreas (2016), *The Nine Old Men. Lessons, Techniques and Inspiration from Disney's Great Animators*, Boca Raton: CRC Press.

DISCOVERY CHANNEL (1993), *Ideas e inventos: Quirino Cristiani* (documental), Argentina: Discovery Channel.

DUMAŁA, Piotr (2011), "Out of the trees and into The Forest – a consideration of live action and animation", en *Animation Practice, Process & Production*, vol. 1, n. 1.

EISENSTEIN, Sergei (1941), *Walt Disney*, Madrid: Casimiro.

ENCINAS SALAMANCA, Adrián (2017), *Animando lo imposible. Los orígenes de la animación stop-motion (1899-1945)*, Madrid: Diábolo.

ETTLEMAN, Tristan (2019), "Segundo de Chomón Films Ranked", en *Trettleman.medium.com*

FERNÁNDEZ CUENCA, Carlos (1965), *Jiří Trnka*, Madrid: Filmoteca Nacional de España.

FERRI GANDÍA, Manuel (2013), "Alma en suplicio. La medusa animada de Ray Harryhausen", en *Con A de animación*, nº 3, pp. 122-142.

FERRI GANDÍA, Manuel (2015), "Perdido en los mundos de Jiří Barta", en *Con A de animación*, nº 5, pp. 56-66.

FISCHINGER, Oskar (1947), *El arte en el cine* (es.scribd.com).

FLÓREZ, David (2005), *"Las aventuras del príncipe Achmed"*, en *Caminando en círculos* (*Encirculos.blogspot.com*).

FLÓREZ, David (2006), "100 cortos animados", en *Caminando en círculos* (*Encirculos.blogspot.com*).

FURNISS, Maureen (1998), *Art in Motion: Animation Aesthetics*, Sídney: John Libbey.

FRIEDMAN, Jake (2011), "Art Babbitt: A Class of His Own. How one artist/activist pioneered animation education" en *Animation World Network*, 12 de mayo de 2011 (*Awn.com*).

FRIERSON, Michael (1997), "Clay animation comes out of the Inkwell", en PILLING, Jayne (ed.), *A Reader in Animation Studies*, Sídney: John Libbey.

GIBSON, Jon M., MCDONNELL, Chris (2008), *Unfiltered: The Complete Ralph Bakshi*, Nueva York: Universe.
GIZICKY, Marcin (s/f), "Una breve historia del cine animado polaco", en *Xino-Xano Animadores* (*Xino-xano-videos.blogspot.com*).
LOBELL, Skye (s/f), "Joy Batchelor (1914-1991)", en *Greatwomenanimators.com*
HALAS, Vivien, PICKLES, Martin (2015), *John Halas Remembered: an animator ahead of his time (1912-1995)* (documental), Reino Unido: Vivien Halas.
HALAS, Vivien, WELLS, Paul (2006), *Halas and Batchelor: An Animated History*, Londres: Southbank Publishing.
HORNO LÓPEZ, Antonio (2015), *Los orígenes del Cine de Animación Japonés*, Granada: Godel Editorial.
HORNO LÓPEZ, Antonio (2017), *El lenguaje del anime. Del papel a la pantalla*, Madrid: Diábolo.
HARRYHAUSEN, Ray, DALTON, Tony (2003), *Ray Harryhausen. An Animated Life*, Londres: Aurum Press.
HAWKINGS, Laura (2009), "A Brief History of Chinese Animation" (documental).
ISAACS, John (1971), *The Art of Lotte Reiniger*, documental, Reino Unido: Louis Hagen.
IWERKS, Leslie, 2007. *The Pixar Story* (documental), EEUU: The Disney Company.
JAEGER, Luke (2013), "The Fleischer Studio's 'Setback' Camera vs. Disney Realism", en *Animationstudies 2.0* (*Blog.animationstudies.org*).
JENSEN, K. Thor (2020), "The History of Computer-Animated Music Videos, en *Pcmag.com*
JONES, Chuck (1991), "What's Up, Down Under? Chuck Jones Talks at The Illusion of Life Conference", en CHOLODENKO, Alan (ed.), *The Illusion of Life. Essays on Animation*, Sídney: Power Publications.
JONES, Stephanie (2019), "The Chinese Animation Industry: from the Mao Era to the Digital Age", en *USF Scholarship Repository*.
KENNEDY, John, WALZ, Eugene, MCINTOSH, Andrew (2015) "Frédéric Back", en *Thecanadianencyclopedia.ca*
KLEIN, Tom (2015), "Tex Avery Loses an Eye, 1933", en *Cartoonresearch.com*
LAMBIEK COMICLOPEDIA (2021), "Tex Avery", en *Lambiek.net*
LAMBIEK COMICLOPEDIA (2021), "Ralph Bakshi", en *Lambiek.net*
KRYSTEK, Lee (1999), "Harryhausen's Dynamation", en *The Museum of Unnatural History* (*Unmuseum.org*).
LAGUNA, Ray, MARTÍNEZ CARVAJAL, Yolanda (2021), *Animación para adultos – Adultos que no han dejado de ver animación* (*Animacionparaadultos.es*).
LAMBIEK COMICLOPEDIA (2021), *Émile Cohl (Émile Eugène Jean Louis Courtet)*, en *Lambiek.net*
LA PUPILA ASOMBRADA (2020). *La industria cubana de dibujos animados* (documental), Cuba: Televisión Cubana.
LASSETER, John (1987), "Principles of Traditional Animation Applied to 3D Computer Animation", en *SIGGRAPH 1987 (Cs.cmu.edu)*.
LASTRE, Reynaldo (2020). "Guerra, tecnologías y animales extrañados en tres obras marginales de Juan Padrón", en *Rialta.org*
LERMAN, Gabriel (2017), "Quirino Cristiani, pionero de la animación", en *Goldenglobes.com*
LI, Andong (2018), "A Brief History of Chinese Animation", en *Beijing-kids.com*
LORD, Peter (1998), *Cracking Animation. The Aardman Book of 3-D Animation*, Londres: Thames & Hudson.
LORENZO, Encarna (2017), "King Kong: etnografía, género y mito", en *Anthropocinema.blogspot.com*
MACHUCA CASARES, Blanca (2017), "La escala de la animación. Desde los escenarios de Karel Zeman al encuentro con Josef Svoboda", en *Con A de animación*, nº 7, pp. 176-187.
MANNONI, Laurent (2013), *Georges Méliès. La magia del cine*, Barcelona: Caixaforum.
MARTÍ ESCAYOL, Maria Antònia (2012), "Lo natural y lo humano en la obra de Osamu Tezuka. La creación de territorios literarios alternativos a la naturaleza perdida", en *Inter Asia Papers*, Madrid, Barcelona: Centro de Estudios e Investigación sobre Asia Oriental, Grupo de Investigación Inter Asia, Universitat Autònoma de Barcelona.
MARTÍ ESCAYOL, Maria Antònia (2013), "La Recepción De La Obra De Osamu Tezuka En España", en *Japón: identidad, identidades.*
MARTÍ LÓPEZ, Emilio (2016), "El armario de McLaren: expresión y ocultación del deseo homosexual", en *Con A de animación*, nº 6, pp. 152-173.
MARTÍN, Pedro A. (2009), "It's A Bird" (Harold L. Mullery, 1930) y "AWOL" (Charles R. Bowers, 1918)", en *Cineastoria.wordpress.com*
MARTÍNEZ-SALANOVA, Enrique (s/f), "Norman McLaren. La experimentación en el cine de animación", en *Educomunicacion.es*
MARTÍNEZ-SALANOVA SÁNCHEZ, Enrique (s/f), "Lotte Reiniger. Pionera en el cine de animación", en *Educomunicacion.es*
MCLAREN, Norman (1976), *McLaren on McLaren* (documental), Canadá: National Film Board.

Bibliografía (continuación)

MINGUET BATLLORI, Joan M. (2009), *Segundo de Chomón. El cinema de la fascinació*, Barcelona: Filmoteca de Catalunya.

MINISTERIO DE CULTURA ARGENTINA (s/f), "Día Nacional de la Animación Argentina", en *Cultura.gob.ar*

MORITZ, William (1976), "The Importance of Being Fischinger", en *Centerforvisualmusic.org*

MORITZ, William (1995), "Gasparcolor: Perfect Hues for Animation", en *Oskarfischinger.org*

MORITZ, William (1996), "Lotte Reiniger", en *Awn.com*

MORITZ, William (1997), "Bartosch's The Idea", en PILLING, Jayne, *A Reader in Animation Studies*, Sídney: John Libbey.

MURRAY, Noel (2015), "The Animated Roots of Frank Tashlin", en *Thedissolve.com*

NEUPERT, Richard (2014), *French Animation History*, Nueva Jersey: Willey-Blackwell.

KILLON, Bill (2017), *Hanna-Barbera: The Architects of Saturday Morning*, EEUU: Norman Rockwell Museum.

OCAÑA, Juan Carlos (2010), "La China de Mao Zedong", en *Historiasiglo20.org*

OUEST FRANCE (2014) "Frédéric Back, peintre, a laissé son empreinte à Saint-Melaine", en *Ouest France*, 2-01-2014.

PALACIOS, Jesús (1994), "En busca de la magia perdida: las películas de George Pal", *Nosferatu. Revista de cine* (14).

PALACIOS, Jesús (2013), "La linterna mágica de Jan Švankmajer. Švankmajer y el cine de animación checo", en *Con A de animación*, nº 3, pp. 92-107.

PÉREZ-GUERRERO, Ana María, 2013. *Pixar. Las claves del éxito*, Madrid: Encuentro.

PIKKOV, Ülo (2018), *Anti-Animation. Textures of Eastern European Animated Film*, Tallin: Estonian Academy of Arts.

PILLING, Jayne (1992), *Women and Animation: A Compedium*, Londres: British Film Institute.

QUIROGA, Elio (2015). *Luz, cámara… ¡Bits! La increíble historia del cine por ordenador y los efectos visuales digitales*, Palma de Mallorca: Dolmen.

REYES, Dean Luis (2020). "El etnocentrismo blando en el cine de Juan Padrón. Mambises y vampiros como guerrilla anticolonial", en *Rialta.org*

ROBINSON, Chris (2017), "Animators Unearthed - Stefan Schabenbeck", en *Awn.com*

RUSSET, Robert, STARR, Cecile (1976), *Experimental Animation. Origins of a New Art*, Nueva York: Da Capo.

SALAZAR, Salvador 82008). "Recordando a Tulio Raggi", en *Cuentibujos.wordpress.com*

SAMPSON, Wade (2009), "Why Frank Lloyd Wright Disliked Fantasia", en *Mouseplanet.com*

SÁNCHEZ-NAVARRO, Jordi (2015), "La película que nunca fue", en *COMeIN*, nº 49.

SCHWARZ, Mauricio-José (2015), *De Tom y Jerry a Las Supernenas. La aventura de Hanna-Barbera*, Palma de Mallorca: Dolmen.

SELBY, Margaret (2000), *Chuck Jones extremes & inbetweens. A life in animation*, (documental), EEUU: Margaret Selby, Greg Ford.

SHO-SHIKIBU (2019), "El Hijo del Cielo: Te Wei", en *Sinordenniconcierto.com*

SIBLEY, Brian (1998). "The Medium", en LORD, Peter (1998), *Cracking Animation*, Londres: Thames & Hudson, pp. 15-61.

SITO, Tom (2013), *Moving Innovation. A History of Computer Animation*, Cambridge, Londres: The MIT Press.

SOLOMON, William (2006), "Charley Bowers and Industrial Modernity", *Modernist Cultures*, Vol. 2 (2).

STABILE, Carol A., HARRISON, Mark (2003), *Prime Time Animation. Television animation and American culture.*, Londres: Routledge.

STANCHFIELD, Walt (1990), *Gesture Drawing for Animation*, Seattle: Leo Brodie.

THE SCI FI STATION (s/f), "The Legacy of George Pal", en *Scifistation.com*

THOMAS, Frank, JOHNSTON, Ollie (1981), *The Illusion of Life: The Art of Disney Animation*, Nueva York: Abbeville Press.

URRERO, Guzmán (2006), "Ralph Bakshi, el animador rebelde", en *Cualia.es*

VIDAL, Miguel (2012). "*20 años* para contar un sueño", en *Con A de animación* nº 2, pp. 21-28.

WAYBACK MACHINE (1999), *The Thief and the Cobbler page* (*Thiefandthecobbler.com*).

WELLS, Paul (1998), *Understanding Animation*, Londres: Routledge.

WELLS, Paul, QUINN, Joanna, MILLS, Les (2010), *Dibujo para animación*, Barcelona: Blume.

WILLIAMS, Richard (2001), *The Animator's Survival Kit*, Londres: Faber and Faber.

La autora

Natural de Torrevieja (Alicante, 1977), **María Lorenzo Hernández** lleva más de 20 años realizando animación. Doctora en Bellas Artes desde 2006, es Profesora titular de la Universitat Politècnica de Valencia y miembro del Grupo Animación I+D+i UPV. Nominada en 2016 al Goya al Mejor Cortometraje de Animación por *La noche del océano* (2015), sus trabajos han recibido premios y cientos de selecciones en festivales internacionales, como Annecy, Ottawa, Hiroshima, Slamdance, Anima Mundi, Anifest, etc. Es miembro de la Academia de Cine Español. Como ensayista e investigadora, ha participado frecuentemente en los congresos de la Society for Animation Studies, así como en CONFIA (Portugal), realizando el discurso inaugural en 2015. Ha publicado artículos en numerosas revistas y ha colaborado en libros como *Animated Landscapes* (Bloomsbury), *A Companion to Illustration* (Willey Blackwell) y *Mantener alejado de los niños. Animación para adultos* (Sendemà). Ha dirigido la revista académica *Con A de animación* desde su fundación en 2011, y creado el canal divulgativo *Animation Gossip*. Además, pinta retratos con afición.

Primera edición: septiembre 2021
ISBN: 978-84-18320-46-0
Depósito legal: M-23514-2021
Maquetación: Sebastán Romiti

Diábolo Ediciones S.L.
Apartado de correos 40171, 28007 - Madrid
diaboloediciones@diaboloediciones.com
www.diaboloediciones.com

Puedes seguirnos en:

Diábolo Ediciones
Diábolo Ediciones
@Diabolocomics